中国水文化遗产图录

水利工程遗产（下）

王英华 主编

中国水利水电出版社
www.waterpub.com.cn
·北京·

内 容 提 要

本书以图文并茂的方式，介绍了水文化遗产中的水力发电工程、城乡供排水工程、水土保持工程、水利景观工程、水利机械、古代水利科学技术等。

本书可供水文化爱好者阅读，可作为中等以上院校人文素质教育的教材，还可供水利史、水利工程史、水利遗产保护专业师生以及相关专业的科研工作者使用和参考。

图书在版编目（CIP）数据

水利工程遗产. 下 / 王英华主编. -- 北京 : 中国水利水电出版社，2022.12
 （中国水文化遗产图录）
 ISBN 978-7-5226-1200-3

Ⅰ. ①水… Ⅱ. ①王… Ⅲ. ①水利工程－文化遗产－中国－古代－图录 Ⅳ. ①TV-092

中国版本图书馆CIP数据核字(2022)第254819号

书　名	中国水文化遗产图录　水利工程遗产（下） ZHONGGUO SHUIWENHUA YICHAN TULU　SHUILI GONGCHENG YICHAN（XIA）
作　者	王英华　主编
出版发行	中国水利水电出版社 （北京市海淀区玉渊潭南路1号D座　100038） 网址：www.waterpub.com.cn E-mail：sales@mwr.gov.cn 电话：（010）68545888（营销中心）
经　售	北京科水图书销售有限公司 电话：（010）68545874、63202643 全国各地新华书店和相关出版物销售网点
排　版	北京金五环出版服务有限公司
印　刷	北京天工印刷有限公司
规　格	210mm×285mm　16开本　12.25印张　329千字
版　次	2022年12月第1版　2022年12月第1次印刷
定　价	138.00元

凡购买我社图书，如有缺页、倒页、脱页的，本社营销中心负责调换
版权所有·侵权必究

中国特有的地理位置、自然环境和农业立国的发展道路决定了水利是中华民族生存和发展的必然选择。早在100多万年前人类起源之际，先人们即基于对水的初步认识，逐水而居，"择丘陵而处之"；4000多年前的大禹治水则掀开中华民族历史的第一页，此后历代各朝都将兴水利、除水害作为治国安邦的头等大事。可以说，水利与中华文明同时起源，并贯穿其发展始终；加上中国疆域辽阔、自然条件千差万别、水资源时空分布不均、区域和民族文化璀璨多样，这使得中国在漫长的识水、用水、护水、赏水和除水害、兴水利的过程中留下数量众多、分布广泛、类型丰富的水文化遗产。这些水文化遗产具有显著的时代性、区域性和民族性，以不同的载体形式、全面系统地体现并见证了中国先人对水资源的认识和开发利用的历程及成就，体现并见证了各历史时期和不同地区的水利与经济、社会、生态、环境、传统文化等方面的关系，以及各历史时期水利在民族融合、边疆稳定、政局稳定和国家统一等方面的重要作用，体现并见证了水资源开发利用在中华民族起源与发展、中华文明发祥与发展中的重要作用与巨大贡献。可以说，它们是中国文化遗产中不可或缺、不可替代的重要组成部分，有的甚至在世界文化遗产中也独树一帜，具有显著的特色。基于此，近年来，随着社会各界对水文化遗产保护、传承与利用的日益重视，水文化遗产逐渐走进人们的视野。

一、水文化遗产的特点与价值

水文化遗产，顾名思义，就是人们承袭下来的与水或治水实践有关的一切有价值的物质遗存，以及某一族群在这一过程中形成的能够世代相传、反映其特殊生活生产方式的传统文化表现形式及其实物和场所，它们是物质形态和非物质形态水文化遗产的总和。水文化遗产具有以下特点。

（一）水文化遗产是复杂的巨系统

水文化遗产是在识水、用水和护水，尤其是除水害、兴水利的水利事业发展过程中逐渐形成的，也是这一过程的有力见证，这使得水文化遗产具有以下三个方面的特点：

其一，中国自然条件千差万别，水资源时空分布不均，加之区域社会经济发展需求各异，这使得水文化遗产具有数量众多、分布广泛和类型丰富等特点，且具有显著的地域性或民族性。

其二，中国是文明古国，也是农业大国，拥有悠久而持续不断的历史，历朝各代都把除水害、兴水利作为治国理政的头等大事，这使得中国水利事业始终在持续发展，水利工程技术在持续演进，从而使水文化遗产不断形成与发展，并具有显著的时代性。

其三，中国水利建设是个巨系统，它不单单涉及水利工程技术问题，还与流域或区域的经济、社会、环境、生态、景观等领域密切相关，与国家统一与稳定、边疆巩固、民族融合等因素密切相关，同时在中华民族与文明的起源、发展与壮大方面发挥着重要作用。这一特点决定了水文化遗产是个开放的系统，除了在水利建设过程中不断形成的水利工程遗产外，还包括水利与其他领域和行业相互作用融合而形成的非工程类水文化遗产，从而逐渐形成几乎涵盖各个领域、包括各种类型的遗产体系。

总而言之，中国水利事业发展的这三个特点决定了水文化遗产具有类型极其丰富的特点，不仅包括灌溉工程、防洪工程、运河工程、城市供排水工程、景观水利工程、水土保持工程、水电工程等水利工程类遗产，以及与水或治水有关的古遗址、古建筑、治水人物墓葬、石刻、壁画、近代现代重要史迹和代表性建筑等非工程类不可移动的物质文化遗产；包括不同历史时期形成的与水或治水有关的文献、美术品和工艺品、实物等可移动的物质文化遗产；还包括与水或治水有关的口头传统和表述、表演艺术、传统河工技术与工艺、知识和实践、社会风俗礼仪与节庆等非物质文化遗产。

（二）水文化遗产是动态演化的系统，是"活着的""在用的"遗产

水文化遗产尤其是"在用的"水利工程遗产，其形成与发展主要取决于特定时期和地区的自然地理和水文水资源条件、生产力和科学技术发展水平，服务于当地经济社会发展的需求，这使得它既具有一定的稳定性，又具有动态演化的特点。在持续的运行过程中，随着上述条件或需求的变化，以及新情况、新问题的出现，许多工程都进行过维修、扩建或改建，有的甚至功能也发生了变化。因此，该类遗产往往由不同历史时期的建设痕迹相互叠加而成，并延续至今。如拥有千年历史的灌溉工程遗产郑国渠，其取水口位置随着自然条件的变化而多次改移，秦代郑国首开渠口，西汉白公再开，宋代开丰利渠口，元代开王御史渠口，明代开广济渠口，清代再开龙洞渠口，最后至民国时期改移至泾惠渠取水口。这是由于随着泾水河床的不断下切，郑国渠取水口位置逐渐向上游移动，引水渠道也随之越来越长，最后伸进山谷之中，不得不在坚硬的岩石上凿渠，从而形成不同的取水口遗产点。有些"在用的"水利工程遗产，随着所在区域经济社会发展需求的变化，其功能也逐渐发生相应的转变。如灵渠开凿之初主要用于航运，目前则主要用于灌溉。

在漫长的水利事业发展历程中，水文化遗产的体系日渐完备，规模日益庞大，类型日益丰富。其中，有些水利工程遗产拥有数百年甚至上千年的历史，至今仍在发挥防洪、灌溉、航运、供排水、水土保持等功能，如黄河大堤、郑国渠、宁夏古灌区、大运河、哈尼梯田等。这一事实表明，它们是尊重自然规律的产物，是人水共生的工程，是"活着的""在用的"遗产，不仅承载着先人治水的历史信息，而且将为当前和今后水利事业的可持续和高质量发展提供基础支撑。这是水利工程遗产不同于一般意义上文化遗产的重要特点之一。

（三）水文化遗产具有较高的生态与景观价值

水文化遗产尤其是水利工程遗产不像一般意义上的文化遗产如古建筑、壁画等那样设计精美、工艺精湛，因而长期以来较少作为文化遗产走进公众的视野。然而，近年来，随着社会各界对它们的进一步了解，其作为文化遗产的价值逐渐被认知。

首先，水文化遗产与一般意义上的文化遗产一样，具有历史、科学、艺术价值；其次，它们中的"在用"水利工程遗产还具有较高的生态和景观价值。在科学保护的基础上，对它们加以合理和适度的利用，将为当前和今后河湖生态保护与恢复、"幸福河"的建设等提供文化资源的支撑。这主要体现在以下两个方面：

一方面，依托水体形成的水文化遗产，尤其是那些拥有数百上千年历史的在用类水利工程遗产，不仅可以发挥防洪排涝、灌溉、航运、输水等水利功能，而且可以在确保上述功能的基础上，充分利用其尊重河流自然规律、人水和谐共生的设计理念和工程布局、结构特点，服务于所在地区生态和环境的改善、"流动的"水景观的营造，进而提升其人居环境和游憩场所的品质。这是它有别于其他文化遗产的重要价值之一。

另一方面，作为文化遗产的重要组成部分，水文化遗产是不可替代的，且具有显著的区域特点和行业特

点。在当前水景观蓬勃发展却又高度趋同的背景下，以水文化遗产为载体或基于其文化遗产特性而建设水景观，不仅可有效避免景观风格与设计元素趋同的尴尬局面，而且可赋予该景观以灵魂和生命力；依托价值重大的水利工程遗产营建的水景观还可以脱颖而出，独树一帜，甚至撼人心灵。

二、水文化遗产体系的构成与分类

作为与水或治水有关的庞大文化遗产体系，水文化遗产可根据其与水或治水的关联度分为以下三大部分：一是因河湖水系本体以及直接作用于其其上的人类活动而形成的遗产，这主要包括两大类，一类是因河湖水系本体而形成的古河道、古湖泊等；另一类是直接作用于河湖水系的各类遗产，其中又以治水过程中直接建在河湖水系上的水利工程遗产最具代表性。二是虽非直接作用于河湖水系但是在治水过程中形成的文化遗产，即除了水利工程遗产以外的其他因治水而形成的文化遗产。三是因河湖水系本体而间接形成的文化遗产，即前两部分遗产以外的其他文化遗产。在这三部分遗产中，前两部分是河湖水系特性及其历史变迁的有力见证，也是治水对政治、经济、社会、生态、环境、景观、传统文化等领域影响的有力见证，因而是水文化遗产的核心和特征构成。在这两部分遗产中，又以第一部分中的水利工程遗产最能展现河湖水系的特性及其变迁、治理历史，因而是水文化遗产的核心和特征构成。

鉴于此，基于国际和国内遗产的分类体系，考虑到水利工程遗产是水文化遗产特征构成的特点，拟将水利工程遗产单独列为一类。据此，水文化遗产首先分为工程类水文化遗产和非工程类水文化遗产两大类。其中，非工程类水文化遗产可根据中国文化遗产的分类体系，分为物质形态的水文化遗产和非物质形态的水文化遗产两类。物质形态的水文化遗产又细分为不可移动的水文化遗产和可移动的水文化遗产。

（一）工程类水文化遗产

工程类水文化遗产指为除水害、兴水利而修建的各类水利工程及相关设施。按功能可分为灌溉工程、防洪工程、运河工程、城乡供排水工程、水土保持工程、景观水利工程和水力发电工程等遗产。另外，工程遗产所依托的河湖水系也可作为工程遗产纳入其中，即河道遗产。这些工程类水文化遗产从不同的角度支撑着不同时期的水资源开发利用和水灾害防治，是水利事业发展历程及其工程技术成就的实证，也是水利与区域经济、社会、环境、生态相关关系的有力见证，是水利对中华民族、中华文明形成发展具有重大贡献的最直接见证。它主要包括以下几类：

（1）灌溉工程遗产。指为确保农田旱涝保收、稳产高产而修建的灌溉排水工程及相关设施。作为农业古国和农业大国，中国的灌溉工程起源久远、类型多样、内容丰富，它们不仅是农业稳产高产、区域经济发展的基础支撑，而且在民族融合和边疆稳定等方面发挥着重要作用，也为中国统一的多民族国家的形成与发展提供了坚实的经济基础。如战国末年郑国渠和都江堰的建设，不仅使关中地区成为中国第一个基本经济区，使成都平原成为"天府之国"，而且使秦国的国力大为增强，充足的粮饷保证了前线军队供应，秦国最终得以灭六国、统一天下，建立起中国历史上第一个统一的、多民族的、中央集权制国家——秦朝。在此后的2000多年里，尽管多次出现分裂割据的局面，但大一统始终是中国历史发展的主流。秦朝建立后，国祚虽短，但它设立郡县制，统一文字、货币和度量衡，统一车轨和堤距等举措，对后世大一统国家的治理产生了深远的影响。秦末，发达的灌溉工程体系和富庶的关中地区同样给予刘邦巨大帮助，刘邦最终战胜项羽，再次建立大一统的国家，并使其进入中国古代社会发展的第一个高峰。

自秦汉时期开始，历代各朝都在西部边疆地区实施屯垦戍边政策，如在黄河流域的青海、宁夏和内蒙古河套地区开渠灌田，这不仅促进了边疆地区经济的发展，而且巩固了边疆的稳定、推动了多民族的融合。这一过程中，黄河文化融合了不同区域和民族的文化，形成以它为主干的多元统一的文化体系，并在对外交流中不断汲取其他文化，扩大自身影响力，从而形成开放包容的民族性格。

由于地形和气候多种多样、水资源分布各具特点，不同流域和地区的灌溉工程规模不同、型式各异。以黄河为例，其上游拥有众多大型古灌区，如河湟灌区、宁夏古灌区、河套古灌区等；中游拥有大型引水灌渠如郑国渠、洛惠渠、红旗渠等，拥有泉灌工程如晋祠泉、霍泉等；下游则拥有引洛引黄等灌渠。

（2）防洪工程遗产。指为防治洪水或利用洪水资源而修建的工程及相关设施。治河防洪是中国古代水利事业中最为突出的内容，集中体现了中华民族与洪水搏斗的波澜壮阔、惊心动魄的历程，以及这一历程中中华民族自强不息精神的塑造。

公元前21世纪，发生特大洪水，给人们带来深重的灾难，大禹率领各部族展开大规模的治水活动。大禹因治水成功而受到人们的拥戴，成为部落联盟首领，并废除禅让制，传位于其子启，启建立起中国历史上第一个王朝——夏朝，中国最早的国家诞生。在大禹治水后的数千年间，大江大河尤其是黄河频繁地决口、改道，每一次大的改道往往会给下游地区带来深重的甚至是毁灭性的灾难；长江的洪水灾害也频繁发生。于是中华民族的先人们与洪水展开了一次又一次的殊死搏斗。可以说，从传说时代的大禹治水，到先秦时期的江河堤防的初步修建，到西汉时期汉武帝瓠子堵口，明代潘季驯的"束水攻沙""蓄清刷黄"，清代康熙帝将"河务、漕运"书于宫中柱上等，中华民族在与江河洪水的搏斗中发展壮大，其间充满了艰辛困苦，付出了巨大牺牲，同时涌现出众多伟大的创造，并孕育出艰苦奋斗、自强不息、无私奉献、百折不挠、勇于担当、敢于战斗、富于创新等精神。这是中华民族的宝贵精神，值得一代代传承与弘扬。

与洪水抗争的漫长历程中，历代各朝逐渐产生形成丰富多彩的治河思想，建成规模宏大、配套完善的江河和城市防洪工程，不断创造出领先时代的工程技术等。在江河防洪工程中，堤防是最主要的手段，自其产生以来，历代兴筑不已，规模越来越大，几乎遍及中国的各大江河水系，形成如黄河大堤、长江大堤、永定河大堤、淮河大堤、珠江大堤、辽河大堤和海塘等堤防工程，并创造了丰富的建设经验，形成完整的堤防制度。

（3）运河工程遗产。指为发展水上运输而开挖的人工河道，以及为维持运河正常运行而修建的水利工程与相关设施。早在2500年前，中国已有发达的水运交通，此后陆续开凿了沟通长江与淮河水系的邗沟、沟通黄河与淮河水系的鸿沟、沟通长江与珠江水系的灵渠，以及纵贯南北的大运河等人工运河。这些人工运河尤其是中国大运河不仅在政治、经济、文化交流及宗教传播等方面发挥着重要作用，而且沟通了中国的政治中心和经济中心，是中国大一统思想与观念的印证；此外，它们还是连接海上丝绸之路与陆上丝绸之路的纽带，在今天的"一带一路"倡议中仍然发挥着重要作用。

在漫长的运河开凿历程中，中国创造出世界上里程最长、规模最大的人工运河；不仅开凿了纵横交错的平原水运网，而且创造出世界运河史上的奇迹——翻山运河；不仅具有在清水条件下通航的丰富经验，而且创造出在多沙水源的运渠中通航的奇迹。

（4）城乡供排水工程遗产。指为供给城乡生活、生产用水和排除区域积水、污水而修建的工程及相关设施。城市的建设规模、空间布局、建筑风格和发展水平往往取决于所在地区的水系分布，独特的水系分布往往赋予城市独特的空间分布特点。如秦都咸阳地跨渭河两岸，渭河上建跨河大桥，整座城市呈现"渭水贯都以象天汉，横桥南渡以法牵牛"的空间布局；宋代开封城有汴河、蔡河、五丈河、金水河等四河环绕或穿城而过，呈现"四水贯都"的空间布局，并成为当时最为繁盛的水运枢纽；山东济南泉源众多，形态各异，出而汇为河流湖泊，因称"泉城"。早期的聚落遗址、都城遗址中都发现有领先当时水平的排水系统。如二里头遗址发现木结构排水暗沟、偃师商城遗址中发现石砌排水暗沟、阿房宫遗址有三孔圆形陶土排水管道；汉长安城则有目前中国最早的砖砌排水暗沟，它在排水管道建筑结构方面具有重大突破。

（5）水土保持工程遗产。指为防治水土流失，保护、改善和合理利用山区、丘陵区水土资源而修建的工程及相关设施。水土保持工程遗产是人们艰难探索水土流失防治历程的有力见证，它主要体现在两个方面：一是工程措施，主要包括水利工程和农田工程，前者主要包括山间蓄水陂塘、拦沙滞沙低坝、引洪淤灌工程等；后者主要包括梯田和区田等。另一类是生物措施，主要是植树造林。

（6）景观水利工程遗产。指为营建各类水景观而修建的水利工程及相关设施。通过恰当的工程措施，与自然山水相融合，将山水之乐融于城市，这是中国古代城镇规划、设计与营建的主要特点。对自然山水的认识和利用，往往影响着一个城镇的特点和气质神韵。古代著名的城镇尤其是古都所在地，大多依托山脉河流规划、设计其城市布局，并辅以一定的水利工程，建设城市水景观，用来构成气势恢宏、风景优美的皇家园林、离宫别苑。如汉唐长安城依托渭、泾、沣、涝、潏、滈、浐、灞八条河流，在城市内外都建有皇家苑囿，形成"八水绕长安"的景观，其中以城南的上林苑最为知名；元明清时期的北京，依托北京西郊的泉源，逐渐建成闻名世界的皇家园林，尤其是三山五园。

（7）水力发电工程遗产。指为将水能转换成电能而修建的工程及相关设施。该类遗产出现的较晚，直至近代才逐渐形成发展。如云南石龙坝水电站、西藏夺底沟水电站等。

（8）河道遗产。指河湖水系形成与变迁过程中留下的古河道、古湖泊、古河口和决口遗址等遗迹，如三江并流、明清黄河故道、罗布泊遗址、铜瓦厢决口等。

（二）非工程类水文化遗产

1.物质形态的水文化遗产

物质形态的水文化遗产指那些看得见、摸得着，具有具体形态的水文化遗产，又可分为不可移动的水文化遗产和可移动的水文化遗产。

（1）不可移动的水文化遗产。不可移动的水文化遗产可分为以下六类：

其一，古遗址。指古代人们在治水活动中留有文化遗存的处所，如新石器时代早期城市的排水系统遗址、山东济宁明清时期的河道总督部院衙署遗址等。

其二，治水名人墓葬。指为纪念治水名人而修建的坟墓，如山西浑源县纪念清道光年间的河东河道总督栗毓美的坟墓、陕西纪念近代治水专家李仪祉的陵园等。

其三，古建筑。指与水或治水实践有关的古建筑。该类遗产中，有的因水利管理而形成，有的是水崇拜的产物，而水崇拜则是水利管理向社会的延伸。因此，它们是水利管理的有力见证，以下三类较具代表性：一是水利管理机构遗产，即古代各级水行政主管部门衙署，以及水利工程建设和运行期间修建的建筑物及相关设施，如江苏淮安江南河道总督部院衙署（今清晏园）、河南武陟嘉应观、河北保定清河道署等。二是水利纪念建筑遗产，即用来纪念、瞻仰和凭吊治水名人名事的特殊建筑或构筑物，如淮安陈潘二公祠、黄河水利博物馆旧址等。三是水崇拜建筑遗产，即古代为求风调雨顺和河清海晏修建的庙观塔寺楼阁等建筑或构筑物，如河南济源济渎庙等。

其四，石刻。指镌刻有与水或治水实践有关文字、图案的碑碣、雕像或摩崖石刻等。该类遗产主要包括以下四类：一是历代刻有治水、管水、颂功或经典治水文章等内容的石碑。二是各种镇水神兽，如湖北荆江大堤铁牛、山西永济蒲州渡唐代铁牛、大运河沿线的趴蝮等。三是治水人物的雕像，如山东嘉祥县武氏祠中的大禹汉画像石等。四是摩崖石刻，如重庆白鹤梁枯水题刻群、长江和黄河沿线的洪水题刻等。

其五，壁画。指人们在墙壁上绘制的有关河流水系或治水实践的图画。如甘肃敦煌莫高窟中，绘有大量展现河西走廊古代水井等水利工程、风雨雷电等自然神的壁画。

其六，近现代重要史迹和代表性建筑。主要指与治水历史事件或治水人物有关的以及具有纪念和教育意义、史料价值的近现代重要史迹、代表性建筑。该类遗产主要包括以下三类：一是红色水文化遗产，如江西瑞金红井、陕西延安幸福渠、河南开封国共黄河归故谈判遗址等。二是近代水利工程遗产，如关中八惠、河南郑州黄河花园口决堤遗址等。三是近代非工程类水文化遗产，如江苏无锡汪胡桢故居、陕西李仪祉陵园、天津华北水利委员会旧址等近代水利建筑。

（2）可移动的水文化遗产。可移动水文化遗产是相对于固定的不可移动的水文化遗产而言的，它们既可伴随原生地而存在，也可从原生地搬运到他处，但其价值不会因此而丧失，该类遗产可分为三类。

其一，水利文献。指记录河湖水系变迁与治理历史的各类资料，主要包括图书、档案、名人手迹、票据、宣传品、碑帖拓本和音像制品等。其中，以图书和档案最具代表性，也最有特色。图书是指1949年前刻印出版的，以传播为目的，贮存江河水利信息的实物。它们是水利文献的主要构成形式，包括各种写本、印本、稿本和钞本等。档案是在治水过程中积累而成的各种形式的、具有保存价值的原始记录，其中以河湖水系、水利工程和水旱灾害档案最具特色。这些档案构成了包括大江大河干支流水系的变迁及其水文水资源状况，水利工程的规划设计、施工、管理和运行情况，流域或区域水旱灾害等内容的时序长达2000多年的数据序列，其载体主要包括历代诏谕、文告、题本、奏折、舆图、文据、书札等。这些档案不仅是珍贵的遗产，而且是有关"在用"水利工程遗产进行维修和管理不可或缺的资料支撑，也是未来有关河段或地区进行规划编制、治理方略制定的历史依据。

其二，涉水艺术品与工艺美术品。指各历史时期以水或治水为主题创作的艺术品和工艺美术品。艺术品大多具有审美性，且具有唯一性或不可复制性等特点，如绘画、书法和雕刻等。宋代画家张择端所绘《清明上河图》，直观展示了宋代都城汴梁城内汴河的河流水文特性、护岸工程、船只过桥及两岸的繁华景象等内容；明代画家陈洪绶所绘《黄流巨津》则以一个黄河渡口为切入点，形象地描绘了黄河水的雄浑气势；北京故宫博物院现藏大禹治水玉山，栩栩如生地表现出大禹凿龙门等施工场景。工艺美术品以实用性为主，兼顾审美性，且不再强调唯一性，如含有黄河水元素的陶器、瓷器、玉器、铜器等器物。陕西半坡遗址中出土的小口尖底瓶，既是陶质器物，也是半坡人创制的最早的尖底汲水容器。

其三，涉水实物。指反映各历史时期、各民族治黄实践过程中有关社会制度、生产生活方式的代表性实物。它主要包括六类：一是传统提水机具和水力机械，又可分为以下三种：利用各种机械原理设计的可以省力的提水机具，如辘轳、桔槔、翻车等；利用水能提水的机具，如水转翻车、筒车等；将水能转化为机械能用来进行农产品加工和手工作业的水力机械，如水碾、水磨、水碓等。二是治水过程中所用的各种器具，如木夯、石夯、石硪、水志桩，以及羊皮筏子等。三是治水过程中所用的传统河工构件，如埽工、柳石枕等。四是近代水利科研仪器、设施设备等，如水尺、水准仪、流速仪等。五是著名治水人物及重大水利工程建设过程中所用的生活用品。六是不可移动水利文化遗产损毁后的剩余残存物等。

2.非物质形态的水文化遗产

非物质形态的水文化遗产是指某一族群在识水、治水、护水、赏水等过程中形成的能够世代相传、反映其特殊生活生产方式的传统文化表现形式及其相关的实物和场所。

（1）口头传统和表述。指产生并流传于民间社会，最能反映其情感和审美情趣的与治水、护水等内容有关的文学作品。它主要分为散文体和韵文体民间文学，前者主要包括神话、传说、故事、寓言等，如夸父逐日和精卫填海神话、江河湖海之神的设置、大禹治水传说等；后者主要包括诗词、歌谣、谚语等。

（2）表演艺术。指通过表演完成的与水旱灾害、治水等内容有关的艺术形式，主要包括说唱、戏剧、歌舞、音乐和杂技等。如京剧《西门豹》《泗州》等，民间音乐如黄河号子、夯硪号子、船工号子等。

（3）传统河工技术与工艺。指产生并流传于各流域或各地区，反映并高度体现其治河水平的河工技术与工艺。它们大多具有因地制宜的特点，有的沿用至今，如黄河流域的双重堤防系统、埽工、柳石枕、黄河水车；岷江的竹笼、杩槎等。

（4）知识和实践。指在治水实践和日常生活中积累起来的与水或治水有关的各类知识的总和，如古代对黄河泥沙运行规律的认识，古代对水循环的认识，古代报汛制度等知识和实践。

（5）社会风俗、礼仪、节庆。指在治水实践和日常生活中形成并世代传承的民俗生活、岁时活动、节日庆典、传统仪式及其他习俗，如四川都江堰放水节、云南傣族泼水节等。

三、本丛书的结构安排

本丛书拟系统介绍从全国范围内遴选出的各类水文化遗产的历史沿革、遗产概况、综合价值和保护现状等，以向读者展现其悠久的历史、富有创新的工程技术和深厚的文化底蕴，在系统了解各类现存水文化遗产的基础上，了解中国水利发展历程及其科技成就和历史地位，了解水利与社会、经济、环境、生态和景观的关系，感受水利对区域文化的强大衍生作用，了解水利对中华民族和文明形成、发展和壮大的重要作用，从而提高其对水文化遗产价值的认知，并自觉参与到水文化遗产的保护工作中，使这些不可再生的遗产资源得以有效保护和持续利用。

本丛书共分为6册，为方便叙述，按以下内容进行分类撰写：

《水利工程遗产（上）》主要介绍灌溉工程遗产与防洪工程遗产。

《水利工程遗产（中）》主要介绍以大运河为主的运河工程遗产。

《水利工程遗产（下）》主要介绍水力发电工程遗产、供水工程遗产、水土保持工程遗产、水利景观工程遗产、水利机械和水利技术等。

《文学艺术遗产》主要介绍与水或治水有关的神话、传说、水神、诗歌、散文、游记、楹联、传统音乐、戏曲、绘画、书法和器物等。

《管理纪事遗产》主要介绍水利管理与纪念建筑、水利碑刻、法规制度和特色水利文献等。

《风俗礼仪遗产》主要介绍水神祭祀建筑、人物祭祀建筑、历代镇水建筑、镇水神兽和水事活动等。

本丛书从选题策划、项目申请，再到编撰组织、图片收集、专家审核等历经5年之久，其中经历多次大改、反复调整。在这漫长的编写过程中，得到了中国水利水电科学研究院、华北水利水电大学、中国水利水电出版社等单位在编撰组织、图书出版方面的大力支持，多位专家在水文化遗产分类与丛书框架结构方面提供了宝贵建议，在此一并表示真挚的感谢。

同时还要感谢水利部精神文明建设指导委员会办公室、陕西省水利厅机关党委、江苏省水利厅河道管理局在丛书资料图片收集工作中给予的大力帮助；感谢多位摄影师不辞辛劳地完成专题拍摄，也感谢那些引用其图片、虽注明出处但未能取得联系的摄影师。

期望本丛书的出版，能够为中国水文化遗产保护与传承、进而助力中华优秀传统文化的研究与发扬做出独特贡献，同时也期待广大读者朋友多提宝贵意见，共同提升丛书质量，推动水文化广泛传播。

丛书编写组

2022年10月

中国疆域辽阔，气候、水文、地理、地质等条件的多种多样和水利活动历史的久远，使得水利工程遗产不仅具有分布广泛、数量众多的特点，而且具有类型丰富的特点，它们不仅在水利科学技术上具有独特创造和重要建树，而且对于推动区域经济社会发展、城镇建设、改善生态环境，以及对中华民族和中华文明的形成与发展历程都起到了重要作用。

水利工程遗产是水文化遗产的特征性遗产，是漫长的水利建设事业发展历程的产物，也是水文化遗产的核心构成。水利工程遗产按其功能可分为灌溉工程、防洪工程、运河工程、水力发电工程、城乡供排水工程、水土保持工程、水利景观工程等类型。其中，灌溉工程、防洪工程、运河工程是古代水利工程遗产的最为重要的3种类型。本书主要介绍除这3种类型之外的其他类型的水利工程遗产。

本书共分6章。第1章介绍水力发电工程的建设历程及其技术成就。第2章介绍城乡供排水工程的建成历程及其技术成就，该章分成以下4部分：一是早期城市供排水功能，主要介绍秦代以前城市考古遗址中的供排水设施；二是古代城市供排水工程，以古代都城和部分典型城市为案例，介绍古代城市供排水工程的建设历程及其技术成就；三是用来供给饮用水的古井；四是用于供给饮用水的古泉。第3章介绍不同地区不同类型的梯田等水土保持工程的开发建设过程。第4章介绍几处列入世界文化遗产的水利景观工程。第5章介绍不同类型的提水机具和水利机械的结构与工作原理。第6章介绍中国古代水利基础知识和传统水利技术的形成与发展历程。

中国水利水电出版社对本书的出版给予了极大支持，出版社的李亮编审在本书的策划、项目申报、图片拍摄、内容撰写等方面都给予极大的理解与支持，编辑王若明、耿迪等则对本书进行了仔细审校加工，在此一并表示衷心感谢。

本书第1章水力发电工程由李妍妍撰写；第2章城乡供排水工程由王英华、石江同撰写；第3章水土保持工程由邓俊撰写；第4章水利景观工程由王英华、李艳撰写；第5章水利机械由王英华、邵自平撰写；第6章古代水利科学技术由孙丽娟、王英华撰写。全书由王英华通稿、定稿。

编者

2022年10月

目录

丛书序
前　言

1　水力发电工程 …………… 1
- 1.1　台湾龟山水电站 ………… 2
- 1.2　云南石龙坝水电站 ………… 3
- 1.3　四川洞窝水电站 ………… 7
- 1.4　西藏夺底水电站 ………… 9
- 1.5　黑龙江镜泊湖水电站 ………… 11
- 1.6　吉林水丰水电站 ………… 11
- 1.7　吉林丰满水电站 ………… 13
- 1.8　云南开远南桥水电站 ………… 16
- 1.9　贵州天门河水电站 ………… 17
- 1.10　河北沕沕水水电站 ………… 19

2　城乡供排水工程 …………… 23
- 2.1　早期城市供排水工程 ………… 24
- 2.2　古代城市供排水工程 ………… 36

3　水土保持工程 …………… 85
- 3.1　云南哈尼梯田 ………… 86
- 3.2　湖南紫鹊界梯田 ………… 89
- 3.3　广西龙脊梯田 ………… 90
- 3.4　贵州加榜梯田 ………… 92
- 3.5　江苏兴化垛田 ………… 94
- 3.6　甘肃砂田 ………… 97
- 3.7　宁夏隆德梯田 ………… 98
- 3.8　陕西凤堰梯田 ………… 100
- 3.9　河北涉县旱作梯田 ………… 101
- 3.10　福建尤溪联合梯田 ………… 103
- 3.11　江西崇义客家梯田 ………… 104

4　水利景观工程 …………… 107
- 4.1　北京颐和园 ………… 108
- 4.2　承德避暑山庄 ………… 115
- 4.3　杭州西湖 ………… 118

5　水利机械 …………… 121
- 5.1　提水机械 ………… 122
- 5.2　水能机械 ………… 138

6　古代水利科学技术 …………… 149
- 6.1　古代水利基础科学 ………… 150
- 6.2　古代水利施工技术 ………… 162

主要参考文献 …………… 182

1

水 力 发 电 工 程

用简单的机械开发水能以代替繁重的体力劳动，在中国已有数千年历史。如利用水能做动力鼓风的水排，利用水能抽水的翻车，磨面碾米的水磨和水碾，舂米的连碓机，提水的筒车等。这说明中国古代劳动人民对水能已有认识并加以利用，但将水能转变成电能却只有百余年的历史。

1840年鸦片战争以后，西方科学技术陆续传入中国；1911年，辛亥革命推翻封建王朝清朝；1914年第一次世界大战爆发，欧美各国忙于战争，中国的民族资本工业开始发展，为满足其逐渐增长的用电需求，水电事业随之在困境中艰难起步。

1937年抗日战争全面爆发后，由于战争的影响，电力工业设备在拆迁和战火中损失惨重。南京国民党政府西迁重庆，为解决大后方的电力供应问题，开始建设小规模的水电站，由此促进了水电的开发。而在沦陷区，日本帝国主义为掠夺中国资源，在东北建成几座大中型水电站。

总体而言，新中国成立前，中国的水力发电事业建设迟缓，规模小、电站数量少、技术水平低，但经过长期努力，获得了一定的发展。

1.1　台湾龟山水电站

龟山水电站坐落于台湾省台北县新店市新店溪支流南北势溪交会的双溪口畔。1905年建成发电，装机容量500千瓦。它是台湾省第一座水力发电站，也是中国第一座水力发电站。

1888年，台湾巡抚刘铭传在台北市东门创立兴市公司，建设电灯厂，从国外购进蒸汽发电机组，建成发电。随后，刘铭传计划在台北市附近的淡水河支流新店溪开发建设龟山水电站，甫见端倪，1891年因离任而搁浅。

1895年甲午战争后，日本占领台湾，不久即注意到新店溪上游山区丰富的水利、林木与樟脑等资源。1902年，日本实业家土仓龙治郎因植林伐木之需，向当时日本在台湾设立的殖民机构"台湾总督府"提出开发龟山水电的计划。次年，台北电气株式会社核准设立。后由于土仓氏家族事业出现经济困难，无力继续经营台湾实业，加上"台湾总督府"有意扩大发电规模，1903年"台湾总督府"收购了台北电气株式会社，接手龟山水力发电站的建设工作。1904年底，电站土木工程与室内输电线路完工，因日俄战争运输受阻的发电机也运抵台湾。1905年2月，因遭遇地震，原建引水渠全部掩埋，不得不重新开凿引水隧道。1905年7月完成工程建设，同年8月发电机组安装完成，10月15日开始向台北城内、艋舺与大稻埕三市供电。

刘铭传画像

龟山水电站建成时装机容量为500千瓦，原设计装机容量750千瓦，由于对市场需求没有把握，初期仅安装了两台机组，1930年才扩充为750千瓦。龟山水电站是引水式发电站，自龟山里栗子园处筑坝取水，凿四段隧道，明渠暗渠总长2.5千米，输水至电厂后方前池接压力钢管，再利用落差发电。

龟山发电站建成后，运营并不顺利。由于发电厂紧临溪流，地势低，经常遭遇水患。1911年龟山发电厂遭遇洪水，水淹厂房，电力供应中断，台北、基隆市街道一片黑暗。1912年水患又生，同样损失惨重。于是龟山发电厂于1913年重建，垫高地基，强化外墙。但是1924年又遭遇洪水，如今龟山发电厂内部近屋顶处，还能看见1924年这次水淹痕迹。

1905 年建成时的龟山发电厂

1913 年重建的龟山发电厂

龟山水力发电站的建设促进了台湾水电的建设和发展，对台湾的水力发电、能源发展，以及工业化和现代化有着重大意义。台湾当局因此制定了以水力发电为主的能源政策，相继开发建设了多座水电站。特别在电力缺乏的 1925—1933 年，龟山电厂最大发电量累计为 1.18 亿千瓦时，实际发电量累计 1.06 亿千瓦时，平均发电率达 90%，在全台电厂中名列第一。

1941 年，台湾桂山水力发电站建成，由于其拦水坝位于龟山发电站上游，龟山发电站进水量骤减，由此停止运行，其发电机组被拆卸后运到台东大南水力发电站（即现在的东兴发电厂），并于 1943 年撤废。由于龟山水电站发电厂房位于新店溪水源保护区，受保护区的各种开发限制，得以幸存，外形保存完好。此外，与电厂相关的龟山坝、水圳、吸弯管、前池、尾水道等相关遗迹，也都有痕迹可循，成为台湾水力发电开发建设史上最悠久的历史遗迹。

1.2　云南石龙坝水电站

石龙坝水电站是中国大陆第一座水力发电站，坐落在云南省昆明市滇池的出口——螳螂川上游。该电站由云南省商会募股集资，清宣统二年（1910 年）8 月动工，1912 年 5 月建成发电，安装德制两台单机容量为 240 千瓦的水轮发电机组。仍在正常工作发电。2006 年被国务院批准列入第六批全国重点文物保护单位；2018 年入选首批中国工业遗产保护名录。

石龙坝电厂办公楼

石龙坝电厂厂区大门遗址（现为华电云南石龙坝发电厂）

石龙坝位于滇池出口螳螂川上游 13.5 千米处，距昆明市仅 40 余千米。螳螂川为金沙江右岸支流普渡河的上游段，是滇池的出水河道，多年平均流量 15.5 立方米每秒，最枯流量为 2.12 立方米每秒，由平地哨经滚龙坝至石龙坝一段河道坡陡流急，形成高达 34 米的水头，且有天然湖泊滇池作为调节水库，建站发电条件得天独厚。石龙坝水电站的建设，拉开了中国水利发展的序幕。

1.2.1 创建经过

清光绪三十四年（1908 年），法国人修筑滇越铁路时，发现云南石龙坝拥有良好的水电站开发条件，便以铁路沿线需要用电为由，要求在螳螂川上修建水力发电厂。当时，中国人要求"实业救国""收回权利"的反帝浪潮激励着知识分子和民族资本家等各界人士的爱国心。1909 年（宣统元年），云贵总督李经羲（李鸿章的弟弟李鹤章之子，最后一任云贵总督）采纳劝业道道台刘永祚的建议，拒绝了法国人的要求，决定由本省官商合办开发螳螂川水力资源。

当时云南财政枯竭，集股无多。1909 年 10 月，刘永祚与云南省商务总会总理王鸿图磋商后，决定改官商合办为商办，并由王鸿图、董润章、袁嘉谷等 19 人联名，请求清政府批准集股开办耀龙电灯公司，建设石龙坝水电站。1910 年初得到李经羲批准同意"咨部立案注册准专利 25 年，以资提倡"。3 月 10 日，商办耀龙电灯公司正式成立，王鸿图为总董事，设董事局。丁绍文为总理，施云卿为协理。同时，省政府拥有监督权。

李经羲

1910 年 2 月，王鸿图因事去往南京，将兴办水电站事宜委托给陈炳熙。同年 4 月，丁绍文辞去总理一职，陈炳熙推荐左日礼为总理，驻工地负责工程建设事宜；协理施云卿则负责资金筹措及财务事宜。

经过美商慎昌洋行与德商礼和洋行等单位的竞争，最终礼和洋行获得水电站建设承包权。最初，礼和洋行提出全部承包发电厂的设备、技术和工程建设，但商会决定只引进技术和设备，最终双方达成共识，按商会意见签订合同，即承包商负责引进从勘测、设计到建设、安装、管理等德国技术，并供应发送变电和市区装设 7000 盏电灯所需的全部设备器材，电站及输、配、变电工程则在德国专家指导下由中国工人自己建设。

1910 年 6 月，左日礼聘请德国机电工程师毛士地亚、麦德华为技术顾问，并带领二人亲至螳螂川选择引水渠线、大坝坝址和发电厂厂址，并对筑坝、开河、机房、宿舍的布置等做出具体研究，然后一面测量、设计、制图，一面准备工料。8 月 21 日，电站开工建设。参加施工的有来自津、川、赣、江、浙、两广以及云南的汉、回、白、彝各族的能工巧匠，每天达千余人。

1.2.2 石龙坝水电站的建设

石龙坝水电站是一座引水式径流电站。主要工程包括：在滚龙坝上段筑拦河石闸坝 1 座，长 55 米，高 2 米；取水口首部设控制闸，由取水口到前池沿山开凿，修筑砌石引水渠道，长 1478 米，引用流量 4 立方米每秒，利用落差 16 米；建石墙瓦顶机房一座；在前池修筑溢流堰及排沙闸门；水渠、石坝、机房等建筑均以石料打平镶砌，并用水泥勾缝；架设 23 千伏输电线路一条，全长 34 千米，输电至昆明市小西门内的水塘子；在水塘子设降压站一座，降为 3.3 千伏，分送市区各配电变压器，二次降压为单相 110 伏，三相 190 伏供照明用电。

石龙坝工程从开工到完工仅用 21 个月，期间因螳螂川涨水影响、铁路中断，导致购买的水泥无法运到而停工待料，以及云南光复时德籍工程师避往河内而暂停施工，共延误 4 个月，实际工期只有 17 个月。工程投资共计银币 50 余万元。

石龙坝第一发电厂刚开始发电时，为打开电力销路，耀龙电灯公司做了很多宣传工作，并免费为用户安装用电设备，实行优惠电价。1919 年后，随着用户量的扩大，第一发电厂电力供应不足，于是在 1923 年修建第二发电厂，1939 年修建第三发电厂。到新中国成立前夕，石龙坝水电站先后经过 5 次扩建，拥有 3 个厂房、7 台机组，总装机容量约 2920 千瓦，不仅在昆明市供电方面发挥着重要作用，且开了中国河流梯级开发之先河。

石龙坝电厂引水渠（从螳螂川的滚龙坝引水到石龙坝，落差 30 余米）

石龙坝电厂拦河闸遗址

石龙坝电厂进水渠遗址

石龙坝电厂前池上游处的溢洪道，水泄入螳螂川

石龙坝第一发电厂车间

石龙坝第一发电厂车间里的德国西门子发电机组

石龙坝第三发电厂车间（张文摄，《历史的窗口——走访中国第一座水电站石龙坝》）

石龙坝第一发电厂车间大门两侧有对联"机本天然生运动，器凭水以见精奇"，横联"皓月之光"（张文摄，《历史的窗口——走访中国第一座水电站石龙坝》）

新中国成立后，石龙坝电厂得到根本改建。除1954年、1956年两次进行扩建外，又于1958年7月1日将中国自行研制的1台3000千瓦水轮发电机组投入运行。这台机组投产后，取代了原来3个老厂的7台机组，装机容量比新中国成立前夕增加一倍多。石龙坝水电站至今仍在发挥作用。

石龙坝第二发电厂车间

1.3　四川洞窝水电站

洞窝水电站是四川省第一座水电站，也是中国大陆第二座水电站，是由中国工程技术人员自己设计、自己施工建成的第一座水力发电站。坐落在龙溪河下游洞窝瀑布右侧，位于泸县龙马潭区罗汉镇高坝社区。1921年筹建，1923年动工，1925年2月建成发电，装机容量140千瓦。2019年被国务院列为第八批全国重点文物保护单位，同年入选第三批国家工业遗产名录。

龙溪河是长江的一条小支流，发源于永川县登东山，经德隆铺倾流而下，流经永川、泸县，在龙溪口注入长江，全长70余千米。该河流经地区悬崖陡峭，水流湍急，至洞窝形成高约44米的瀑布，加之泸州地区雨量丰沛，径流平稳，为洞窝水电站的修建提供了得天独厚的自然地理和水文水资源条件。

洞窝水电站原名四川泸县济和水力发电厂股份有限公司，创建者为税西恒（1889—1980），四川泸县人。1910年，他考取公费留学生，进入德国柏林工业大学机械系学习。毕业后曾在西门子制造厂任设计工程师2年。1917年回国，1921年任川南道尹公署建设科长。这一年，应川南道尹杨森之聘，税西恒开始筹建"惠公机械厂"，他在踏勘龙溪河水力资源后，决定利用龙溪河洞窝段落差发电，作为工厂的动力能源。

济和水力发电厂初拟官办，但当时军阀割据、混战不已，电厂筹建不久，川、黔军阀战火燃起，济和水力发电厂不得不暂时下马。此后，在税西恒的努力下，把电厂由官办改为商办，打算通过多发电力以供县城照明和发展地方工业。1921年税西恒变卖部分家产，带头出资2500银元入股，在他的带动下，地方人士纷纷入股，共筹集股金21.6万银元，于1923年开工，1925年发电。

税西恒

济和水力发电厂的设计方案由税西恒及其表兄彭玉富共同完成，后者曾留学日本，学电机专业。它的工程建设，当时在技术和物质上都面临极大的困难，尤其是建筑材料更为奇缺，花高价订购的水泥远自唐山运来。在重重困难面前，税西恒经过多次实地勘测调查和仔细分析研究，大胆决定因地制宜，就地取材，以本地所产的木材、条石、白灰、生铁等作主要建筑材料，缺乏的水泥和钢筋则用糯米浆拌石灰砌条石代替钢筋混凝土，最终建成一条支墩拱式拦水坝。

水电站的水坝、厂房和主机基础都是条石砌成。为节省开支，减少为筑高堤坝蓄水而淹没过多农田，税西恒决定利用龙溪河多处陡坡的地势，在德隆铺附近的德龙桥至洞窝段河道上，分三处修筑蓄水堤坝，分段蓄水。

水电站的拦河坝坝体用条石砌筑建成，高2.5米，圆弧形，弧长80米；水库工作深度2米，回水长2千米，库容约50万立方米；引水渠也为砌筑条石建成，长230余米；进水室建筑在基岩上，输水管采用铆接钢管，直径0.6米，管段间用法兰连接；厂房及主机基础均采用糯米浆拌石灰浆砌筑条石建成；发电机组由德国西门子公司制造，装机1台320马力（235.2千瓦）冲击式水轮机和1台140千瓦发电机，经变压器升压至6600伏，向泸县城内供电。总投资31万银元。

在建成后的最初三年中，水电站只能负荷包月电灯1000余盏，收入甚少。1930—1931年公司又在洞窝上游修建谷西滩坝（第二级堤坝）和特陵桥坝（第三级堤坝），库容新增276万立方米，极大地改善了电站的调节性能，还发展碾米厂和修械所各一户，开始全日供电，并由照明逐步拓展至农田灌溉。1935年增装新机，安装1台240千瓦水轮发电机组，1938年投产发电。

1939年9月，日本飞机轰炸泸州，全城大火，公司无力经营，遂将电站卖给二十三兵工厂（即泸州北方化学工业公司前身），更名为洞窝水电

济和水力发电厂厂房

济和水力发电厂内景

济和水力发电厂蓄水第二堤

站。经过大规模改建，并于1942年引进美国通用公司水轮发电机组，装机容量达到1000千瓦。新中国成立后，再次对水电站进行改扩建，增装一台国产1250千瓦机组，洞窝水电站装机容量达到2000多千瓦，主要供给泸州北方化学工业公司工业用电。

1.4 西藏夺底水电站

夺底水电站是西藏自治区第一座水电站，位于拉萨北郊、雅鲁藏布江的支流拉萨河水系上。1925年开始动工，1927年建成发电，装机容量92千瓦。它是当时世界上海拔最高的水电站，就其水头落差而言，在当时的引水式电站中也属前列。

夺底水电站建在夺底沟，其河流发源地海拔高达5500米，至夺底水电站进水口长约3800米，落差达316米，平均坡降达100‰。

1911年，西藏十三世达赖喇嘛土登嘉措在印度避难期间开始接触现代科学技术。1913年，他决定从藏族贵族子弟中选派4名少年前往英国拉格比公学（Rugby School）留学以掌握现代科学技术，出生于拉萨堆龙德庆县一个中等贵族家庭、年仅13岁的强俄巴·仁增多吉被选去学习电机专业。1921年，强俄巴·仁增多吉学成回藏，途经印度加尔各答毕尔时，购回一套英国基尔斯机器制造厂所造92千瓦的发电机组，经海路运输后，再靠人背马驮，历时一年多，于1923年运抵拉萨。

强俄巴·仁增多吉回到拉萨后，经现场踏勘，计划在拉萨北郊的夺底沟引水修建水电站。1924年，十三世达赖喇嘛批准该计划。1925年由强俄巴·仁增多吉负责组织50多名藏族泥、石、木匠及10多名民工，开始动工兴建水电站。

1927年，夺底水电站建成发电。电厂向拉萨北郊的车布吉铸币厂送电，强俄巴·仁增多吉还帮助该厂进行了改造，把一些需要人工操作的工序改为电动设备。在此之前，西藏世代均以酥油或松脂照明，当看到极其明亮的电灯时，人们的态度并不一致。其中，支持修建夺底水电站的十三世达赖十分惊喜，赞赏之余，把水电站命名为"车布吉洛珠康俄察堪耶日楚旦尔最勒空"，意为"充满着无边神奇智力的车布吉电厂"；还有人惊呼"呼啸不停的雪域神龙发光了"；然而，有的人则对这种神奇的电力持有抗拒的态度。按初步设想，电厂建成后，先给西藏地方政府的官员府邸安装电灯，但有人因恐惧而拒用，即便身为噶伦的赤门都连声乞求道："感谢了，感谢了，千万不要给我家安电灯！"

夺底水电站（图片来源：《探访西藏历史上第一座水电站：夺底水电站旧址》）

夺底水电站的装机容量虽然仅为92千瓦，但在

十三世达赖喇嘛土登嘉措
（中国西藏网）

强俄巴·仁增多吉

神权笼罩下的西藏投下了科学之光。在罗布林卡的"坚赛颇章"宫殿建成后，强俄巴·仁增多吉又设计了一座更小的水电站，专供十三世达赖喇嘛使用。

1928年夺底水电站发电，强俄巴·仁增多吉负责生产运行管理，电站职工8名。1945年强俄巴·仁增多吉病故，当地政府派曾在印度加尔各答电力专科学院学习回藏的唐麦·顿堆次仁接替管理水电站。

当时修建的夺底水电站没有拦河坝，电站主要建筑有引水渠、200米的前池、350米长的压力管道（330米长的木管、20米长的钢管，管径约30厘米）、一座木石结构的藏式四柱发电厂房。

夺底水电站从设计、施工到运行人员培训，全部由强俄巴·仁增多吉一人负责，当时全厂运行人员只有20人。由于当时水电站没有调节水库，全靠天然流量发电，利用落差也很小，不仅发电量少，且严重影响水磨的正常运行。夺底水电站只运行了十几年，1943年起，夺底水电站因机组老化，不能正常运行。其间，强俄巴·仁增多吉曾向地方政府申请购买功率较大的发电机及配件，并要求投资扩建夺底水电站引水渠道，加大

夺底水电站的启闭机（《探访西藏历史上第一座水电站：夺底水电站旧址》）

夺底水电站启闭机为卷扬式（《探访西藏历史上第一座水电站：夺底水电站旧址》）

电站引用流量，但地方政府未予批准。1945年机组出力只有额定出力的3/4，到1946年夺底水电站停运并被水冲毁。

西藏和平解放以后，西藏军区于1954年开始协助修复夺底水电站，并将厂房迁至现在电站位置，1955年春开始供电。但由于机器设备陈旧，水工建筑物极为简陋，装机容量仅为125马力，实际上只有40千瓦，仅供拉萨部分照明。1955年底，在老夺底水电站下游1千米处开始建新站，坝高5米，渠长2100米，水库库容10万立方米，水工建筑物及机组安装由内地派工人支援，汉藏工人约各占一半。1956年12月1日正式发电。新站利用水头132米，装机3台，每台发电机组容量为220千瓦，总容量达660千瓦，年发电185万千瓦时，比老电站装机容量增加了近7倍。

1.5 黑龙江镜泊湖水电站

镜泊湖水电站位于黑龙江省宁安县四季通，松花江第二大支流牡丹江中上游。

早在清朝末年，日本即垂涎中国东北丰富的自然资源，1918年中国政府驻日公使陆宗舆与日本勾结，日本方面由北海道王子制纸株式会社出面，成立中日合办的"富宁造纸股份有限公司"，拟在四季通建设纸浆厂，附带修建水电站，为纸浆厂提供电源。1918年冬，着手进行镜泊湖地形、地质、水文气象调查，1921年调查结束，1922年完成《镜泊湖水力工事调查书》。但因当时中国的政治条件，日本设想中的造纸事业流产，水能开发事业无法实施。1931年日本侵占东北后，遂于1937年开工建设。1938年12月21日主体工程开工，1942年6月第一台机组发电，同年9月2号机组发电，1945年6月30日全部工程竣工。

镜泊湖水电站以镜泊湖作为调节水库，控制流域面积11820平方千米，设计正常蓄水位353.5米，库容16.25亿立方米，死水位343米，调节库容7.66亿立方米，为不完全年调节，平均年发电量2.47亿千瓦时，装机容量2台1.8万千瓦，枯水期保证出力21240千瓦。

镜泊湖水电站工程主要包括：大坝，长2633米，平均坝高5米；引水隧洞及尾水隧洞，总长2600米以上；厂房建在地面；分别用两条110千伏线路向牡丹江市及延吉市供电，1条22千伏线路带地区负荷。

1945年8月日本投降时，水电站遭严重破坏，生产设备破坏殆尽，房屋及生活设施被焚烧成一片瓦砾，镜泊湖水电站呈现一片凋零破败景象。1946年1月，镜泊湖水电站开始修复，1号机于1946年11月27日发电，开始向牡丹江市供电，1948年5月2号机修复发电，同年7月恢复向延吉市供电。

1.6 吉林水丰水电站

水丰水电站位于中国与朝鲜界河鸭绿江干流下游、中国辽宁省宽甸县和朝鲜平安北道朔州郡境内，是中朝共建的一座大型水电站，为中朝两国共有，由朝鲜负责运行管理，电量两国各半分配。1937年开工，1941年建成发电，装机容量9万千瓦，1988年后扩建后为90万千瓦。

鸭绿江是中国与朝鲜之间的国际河流（界河），发源于长白山天池，流经中国吉林、辽宁两省，在辽宁丹东市附近流入黄海，全长800千米，右岸在中国境内，其余左岸部分在朝鲜境内。鸭绿江流经多山地区，河道狭窄，比降大，水量比较丰富，具有适宜建设水电站的自然地理和水文水资源条件。日本帝国主义侵占朝鲜和中国东北地区后，为进一步掠夺两国资源，积极规划开发鸭绿江的水力资源。1929年首先开发朝鲜境内支流赴战江梯级水电站，以后又陆续开发长津江、虚川江梯级水电站。

日伪时期的水丰水电站大坝（《日本侵华图志》）

新中国成立后改建中的水丰水电站大坝

1937年9月，日伪政府成立"满洲鸭绿江水力发电株式会社"，开始在鸭绿江干流上规划开发水丰水电站，由朝鲜伪总督府和伪满洲国共同投资建设。工程于当年动工，1941年两台机组投产发电，至1943年大坝建成，1945年安装6台机组。

水电站控制流域面积51200平方千米，正常蓄水位123.3米，死水位95米，总库容达147亿立方米，属多年调节水库。大坝为混凝土重力坝，坝高106米，长898米，设有溢流坝段及备用溢洪道；大坝位于干流河道，左岸接朝鲜，右岸接中国；厂房位于大坝后、朝鲜一侧，备用溢洪道（副坝）在中国境内。电站共有7台单机容量为9万千瓦的机组，其中3台发电机频率为60赫兹，3台发电机频率为50赫兹，另一台为60/50赫兹。为便于工程施工，当时还修建了中国灌水至长甸（延至水丰）、朝鲜定州至水丰的铁路专用线。1945年日本投降前，除5号机未到货外，已安装6台发电机和7台水轮机。当时水丰水电站以220千伏两回输电线向中国鞍山、丹东、大连供电，以220千伏三回输电线向朝鲜平壤、汉城、新义州供电，还以66千伏四回输电线向朝鲜的清水、义州等附近城市供电。

1945年8月15日日本投降，水丰水电站由苏联红军接管。苏军接管期间拆走3号、4号机组，当时由于放流不当还导致备用溢洪道被冲毁。后来，由于苏联没有相应水电站可以使用该类机组，又将其归还给朝鲜。此后水电站由朝鲜方面管理，自1949年起向中国东北电网送电（容量18万千瓦），至1956年将一半产权归还给中国。

1950年朝鲜战争爆发，美帝国主义为了破坏中朝两国的电力供应，于1952年10月23日对水丰水电站进行了疯狂的、连续的轰炸，致使水丰水电站遭到了很大的破坏。1954—1958年进行改建，重新安装3台机组，达到63万千瓦总装机容量，向中方送电容量31.5万千瓦。同时，将主坝溢洪道闸门加高0.8米，正常蓄水位抬高至123.3米。备用溢洪道堰顶抬高3.5米。

由于水丰水电站的装机利用小时数高达平均每年6240小时，中朝双方协议，各自在自己一侧扩建厂房，中国扩装两台各6.75万千瓦机组，共13.5万千瓦。如今，水丰水电站的总装机容量达90万千瓦，并且仍在发挥效益。

1.7 吉林丰满水电站

丰满水电站位于吉林省第二松花江上,在吉林市永吉县境内。1937年11月开工,到1945年日本宣布投降时尚未建成,只有部分机组发电。该电站设计水库蓄水面积550平方千米,总库容107.8亿立方米,坝顶高程267.7米,坝高92.2米,电站装机容量第一期为55.25万千瓦,最终规模为100.25万千瓦。当时设计输电线路为154千伏送电长春、吉林、哈尔滨;220千伏送电抚顺、沈阳,是担任东北电网调峰的主力电厂,以发电为主,兼有防洪、灌溉、养殖、通航等综合利用任务。

1931年日本侵略者发动"九·一八事变",企图以东北为基地,侵占华北和全中国。为掠夺东北资源,实现其侵略野心,修建丰满水电站。1935年7月,伪满洲国产业部国道局提出"松花江治水利水调查实施计划书",1936年1月经伪满洲政府批准后,开始进行坝址选择和地质勘探工作,并列入"第一产业开发五年计划",成立专门机构——水利电气建设局,负责电站建设。

丰满水电站于1937年4月开始动工,由于水电站地处寒冷的东北地区,每年只有4—10月共7个月的施工期,而冬季江水结冰,可在冰上进行材料运输和围堰施工。于是在1937年冬按围堰的位置锯开冰面,向水中投放石笼和冻土块,采用"水中筑坝"的方式,至次年4月江水解冻前顺利筑成右岸围堰,然后进行坝基、厂基开挖和混凝土浇筑。1941年,向德国、美国、瑞士和日本订购的水轮发电机组、蜗壳、主阀等设备陆续运到,并开始安装。1942年11月大坝初具规模,截断江流,水库开始蓄水。1943年2月,两台厂用电机组先后投产;3月和5月,1号和4号机开始投产发电,并向吉林、长春、哈尔滨送电。1944年筑坝与安装工程继续进行,6月和12月,2号及7号机组先后投产发电,并通过220千伏输电线向沈阳、抚顺地区送电。至此,已运转的水轮发电机组装机容量达25.2万千瓦。东北电力系统累计发电47亿千瓦时,其中水电站发电量为27亿千瓦时,在东北电力系统中首次实现水电年发电量高于火电年发电量的"水主火从"局面。

丰满水电站初建阶段由日伪水利电气建设局吉林工程事务所(后改为吉林工程处)指挥施工。施工手段主要靠人力,工人由日本大东公司从关内骗来的劳工、抓获的反满抗日的"战俘"和"犯人",以及强征的"勤劳奉仕队"组成。据统计,仅1937—1941年的5年中,大东公司从关内骗到丰满的劳工达10万之众,他们受尽折磨,惨死众多,再加上1942—1945年的死亡人数,劳工总死亡人数在万人以上。死亡的劳工被葬于丰满东山3条沟壑中,后称"万人坑"。

1937年日伪政府举行的丰满水电站开工仪式(《日本侵华图志》)

1937年丰满水电站动工

日伪时期丰满水电站大坝施工场景（一）
（《日本侵华图志》）

日伪时期正在施工的丰满水电站大坝（《日本侵华图志》）

日伪时期丰满水电站施工场景（二）（《日本侵华图志》）

日伪时期丰满水电站劳工出工前训话（《日本侵华图志》）

日伪时期丰满水电站施工场景（三）（《日本侵华图志》）

日伪时期丰满水电站涡轮发电机组正在安装（《日本侵华图志》）

　　至1944年，日本侵略战争屡遭惨败，物资和人力匮乏，为急于发电以满足军工生产需要，片面追求增加坝高，而没有相应地增加坝体厚度，致使坝体断面残缺单薄；加之水泥用量减少，砂石料未经筛选，致使混凝土施工质量低劣。1945年除修建一些防弹工程外，其他工程几近停顿。到日本投降前，大坝混凝土已浇筑

170万米，占应浇量的87%，但由于质量偏低而严重漏水，十分危险；除已运转的4台机组外，还有第6号、8号机组在安装中，其余3号、5号机仅完成埋设部分尾水管、蜗壳和尾水闸门等。

1945年8月日本投降后，苏联军队进驻丰满，拆除在建的6号和8号机组、运转中的2号及7号机组和已到货的2号和5号发电机部件，仅留下两台主机和两台厂用机，维持最低发电水平。在拆除在建机组时，苏军试图将其埋设件一同拆走，但用凿岩机开挖3天后仍未能如愿，最终放弃，因此水轮机座环等埋设件有幸得以保留；在拆除运转中的机组时，苏军本打算拆走有关的配电盘，但由于配电盘内部线路相连，拆除时必然影响留下的两台机组继续发电，才使配电盘未遭破坏，但主变压器、高压开关设备、母线开关设备等则全部被拆除运走。这些被拆走的设备，后来安装在苏联南部的明格查尔水电站。到1945年11月8日苏联军队撤走时，丰满水电站仅剩下两台大机（2×6.5万千瓦）和两台小机（2×0.125万千瓦），共计13.25万千瓦，这使得丰满水电站完成全部装机和发电推迟至8年后。

1945年苏军强拆丰满水电站发电机组（一）

1945年苏军强拆丰满水电站发电机组（二）

1945年苏军运走丰满水电站设备（一）

1945年苏军运走丰满水电站设备（二）

1946年5月，国民党军队开进丰满后，由接管人员组成丰满水电站管理处和丰满工程处。在近两年的时间里，他们用日本投降后工地残存的水泥和砂石料浇筑2.6万立方米混凝土。此外，不顾中国工程技术人员的反对，按美籍工程师约翰·卡登和萨凡奇的建议，把溢流堰顶炸掉1.5米，对纵缝的处理因无法施工被迫停止，这不仅降低了水库的蓄水能力，而且使坝体更加薄弱。此后直到国民党军队溃退，丰满水电站的复建工程始终未能全部实现。

1948年3月9日，中国人民解放军解放丰满，中共中央东北局派东北电业管理总局局长程明升、吉林省副省长张克威率工作组到达丰满，同年5月成立丰满水电局，组织群众抢修机械设备，抓紧完成结尾工程，从1948年6月至1950年共浇筑混凝土17.69万立方米，使丰满水库达到初建设计标准。

1951年，苏联全苏水工设计院提出大坝加固改建工程设计，至1953年完成后，工程得到明显改进和加强，在拦蓄当年出现的100年一遇洪水中发挥了显著作用。至1959年共新装6台大机组，1960年的发电量达27.49亿度。

1.8 云南开远南桥水电站

开远南桥水电站又称云锡电站，新中国成立后改名开远第三发电厂，位于云南省开远市城南约4千米临安河的南桥。1937年2月开工，1942年落成，装机容量为1792千瓦，是继昆明石龙坝水电站之后兴建的云南第二座水力发电厂。

临安河及开远南桥水电站

临安河是珠江上源南盘江支流泸江的一段，发源于临安坝子，东南流，在马军营附近与异龙湖出口自西向东而来的泸江汇合，经建水、开远，在岭旧附近入南盘江，建水以下统称泸江，当地人称临安河。

云南个旧锡矿起源于汉代，是中国最大的锡矿，一直以来都是用木材作为燃料炼锡，导致矿区一带燃料缺乏。为寻求新的探、采、选炼锡矿动力，至近代有人建议利用矿区附近的临安河水发电。后由云南矿业公司主办并上报获批，1936年1月聘请德国工程师李必显负责勘测设计。1937年2月动工，至1941年，土方开挖基本完成，其他工程完成40%左右。不料日军南犯，连续遭到日本飞机低空轰炸，损失巨大；且越南失陷，水泥来路中断，工程被迫停工。后随着昆明水泥厂的建立，开远南桥水电站于1942年复工，当年12月便将余留工程完成，1943年9月投产发电。

开远南桥水电站为低坝引水式水电站，在临安河中游云山峡、南桥上游5千米处修建砌石低坝；沿河在山腰陡壁上开凿引水渠，长5420米，过水断面为12.5平方米，全部采用浆切条石衬砌，这是中国水电史上首条大规模的人工引水渠；引水入前池，顺山坡敷设长 66.67 米、直径为 1.3 米的压力钢管道，引水至地面厂房发电。最初装设德国华伊士工厂生产的两台法兰西斯竖轴水轮发电机，装机容量相当于 896 千瓦，1—4 月最枯流量可达 3 立方米每秒，可开动一台机，保证每年有 7～8 个月的时间满发。总投资 3838.7 万法币。

开远南桥水电站建成后，源源不断的电能输送到个旧锡矿，提高了其产量和出口量，同时满足了开远火车站的用电需求，促进了大成实业公司利滇电石厂、碾米厂、机制白糖厂等地方工业的蓬勃兴起，为开远城区居民告别世世代代使用煤油灯、步入科技改变生活的时代做出了巨大的贡献，曾有"功追日月、光耀南滇"的美誉。

1955 年 7 月，增设中国试制成功的第一台混流式水轮发电机组后，总装机容量 2792 千瓦。至今保存完整，且仍在正常运转。

1.9 贵州天门河水电站

天门河水电站位于贵州省桐梓县娄山关镇独石村上天门洞西侧，是贵州省第一座水力发电站，也是中国最早的溶岩地下电站和第一座地下水力发电站。1941 年春动工，1945 年 5 月投产发电，装机容量 576 千瓦。至今仍在正常工作发电。

抗日战争全面爆发后，国民党政府兵工企业纷纷内迁。1938 年，随着抗日形势的变化，石林兵工厂、沈阳兵工厂、江陵兵工厂等单位陆续迁至贵州桐梓，统一更名为四十一兵工厂。四十一兵工厂直属国民党军政部兵工总署西南分署领导，每日生产"七九"步枪 200 余支、捷克式轻机枪 89 挺输送到抗日前线。但兵工厂电力缺乏，国民党政府军政部兵工总署决定修建天门河水电站。

为建好这座水电站，四十一兵工厂聘请清华大学、浙江大学、东北大学、西北大学和工业大学等 5 所名牌大学的专家教授共同设计完成，并在建成的主机房内留下他们的校徽标志。

通往地下主机房的路，门的上方为陈立夫题字"入天门而夺天工"

刻有厂名和厂徽的通道

进入洞口后的通道

购自美国通用电气公司的发电机组，水轮机在其下层，通往下层的石阶处镌刻有参与设计的五所大学的校徽

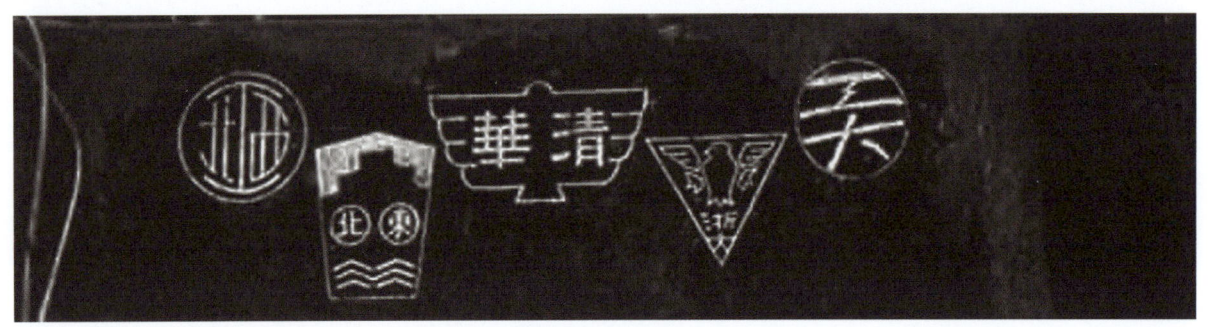

五所大学的校徽，自左而右依次为西北大学、东北大学、清华大学、浙江大学和工业大学

  天门河水电站的厂址选在大娄山山脉上的天门洞西侧。为便于隐蔽以防止日军空袭，同时解决落差问题，水电站充分利用天然溶洞，除配电室建在地面上以外，整个机房工程深入地下，掘土凿石，用石料砌成；引水道、尾水道均设为地下暗道。

  天门河水电站两台发电机组购自美国通用电气公司。从大洋彼岸的美国运至较为偏僻的贵州桐梓，运输过程几经周折。先是运到印度，再由中国总工程师两次飞往印度，与驻印美军空运部协同，通过"二战"期间以海拔高度高而知名的空中航线——"驼峰航线"运输至桐梓。所有的机件共重百吨，其中光电机芯就重达3吨，可以说打破了当时中印空运重件的最高纪录。

  1941年春，水电站及其配套工程动工；1942年，水电站的蓄水水库落成，水面百余亩，可蓄水40余万立方米，成为景色秀美的山间湖泊。1945年5月调试完成，放水发电。

  天门河发电站的选址、规划和建筑设计基本上遵循了实用、保密和防空等原则，依山而建，主体工程几乎全部设在新开凿的隧洞内。两台发电机组至今仍然运转正常，是为抗战服务的最好物证。

1.10 河北沕沕水水电站

沕沕水水电站位于河北省平山县西南晋冀交界的太行山中，是晋察冀边区在战火纷飞的年代自己设计和建设的水电站，不仅为附近解放军兵工厂供电，有力地支援了解放战争，而且自中国共产党中央机关迁到西柏坡后，还曾给党中央供电，并提供新华社广播用电，为全国的解放做出了重要贡献。2008年，沕沕水水电站旧址被河北省政府列为第四批省级重点文物保护单位。

沕沕水水电站建设过程中，朱德总司令曾多次过问有关查勘和施工事宜，亲自参加竣工典礼，为水电站投产发电剪彩讲话，并在送电后的一年多时间中亲临水电站五六次。水电站发电后，董必武、任弼时、聂荣臻、肖华和滕代远等都先后亲临视察。

沕沕水水电站位于平山县西南部滹沱河支流险隘河上游塔崖乡一个三面环山、一面临水的小山村，名沕沕水村，村西高山上有一股泉水，长年不断，沕沕有声，由此得名。

嵌在主机房石壁上的石碑

1947年3月，国民党军队向陕甘宁边区发起进攻，中共中央决定主动撤离延安。以刘少奇为书记，由朱德、董必武等组成的中央工作委员会（简称"中央工委"）离开延安，东渡黄河，翻越太行山，于4月26日到达晋察冀边区所在的河北省平山县，那里具有优良的革命传统和良好的群众基础，是著名的抗日模范县，成为当时中央工委办公场所的最佳选择。1947年7月初，刘少奇、朱德率中央工委由平山县北庄村搬进西柏坡，中央工委在西柏坡正式成立。

沕沕水水电站旧址（河北省水利厅提供）

朱德总司令办公场所

早在 1947 年初，根据党中央战略转移的部署，原在张家口、宣化的解放军三十三兵工厂分散迁驻至平山县西南的南冶、北冶、罗汉坪、木盘、唐家会等地进行军工生产。当时解放战争前线急需大量枪炮弹药，为解决军工生产所需的动力，晋察冀边区政府决定自力更生兴建水电站。要建水电站，需要选择具有一定落差且常年不断水的地方。经向当地百姓询问，得知汹汹水有这样的条件，晋察冀边区政府立即从张家口抽调专业工程技术人员前去考察，认为汹汹水拥有高落差的天然瀑布，既能满足建设发电厂的需求，又地处深山区、不易被敌人发现，中央工委遂决定在此建水电站。

汹汹水天然瀑布（《汹汹水畔的边区创举》）

1947 年，在朱德总司令的亲切关怀下，军民携手，自行设计、自行施工。首先由边区工业交通学院师生进行测量，当年 2 月该校教师芦成铭、张子林、钱端仁三人到汹汹水测量，测得落差 80 米、流量 0.35 立方米每秒，并据此做出工程概算，向晋察冀边区政府财办处汇报，姚依林等人听取汇报后同意建设。于是，黎亮承担起全部设计工作，计划安装一台机组，设计水头 95 米，设计流量 0.3 立方米每秒，引水渠长 688 米，前池容积 4200 立方米，压力管道采用铸铁管，水轮机为卧轴单喷嘴冲击式，手动调节，发电机采用在井陉煤矿缴获的德国西门子公司生产的 194 千伏安（约 155 千瓦）发电机，升压变压器由 3 台单相变压器组成，容量 180 千伏安。1947 年 7 月动工兴建，1948 年 1 月 15 日一次试运转成功，1 月 20 日开始送电，1 月 25 日举行正式发电庆祝会。

汹汹水水电站建成后，朱德总司令专程参加竣工典礼，并在边区政府领导和工程处政委张子林的陪同下剪彩讲话，然后亲自启动机组发电，并向有关人员颁发奖状、"边区创举"铜质纪念匾和"晋察冀水力发电纪念 1947"的银质五星纪念章。

新中国成立后，1955 年三十三兵工厂迁移，该水电站移交平山县政府管理，供电对象转向农村。1966 年对泉水进行掏挖以增加出水量，并把 688 米引水渠改为直径 85 厘米的钢筋混凝土管。1968 年把原来的铸

汹汹水水电站发电厂房（河北省水利厅提供）

汹汹水水电站发电机组（河北省水利厅提供）

沕沕水水电站变压设备（河北省水利厅提供）

1948年晋察冀边区工业局颁发给在发电厂建设过程中做出成绩的第一发电工程处的奖状（河北省水利厅提供）

铁压力管更换为直径45厘米的钢管。1975年根据当时的形势要求，由河北省投资20万元对水电站进行改建，即在原厂房旁再建一座厂房，安装一台卧式冲击式水轮机，配250千瓦的发电机，通过10千伏线路送电到北冶变电站，并入石家庄电网。目前，沕沕水水电站被河北省命名为爱国主义教育基地，并开发成沕沕水生态风景区。

沕沕水水电站的建成，标志着中国共产党、人民解放军领导下的第一座水力发电厂建立，不仅为军工生产提供了急需的能源保障，而且保障了中央驻地西柏坡的照明、发报、广播用电，为党中央指挥三大战役、解放全中国立下了不朽的功劳，同时也成为新中国水电事业的发祥地。

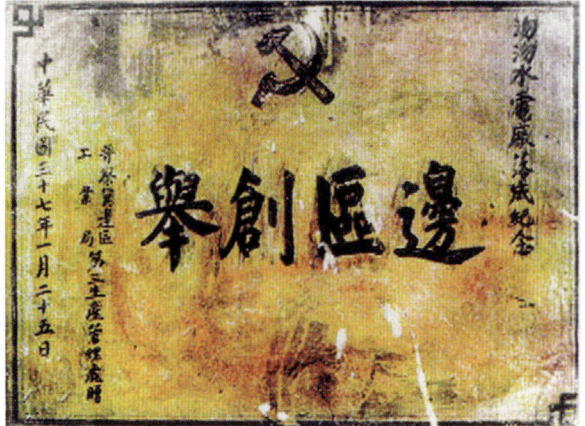
当年使用的发电机组及朱德总司令"边区创举"题字（《沕沕水畔的边区创举》）

2

城乡供排水工程

石器时代的早期聚落大多选在靠近河流湖泊等有水源的地方，以方便生活用水、渔猎和农耕生产。同时为避免汛期洪水泛滥所造成的威胁，又将聚落选建在高地上，并实施简单的防御措施。随着历史发展，因商业演变形成的"市井"逐渐与各级行政中心相结合，由此形成人口密集、财富集中、文化发达的城市，提出了较高的供排水和防洪要求，这便是城市水利的肇始。

2.1 早期城市供排水工程

在新石器时代，随着农业和定居生活的萌芽与发展，人们开始聚族而居，至迟在距今约6500年的新石器时代晚期开始出现早期城市。在早期城市的建设与发展过程中，为防御猛兽和其他族群的侵袭，人们开始在其生活周边开挖壕沟；为排除城中的大量雨水，开始修筑城市排水系统。最初的城市排水系统采用地面自流排水的方式，后不断加以变革与完善。至铜石并用时代晚期，随着封闭型城市的发展，其排水系统开始以地下陶土排水管道取代地面自流排水，目前国内已知年代最早、最为完备的城市排水系统为河南平粮台古城遗址。夏商周时期，随着社会生产力的发展，城垣和宫城不断扩大，道路网络逐渐形成，排水工程技术随之得到发展，开始出现木结构排水暗沟、石砌（毛石）排水暗沟和卵石排水暗沟等排水工程。这些排水暗沟大多因地制宜，采用当地丰富的天然木材、毛石、卵石等用来建造，以较少的成本满足了排除大量雨水的需要，有效改善了城区居民的生活环境。

2.1.1 湖南澧县城头山古文化遗址中的供排水工程

中国迄今发现的最早的古城遗址出现在新石器时代晚期，当时城内的排水系统主要采取地面自流或明沟排除的方式。城头山古文化遗址位于湖南澧县西北约10千米处的徐家岗南端，距今4800～6000年。

城头山古文化遗址所在的徐家岗位于洞庭湖之滨，此遗址高出周围平地约2米，澧水的一条小支流鞭子河沿岗的西侧由北向南流，转而东流，经古城东门外，再向东汇流成澹水主干道，最后南流注入澧水。古城城址近水、傍水，具有用水之便和渔猎之利；城基建在高地，则可有效避免洪水威胁。

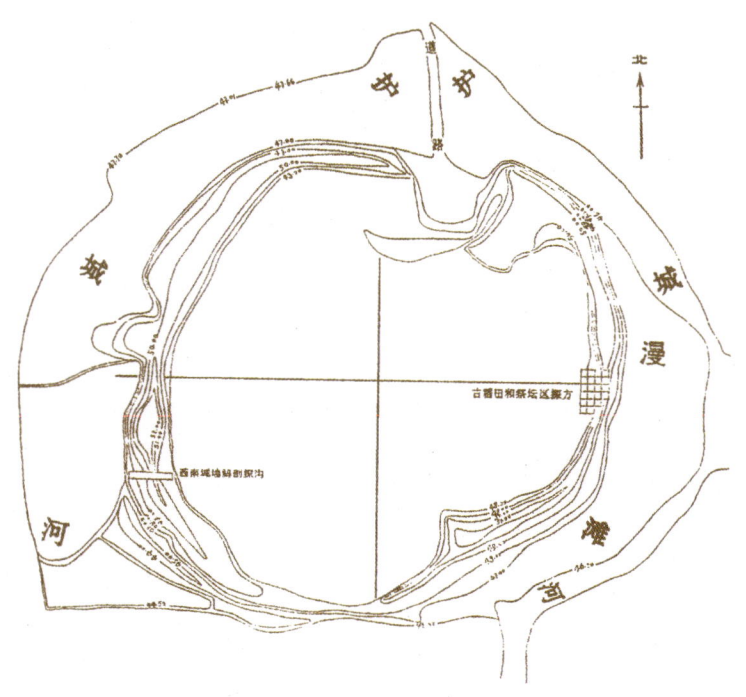

城头山遗址地形及探方分布示意图

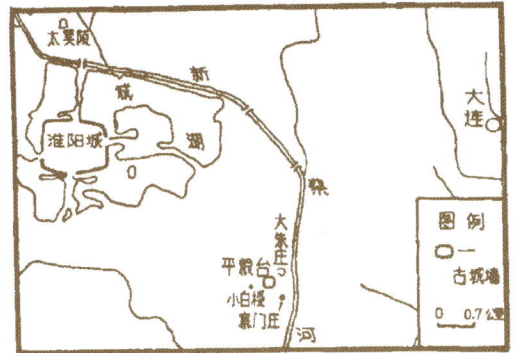

平粮台遗址位置示意图

城头山古城城墙呈规整的圆形，内径长 314 ~ 324 米，占地面积约 8 万平方米。东、南、北三面各开一门，北门地势最低，建有一直径 30 余米的圆形大堰，大堰拦蓄之水经由北门与城外的护城河相接，故北门应为水门。护城河宽 35 ~ 50 米，深约 4 米，其中部分利用自然河道，部分为人工开凿。据此可知，护城河除防御功能外，还具有排水的功能。

在城头山古城东部和西南部发现有许多房基遗址，西南部居住区还发现一条宽 2 米、采用红烧土铺成、两侧设有排水沟的道路，这可能是迄今发现最早的排水系统。

2.1.2　河南淮阳平粮台古城遗址中的陶土排水管道

平粮台古城遗址位于河南省淮阳县城东南 4 千米处的大朱庄西南、新蔡河北岸的台地上，距今 4600 多年。

古城遗址呈正方形，边长 185 米，面积 3.5 万平方米，基址高出四周地面 3 ~ 5 米。在城内共发现两处陶土排水管道遗迹，一处位于南城城墙下，另一处位于南城门路面下。

平粮台城垣南城门陶土排水管道及门卫房遗址发掘现场

在南城城墙下发现的陶土排水管道没有榫口，推测应是在建筑城墙时埋设的排水设施。

在南城门发现的陶土排水管道，位于路面下 0.3 米处，共三孔，残长约 5 米，铺设在门道下一条北高南低、上宽下窄的沟渠中。陶土排水管均为直筒形，每节长 35 ~ 45 厘米不等，一端稍细，一端稍粗，细端直径为 23 ~ 26 厘米，粗端为 27 ~ 32 厘米，为承插接口。其细端朝南，套入另一节的粗端内，如此节节套扣，形成一条排水管道。从整个管道的布局看，北端在城内，且稍高于南端，据此可知该管道主要用于向城外排除雨水。由于一条管道排水有限，故安装时采用三条组装并列的方式，使其剖面看起来像倒写的"品"字，即渠底铺一条管道，其上并铺两条。如此

平粮台南城门路面下铺设的陶土排水管道
（《河南淮阳平粮台龙山文化城址试掘简报》）

平粮台南城门路面下铺设的呈倒"品"字形的陶土排水管道断面
（《河南淮阳平粮台龙山文化城址试掘简报》）

平粮台遗址中出土的陶土排水管
（《河南淮阳平粮台龙山文化城址试掘简报》）

既可加大排水量，又可避免陶土管因直径过大而难于烧造及易于压碎之虞。

平粮台遗址是迄今发现的世界最早的铺设地下排水管道的早期城市，它所发明的直筒形陶土排水管制作简易，安装方便，水力条件较优，此后经过不断改进，刚度增强，管径加大，至今仍在使用。它所创造的管道承叉接口工艺，至今仍广泛应用于各类管道中。

排水管道应用于早期城市的排水系统，标志着城市文明史的巨大进步。

2.1.3 河南偃师二里头宫殿遗址中的木结构排水暗沟

二里头宫殿遗址中有迄今发现最早的木结构排水暗渠，它位于河南省洛阳市偃师区西南约9千米处的二里头村南、伊洛河故道北岸，面积约375万平方米，距今3600～3900年。

夏朝建立之初，启将都城设在阳城（今河南登封）。启之子太康统治时期，将都城迁至洛阳。据《竹书纪年》记载，"太康居斟鄩，羿亦居之，桀又居之""仲康即帝位，据斟鄩"。据此可知，斟鄩一度是夏朝的都城，为其政治、军事、经济、文化中心，而斟鄩即今河南洛阳偃师二里头遗址处。

二里头宫殿遗址东南部为微高地，分布着宫殿区和宫城（晚期）、祭祀区、围垣作坊区和若干贵族聚居区；西部地势略低，为居住活动区。其中宫殿区建筑宏伟，道路纵横交错。与此前发现的早期城市相比，二里头遗址的城市构成要素相对增多，城垣、宫廷面积扩大，排水量随之大幅增加，从而出现大型木结构排水设施。

二里头宫殿区东中部的三号和五号建筑基址东西并列，两基址间以宽约3米的通道相隔，在通道的路面下发现有长逾百米的木结构排水暗沟，这是迄今发现的最早的建于宫殿建筑群中的大型排水设施，也是最早的木结构排水暗渠。

在二里头遗址二号宫殿庭院内发现两处排水管道，一处位于庭院东南部，沿东廊向南，在距南墙里廊4.1米处折向东，从东墙第四门穿出去。它是一条方形水道，用毛石板在预先挖好的沟槽四壁砌筑而成。水道南北向一段长11.6米，沟槽窄小；东西向一段渐宽，水道整体北高南低、西高东低。另一处位于庭院东北部，穿过东廊和东墙第一门，由若干节陶土排水管相接而成，同样安装在预先挖好的沟槽内。陶土排水管现存11节，残长7米左右。水道整体西高东低，便于庭院内的雨水自流排出。

二里头二期三号基址主殿
(《河南偃师市二里头遗址中心区的考古新发现》)

二里头二期木结构排水暗沟盖板与立柱痕
(《河南偃师市二里头遗址中心区的考古新发现》)

二里头二号宫殿石砌排水暗沟　　　　　　二里头二号宫殿陶土排水管道

另外，在二里头宫城内还发现有底部铺垫石块的排水沟、石砌渗水井等遗迹。

总之，二里头宫城内主要采用木结构和石砌形式的排水管道和沟渠，它们共同构成了这座中国最早的城市的排水系统。

2.1.4　河南偃师商城遗址中的给排水工程

商城遗址是商代前期的都城，位于河南省洛阳市偃师区西南、二里头遗址东北约 6 千米处、洛河故道北侧，地势西北高、东南低。整个古城覆盖在今地面以下 1～4 米处，距今约 3500 年。《史记》称"汤始居亳，从先王居。"因此，该城可能是商代成汤所居的西亳。

经考古研究发现，在偃师商城遗址中存在大型供排水系统，尤其是大型石砌排水暗沟。

商城遗址由大城、小城和宫城组成。大城呈长方形，四面筑有城墙，面积约 190 万平方米，城外环绕以护城河，河宽约 20 米，深 6 米；小城位于大城西南部，南北长 1100 米、东西宽 740 米，面积近 80 万平方米。四面城墙中部各有一城门；小城、小城南部地势略高处为宫城和官署区，由南向北分为宫殿区、祭祀区和池苑区三大部分。

在商城遗址中发现多处水道遗迹，主要包括东西向横贯商城的"几"字形水道、城墙外的护城河、护城河外的古河道和古湖泊等，这些水道相互连通，共同构成相对完备的早期城市供排水系统。

1. 商城的供水水源和排水终端——西护城河外侧古河道与东南角古湖泊

根据考古发掘成果研究发现，除东南角外，大城四面城墙的外侧都开挖有护城河。在大城西城墙外的护城河西侧发现一条东西向石砌水道，该水道向东与西城门内发现的石砌水道在

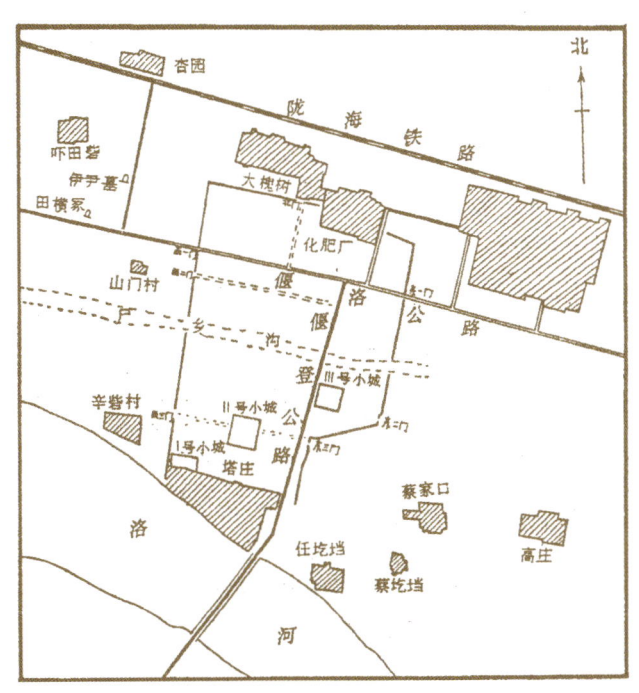

偃师商城位置示意图

同一条直线上,向西则与一条南北向古河道相接。大城东南角城墙外则发现一处面积较大的古湖泊遗址。据考古勘探,该遗址当时的水深一般为3米,最深处达5米以上。根据上述两则信息,考古学家推断该遗址为汉魏之前的鸿池,也是商城地势上的最低点,东护城河和南护城河中的水都排入其中。又据商城遗址地势整体呈西北高、东南低的格局,可以推断大城西护城河外侧的古河道为商城的主要供水水源之一,而东南角的鸿池则为商城的尾闾湖。

2. 商城以宫城水池为中心的"几"字形水道系统

商城最为令人震撼的工程是宫城的水系设置。该水系东西横贯整个商城,呈"几"字形,主要由三部分组成:中部为宫城水池,其西为西水道,东为东水道,三者连通,自西向东依次穿过大城的西护城河、西一城门、宫城、东一城门,最后抵达大城东城墙外的护城河内,整条水道设计严谨而又巧妙。

(1) 宫城水池。水池位于宫城北部居中处,呈斗状长方形,东西长约128米,南北宽19~20米,最深处约2米。水池槽底略呈凹槽状,西高东低。四壁由大小不一的石块较为规整地垒砌而成,坡度一般大于90度。所用石块主要源自商城北侧的邙山,多为灰白色岩石,质地坚硬,形状有方形、长方形、不规则多面体等,一般长0.3~0.4米,石块间的缝隙用红褐色泥土填塞。水池东西两端各有一条石砌水道即西水道和东水道通往宫城外,与城外护城河相通。

(2) 西水道。西水道位于宫城水池西侧,起于西护城河外200余米处的南北向古河道,向东过大城西一城门外的护城河,经西一城门道下,进入宫城北部后与水池相通,全长约685米,为供水水道。

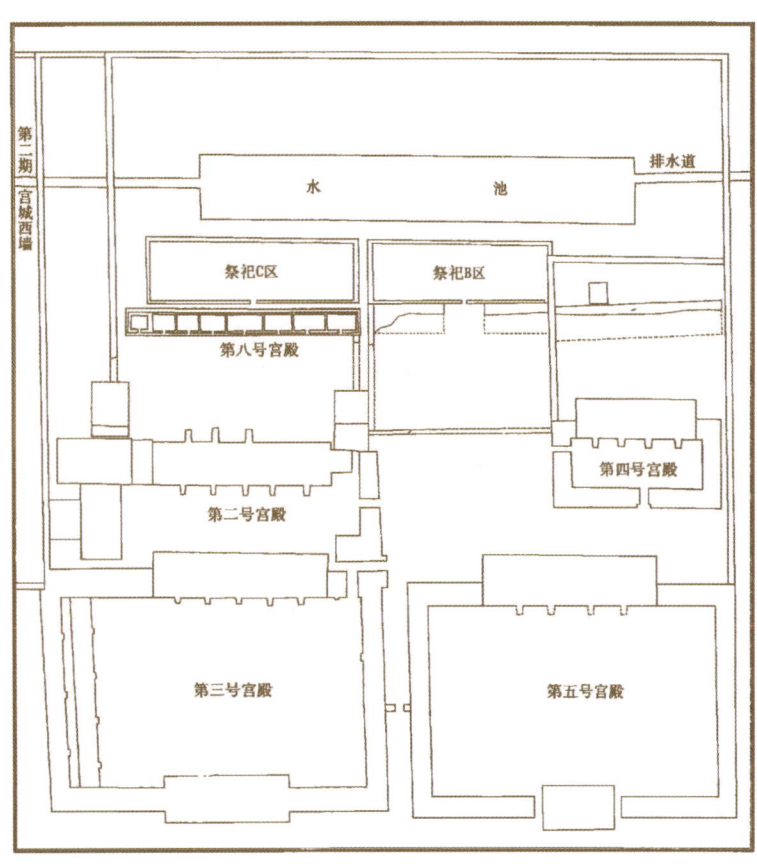

偃师商城宫城水系分布示意图

偃师商城宫城池苑水系发掘现场(由西向东)

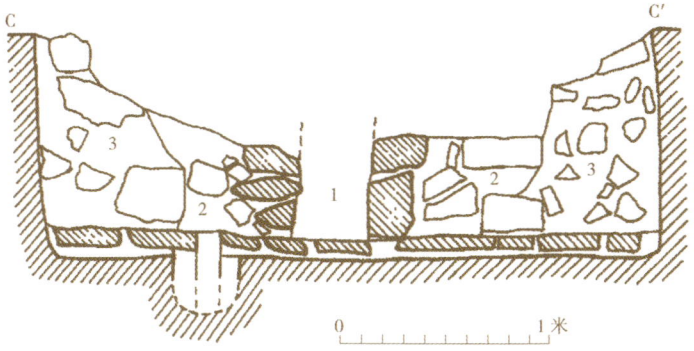

偃师商城宫城池苑西水道剖面图
1. 改建后的水道；2. 改建部分；3. 早期水道石壁

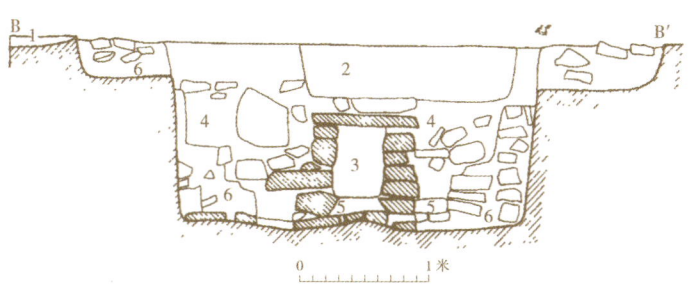

偃师商城宫城池苑东水道剖面图
1. 灰土层；2. 灰土层；3. 改建后水道；4. 改建部分；5. 早期水道内淤泥；6. 早期水道石壁

偃师商城宫城内的西水道局部（由东向西）

偃师商城水池局部及东水道发掘现场

西水道宫城段发掘部分长约 54 米，其槽底及两壁皆为砌石结构，曾经过改建，即在早期所建水道基础上将其石壁加厚、水道变窄。早期西水道沟槽宽约 3 米、深约 1 米，壁面陡直，底部略平，以挖出之土铺垫底部并加以平整，然后挖坑埋设立柱，并在沟底平铺一层片状石块，最后垒砌两侧石壁。改建时，在早期水道内紧贴两侧石壁垒砌新石壁，原有石壁大多原状保留。改建后的水道沟槽宽约 0.5 米、深约 0.8 米，水道上部盖有石板，石板上堆砌众多石块。

据考古发现，在护城河底部的生土台上有两排圆形柱坑，与护城壕东西两侧的石砌水道在一条直线上，应当是与水道相关的遗迹。柱子所支撑的很可能是类似渡槽的输水设施。考古学家认为，该处两排与护城河东西两侧石砌水道在同一直线上的圆形柱坑主要用于架设支撑渡槽的木柱。为能够在护城河上架设渡槽，在开挖护城河的同时即对该段做了特殊处理。偃师商城的护城河一般宽 18～19 米，但开挖该段时却在其东西两岸各留出一个半圆丘形生土台，两个生土台的中部最近间距约 6.8 米，从而大大缩短了该段护城河河面的宽度，更加便于架设渡槽，而支撑渡槽的木柱柱坑则固定在另外一处低于半圆丘形土台的稍窄的生土台面上，这一设计使得渡槽底座更加坚固和稳定。它是我国目前已知的最早的集拱梁、渡槽于一体的复合型桥梁设施。

更为难得的是，西水道通过宫城西城墙时，采用了双层水道的方法，即在水道内壁中部用石板隔开，使其形成上下两层的结构，上层高 0.2～0.3 米，下层高约 0.3 米，下层底部低于城墙两侧水道底部。这种水道分层的结构既可使水流顺畅通过，又可防止城墙外的人自此进出，具有安保的功能。

殷墟三通陶土排水管道示意图

（3）东水道。东水道起始于水池东端，由西向东穿过宫城东墙后，几经转折，经大城东一城门门道下，注入大城东城墙外的护城河，全长 815 米。其中宫城段发掘部分长约 32 米，水道底部及两壁皆为石砌结构，是在早期所建水道的基础上将原有水道改建缩窄，并以大石块封盖口部而成。

东水道的改建方式类似于西水道，只是对早期水道石壁的破坏程度远远超过西水道，目的是为了重新垒砌更宽的石壁，并且使得砌石结构一致以增加其强度。

2.1.5 河南安阳殷墟遗址中的陶土排水管道

殷墟遗址位于河南省安阳市西北小屯村一带，东西长约 6 千米，南北长约 4 千米。商代从盘庚到帝辛（商纣王）都曾在此建都，时间长达 254 年（约公元前 1300 年至公元前 1046 年）。它是中国第一个有文献记载并为甲骨文及考古发掘所证实的古代都城遗址，也是迄今发现的最早的城区主干线采用暗沟排水系统的早期城市。

殷墟大致分为宫殿区、王陵区、手工业作坊区、平民居住区和奴隶居住区，并有洹水从中缓缓流过。其中宫殿区位于洹水河曲南岸，环以手工业作坊区及民居，王陵区则位于洹水河曲北岸。

在殷墟遗址白家坟发现的三段陶土排水管道为宫殿区排水设施，排水管道遗迹距地表约 1.1 米，南北、东西向呈"丁"字形排列。排水管为泥质灰陶，用泥条盘筑法制成。南北向的排水管现存 17 节，全长 7.9 米；东西向的排水管现存 11 节，全长 4.62 米。排水管均长 42 厘米，直径 21.3 厘米，彼此相接，构成较长的排水管道。在南北向与东西向的管道交接处，由一个三通水管将两个方向的排水管加以交接。其中东西向的排水管道西高东低，高差约 0.5 米。排水管之间都是平口对接，接缝处没有发现涂抹异物的痕迹，均埋于房基中，推测为附属于房屋的排水设施。

殷墟遗址中的三通陶土排水管道与现代三通管极为相似，这是迄今发现的最早的三通陶土排水管，说明商代已经具备制造三通陶土排水管道的技术。

2.1.6 北京琉璃河遗址中的卵石排水暗沟

琉璃河遗址位于北京市琉璃河镇北 1.5 千米处的董家林村、大石河畔台地上，距今 3000 多年。

公元前 1046 年，周武王灭商后，采用"分封亲戚以藩屏周"的政策，将其同姓宗亲和功臣谋士分封到各地，建立诸侯国。次年，将燕地封于召公。由于召公留在西周王朝辅佐王室，由其长子"克"到燕地就封，开始营建燕都。所以,琉璃河遗址是周初始封燕国时的都邑,也是迄今所知的唯一一处始建于西周早期的诸侯国都城遗址。

燕都遗址包括古城址、墓葬区、居住址三部分,呈方形,东西长 829 米,南北宽 700 余米。城基地势较高,高出周边 1～2 米。城墙宽约 11 米,距城墙外侧约 10 米处有一条护城河,宽约 25 米。

在燕都遗址东城墙东北角处发现一条用卵石砌成的排水暗沟,宽约 1.2 米,高约 0.7 米,底部与侧墙都用鹅卵石堆砌而成,顶部盖板为木质。排水暗沟从城墙下穿过,城内的雨水通过排水管道汇入该暗沟,再汇入护城河,最终注入大石河。虽然迄今发现的排水设备寥寥无几,但它是目前发掘的最早的卵石排水暗沟,也是北京市最古老的一条下水道。它的发明创造使夏商时期告别了常用的木结构排水暗渠,开启了周代都城采用石砌排水暗沟的新型排水方式。

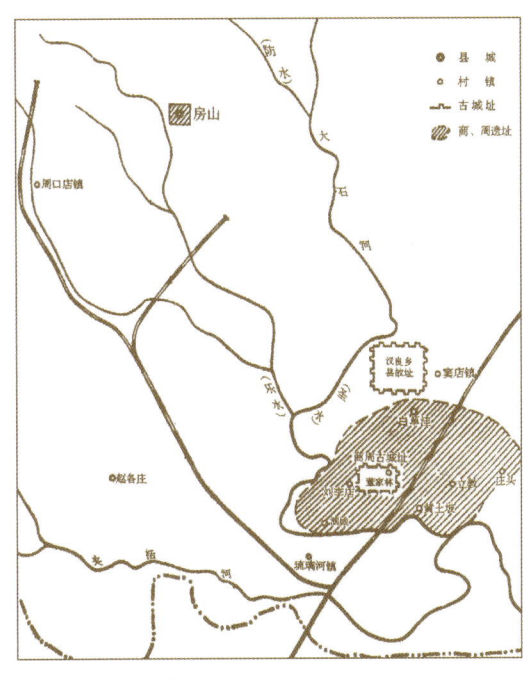

燕都位置示意图

琉璃河遗址分布示意图

燕都陶土排水管道

燕都卵石排水暗沟

2.1.7 山东淄博齐国故城遗址中的石砌排水暗沟

齐国故城遗址位于山东省淄博市临淄区齐都镇。临淄曾是周代齐国国都。公元前1046年，周武王灭商后，为控制莱夷，于武王二年（公元前1045年）封太公姜尚于山东营丘，建立齐国。公元前9世纪50年代，齐国第六任国君胡公静将都城迁至今临淄城西北、博兴县蒲姑旧城，临淄开始成为齐国的都城，因东临淄水而称临淄。此后，直至公元前221年秦灭齐，临淄一直是齐国的都城。

临淄故城东临淄河，西靠系水（又称泥河），东、西城墙以河岸为基础修筑而成，利用淄河和系水作为东、西两面的自然护城河。筑城之时又在大城南、北城墙外挖筑人工护墙壕沟6140米；小城的东墙（南端已被破坏）、北墙和西墙南段（接系水）挖筑人工护城壕沟5780米；淄河、系水和人工护城壕沟互相沟通，四面环绕城墙，构成了一个完整的排水网。同时，根据南高北低的自然地势，在筑城时设置了精巧而科学的排水道口，以顺利地向北排泄城内的废水和积水。据考古勘探，目前已知临淄古城大小城内设有三大排水系统，编号分别为Ⅰ号、Ⅱ号和Ⅲ号，并发现有4个排水道口。

Ⅰ号排水系统位于小城西北宫殿区的中心部位。排水系统的明渠南起桓公台东南，经桓公台东，转而再经桓公台北，向西穿过西城墙下的1号排水道口，注入西护城河，即系水。排水系统全长约700米，宽20米，深3米。该系统主要承担宫殿区内废水和积水的排放。另外，在小城西北桓公台东部的宫殿遗址中还发现有边长35厘米的三角形陶土排水管、直径25厘米的圆形陶土排水管以及由两个筒形陶土瓦相互扣合的圆形排水管，宫殿中的雨水主要通过这些管道排出院外，汇入城内的排水系统。

Ⅱ号排水系统位于大城西北方向，由一条南北向的明渠和一条东西向的明渠组成。其中南北向的明渠为主干线，南起小城东北角，接纳小城东城墙和北城墙外护城河的排水后，向北穿过大城北城墙的2号排水道口，注入城墙外的护城河，全长2800米，宽20米，深3米。东西向排水沟是在南北向主干线的北段，向西分出的一条支线，长约为1000米，宽20米，通过大城西城墙的3号排水道口注入西护城河。由于大城的西北部是全城最为低洼的地带，所以Ⅱ号排水系统承担着大城内绝大部分废水和积水的排放任务。每到汛期城内积水大量增加，一个排水道口难以及时有效地排放急剧汇聚的积水，因此又增设一个排水道口，两个排水道口分别接入北护城河和西护城河。

Ⅲ号排水系统位于大城东北部，长约800米，向东接入大城东城墙北段的4号排水道口，注入东护城河，即淄河。这些排水系统均为明渠。只有排水道口为城墙所压，积水通过排水道口穿过城墙而流入城外。3号排水道口位于大城西墙北段，北距

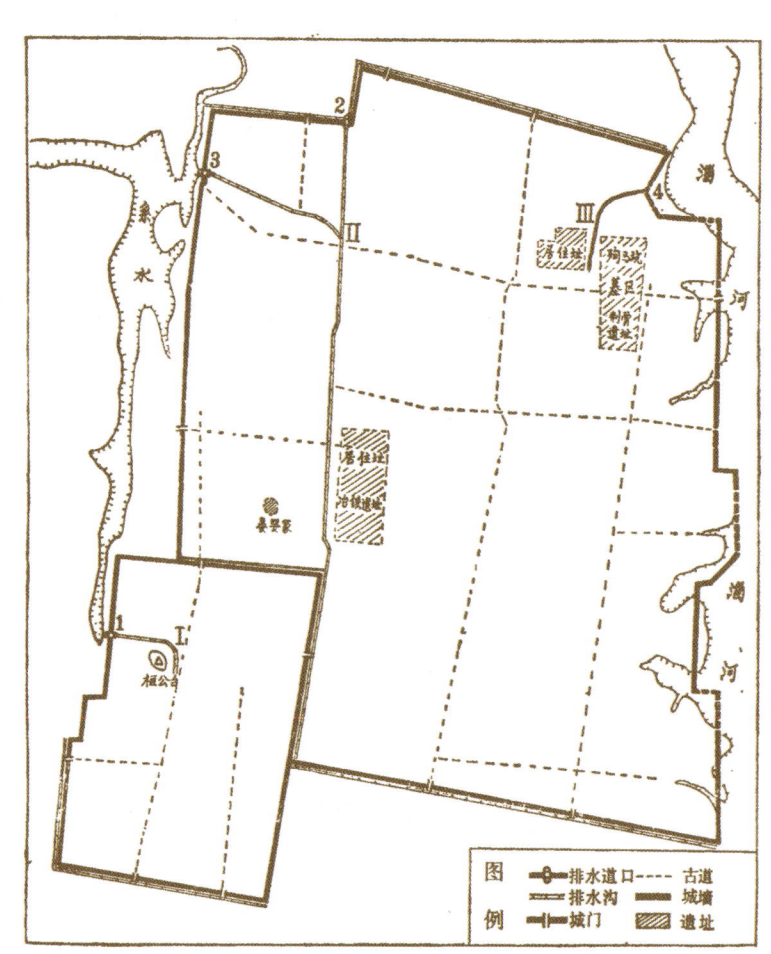

齐国故城排水系统示意图

大城西北拐角约 500 米，东接 II 号排水系统的东西向排水沟，西通系水，中部为城墙所压。排水道口呈东西向，用青石块垒砌而成，长 42 米，宽 7～10.5 米，深 3 米左右，由进水口、15 孔石砌排水暗沟（即过水道）和出水口三部分构成。

进水口在排水道口的东端，挖城墙东部而建，东端略超出城墙，与城内明渠相接，呈西窄东宽的喇叭口形。南北两壁全部用石块垒砌，底部铺有上下两层石块，下层石块散乱无序，上层石块则整齐地砌成 6 条导流墙，形成 5 条小渠，并与进水口的 5 个进水孔相对应，以便水流顺着 5 条小渠各自流向 5 个进水孔，同时还可阻滞水中的杂草、杂物流入过水道，以免导致进水孔堵塞。

15 孔石砌排水暗沟由排水道口的中部穿过城墙处，自东向西穿过城墙，东、西分别与进水口、出水口相接，呈东西向长方形，东端略窄，长 16.7 米，宽 7～8.2 米，高约 2.8 米。进水口为倒梯形，用石块构筑出 15 个方形水孔，分上、中、下 3 层排列，每层 5 个水孔，形状与结构基本一致，一般高 50 厘米，宽 40 厘米。

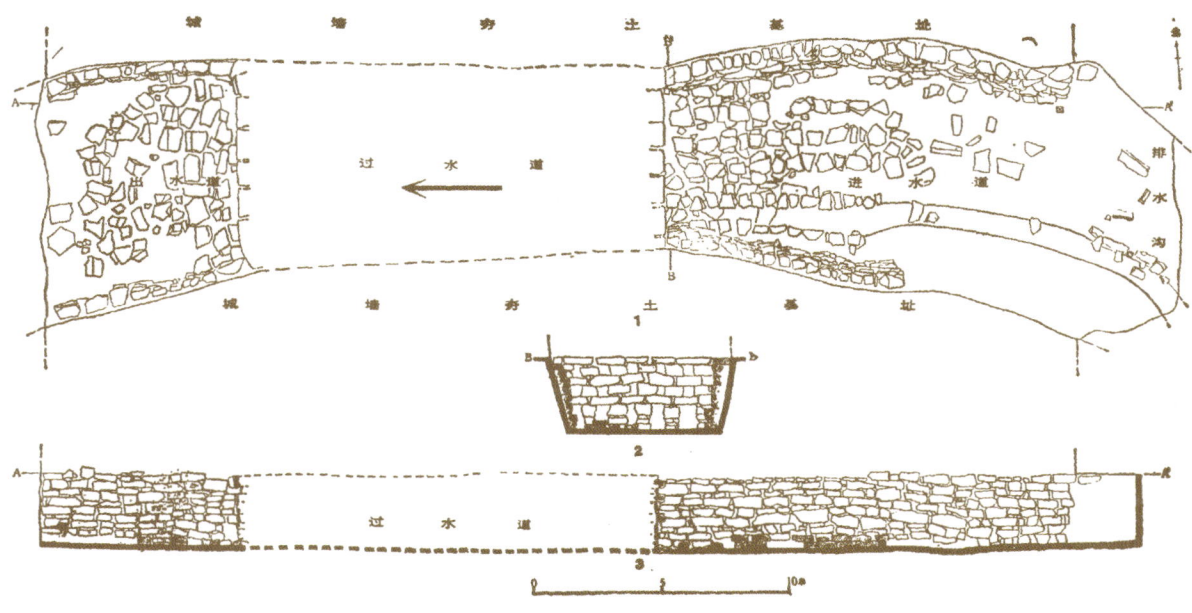

齐国故城 III 号排水道口平、剖面示意图

齐国故城 15 孔石砌排水暗沟

然而，由于石块不够规整且大小不尽相同，导致水孔的大小也不尽一致。每个水孔的两侧沟墙、盖板、底板均采用天然石块互相搭接、垒砌而成，下层水孔沟顶的石块盖板是上层水孔的底板。水孔内石块交错排列，以致水可以从孔内石块的间隙流出，而人却不能从水孔中通过，因此起到既能排水、又能安保的双重作用。

2.1.8 湖北荆州纪南故城遗址中的供排水工程

纪南故城遗址位于湖北省荆州古城北约 5 千米处。城西约 5 千米处有南北走向的八岭山，沮漳河沿其西麓由北向南注入长江，城北约 25 千米处有纪山，城东北 1 千米处有雨台山，东城墙外为湖泊地带。

纪南故城是春秋战国时期楚国的都城，当时称郢都，因城在纪山以南，后人称"纪郢"或"纪南城"。从楚文王元年（公元前 689 年）迁都郢到楚顷襄王二十一年（公元前 278 年）秦将白起攻克郢都，楚国共有 20 代王在此建都，历时 411 年。在此期间，纪南城是楚国的政治、文化、经济中心，规模宏大，都城东西长 4.5 千米，南北宽 3.5 千米，总面积约为 16 平方千米。

1. 城区古河道

纪南故城地势自西北向东南倾斜，有 3 条河流穿过城墙而出入城区，即朱河、新桥河和龙桥河，三河相互连通，并与西部的冲沟一起将纪南故城分为四个区域。

朱河古河道蜿蜒曲折，自北向南流，由北城墙东水门入城，南流至城中部的板桥，与新桥河汇流。它与今朱河的流向基本一致，全长 1400 米，宽 40 米。

新桥河古河道弯弯曲曲，自北向东南，绕城墙西南角，在南城墙西水门处转北流入城，至城中部板桥与朱河汇流。它与今新桥河的流向基本一致，城区段长 2750 米，宽约 60 米。

龙桥河古河道西起城中部的板桥，即朱河和新桥河两河道的汇流处，折向东流，穿过东城墙，即自今龙会桥出城，注入邓家湖。它与今龙桥河流向大致相同，全长 2750 米，宽约 40 米。两岸河滩洼地较多，在古河道北岸发现有密集的水井和窑址。

朱河、新桥河、龙桥河 3 条古河道为纪南故城排水系统的主干道，各段护城河与其他古河道中的水均汇入主干道中，然后东流出城，注入邓家湖。

2. 护城河

纪南城城墙外有绕城一周的低洼地带，即护城河遗迹，应是筑城垣时挖掘而成，其中以北城墙、东城墙南段、西城墙北段最为明显。经勘探，护城河距离城墙 20～40 米，形状与城垣基本一致。

护城河分别在北城墙西门外中断 170 米、东城墙南门外中断 30 米、南城墙东门处则中断 450 米，均正对着整个南城墙向南突出的部分，可见护城河的中断可能与城门的修建有关。

3. 城墙水门

纪南故城城墙周长 15.5 千米，目前已在城墙上发掘出城门 7 座，并在南城墙及北城墙古河道出口处发现水门两座，即南城墙西水门和北城墙东水门。

纪南故城松柏区 88 松·鱼·1 号房基址的散水遗迹

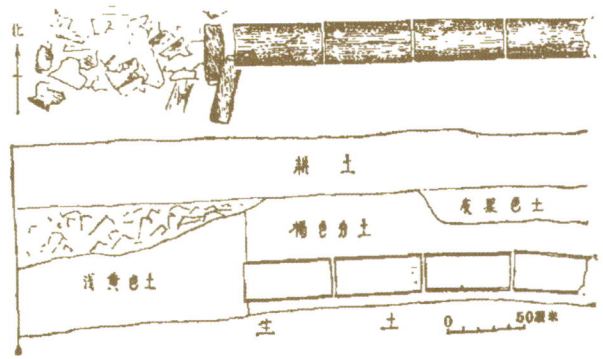

纪南故城 88 松·鱼·2 号房基址中排水管的平剖面示意图

纪南故城松柏区 4 号古河道西岸发现的筒瓦砌筑排水管道示意图

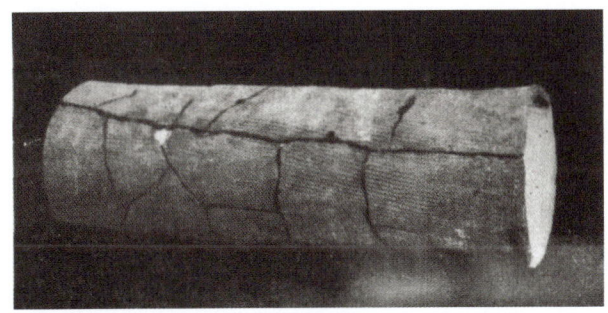

纪南故城 30 号建筑遗址中出土的排水管

南城墙西水门位于南城墙西南新桥河入城处，现存缺口宽 40 米，新桥河自西而东又转北地流入城内缺口。水门主要由 4 排 40 根木柱直立而成，每排 10 根，形成三道门，其缺口两侧城墙与城门一样内收变窄。北城墙东水门位于北城墙东北角朱河口处，现存缺口宽 90 米，朱河自北而南流入城内。水门缺口两侧城墙内收变窄为 10 米，构筑形式与南城墙西水门相似。纪南城地势西北高、东南低，这两条河流中一条自西而东流入城内，一条自北而南流入城内，应是纪南故城的主要水源。

另外，在东城墙偏北龙桥河出城的缺口即今龙会桥处发现有古河道，推测该处应有水门一道，但由于受河流冲击和早年修建襄沙公路时遭到严重破坏，现已无法探明。

4. 其他排水设施

在纪南故城东南松柏区 30 号建筑遗址、松柏区龙桥河边的松柏鱼池遗址内均发现大型房屋建筑遗迹，内有散水和排水沟等排水设施。

（1）散水。纪南故城松柏区 88 松·鱼·1 号房基址东侧和南、北平台外侧均发现有散水，由筒瓦、板瓦铺砌而成，宽 2.5～3 米，呈内高外低的坡面。在松柏区 30 号宫殿北墙和南墙外也发现散水，南侧现存散水长 37 米，宽 5.4 米；北侧现存散水长 50 米，宽 5 米，均呈斜坡，向外缓低，坡度为 4～5 度。

（2）排水沟。主要分布于纪南故城建筑遗址周围，一般连接排水管道与城内河道。88 松·鱼·1 号房基址东南的排水沟宽 1.2～3 米，深 1 米，从西向东，折北流入 40 米外的 4 号古河道中。此外，在 88 松·鱼·2 号房基址的东侧发掘出一条南北向的小沟，宽 1.3 米、残深 0.2～0.3 米，应为排水沟。

（3）陶土排水管道。在纪南故城 30 号建筑遗址的南、北散水中均发现排水管道。排水管道是从室内延伸出来的，向外接通排水沟，应是排放污水的管道。北边有三道，南边有一道。管道呈圆筒形，平口对接，共保存 21 节，每节长 66.5 厘米，直径 19 厘米，管道下面以板瓦垫底，上面用板瓦覆盖。在纪南故城 88 松·鱼·2 号房基址发现两条排水管道，均为东西向，南北相距 10 米。管道西端略高，东部略低，均用专门烧制的筒形陶水管道套接而成，北部清理出 9 节陶水管，总长 9 米；南部清理出 5 节陶水管。在纪南故城松柏区 4 号古河道西岸台土南、北、东部各发现排水陶管一条，基本都为东西向，南北相距 25 米。管道均用瓦片套筑而成，共分板瓦砌筑和筒瓦合接两种。其中北部一条为板瓦砌筑，残长 1.9 米；南部一条用筒瓦砌筑，上下均用筒瓦扣合成筒状，一节一节连接而成，中部略为弯曲，残长 5.5 米。

纪南故城利用其得天独厚的自然优势，城市体系规划得十分合理，城内供排水设施种类较多，各司其职，功能齐全，可以说走在同时期都城供排水规划和设计的前列。

2.2 古代城市供排水工程

城市人口稠密，生产生活用水和人畜饮水时刻不能中断。为解决城市供水问题，古代一般采取两个途径：一是开渠引水入城，再分支于大街小巷之间；二是就地取水，或建库蓄水，或挖塘蓄水，或凿井取水，不少城市是河水和井水兼备。为此，古代城市在选址时即充分考虑了供水问题，同时兼顾排水、防洪、防御和防火等需求。

2.2.1 西安

西安古称镐京、长安，是中国著名古都之一，历史时期共有 11 个朝代在此建都，历时长达 1100 多年。汉代全盛时，城内人口约有 30 万人，唐代则高达 100 多万人。如此规模的城市，对供排水系统建设提出了很高的要求。

1. 秦始皇陵陶土排水管道

秦代西安的城市供排水工程技术水平可从秦始皇的陵墓建设中窥其一斑。秦始皇陵位于今陕西西安市东 35 千米处的临潼区，这里发现了迄今最早的五角形陶土排水管。

秦始皇姓嬴名政，是中国历史上杰出的政治家，他建立了中国历史上第一个统一的、多民族的、中央集权制国家，并实施郡县制、统一文字和度量衡，不仅为后世留下了大一统的国家观念和初步的治理体系，还留下了宏伟的秦始皇陵。

秦始皇陵始建于秦王政元年（公元前 247 年），到公元前 221 年嬴政统一中国时，主要完成了工程设计和部分施工，由此奠定了皇陵的规模和格局。此后继续进行大规模的工程建设，至秦始皇三十六年（公元前 211 年），经过数十万人长达 9 年的施工，基本完成主体工程施工。秦始皇去世后，至秦二世二年（公元前 209 年）冬，最终完成皇陵的工程施工。

秦始皇陵南依骊山，北临渭水，南北落差达 85 米，总面积为 56.25 平方千米，分陵园区和从葬区两部分。其中陵园区的面积约为 2.135 平方千米，秦始皇的陵墓即设于此。陵园外东南有一条长 1600 米的防洪堤，即五岭遗址，用于防止骊山洪水冲损陵园。陵园区内的地宫是秦始皇陵建筑的核心部位，距地面约 35 米深，安放着秦始皇的棺椁。据《史记》记载，这里"穿三泉，下铜而致椁，宫观百官，奇器异怪，徙藏满之"，气势雄伟，豪华壮观。为防止地宫建筑被水侵渗，在其周围及陵园区地面设有周密的排水与防水设施。地宫周围的排水与防水措施主要体现在以下三个方面：

一是在地宫墓室的石墙周围封存一圈很厚的细夯土墙，即所谓的宫墙，高约 30 米，它实际上是一圈封闭型防渗帷幕墙，具有很强的防渗功能。

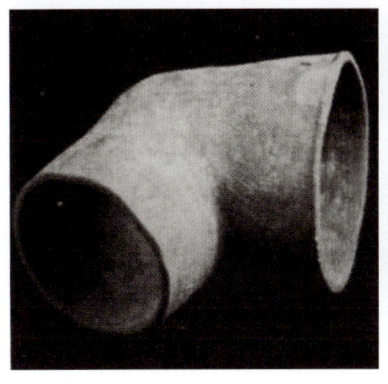  

秦始皇陵出土的圆形陶土排水管　　　　　　　　　　　　　　秦始皇陵出土的五角形陶土排水管

二是地宫建在封土堆（陵冢）底部中心的地下。其中地宫的面积约18万平方米，而封土堆底部的面积约25万平方米，远比地宫的大，因此封土堆相当于一把雨伞，将地宫罩在下面，地宫上方的雨水通过封土堆表层流出，再通过排水管道引出陵园。

三是封土堆及地宫上方的土层为夯筑而成，两者实际上是地宫的封顶防渗层。

陵园区南临骊山，而骊山北麓的地势东南高、西北低，这一带的降水渗入地下后，由高处向低处渗流，水流正前方直指地宫东南，为此在环绕地宫东南的地面以下筑有一道长1303米的"阻排水渠"，主要由渗透系数小、防水性能强的清膏泥及黄土夯筑而成，实际上也是一道防渗帷幕墙。在防渗帷幕墙附近还发现有砂砾透水粒料的堆积带，它实际上是一条地下水导排层。通过这两项措施将地下水流阻隔于地宫之外，并引向下游，从而降低了地宫周围的地下水位，有效地保护了墓室不遭水浸泡。

由于陵园的地势南高北低，所以地宫选建在排水条件最佳的南半部。为了及时排除陵园内的地面雨水，在许多地段都设有地下排水管道，以便系统地将雨水引出陵园，然后向北排入渭水。陵园内的排水管主要有两种：一是圆形陶土排水管，主要用作单体建筑的排水支管；二是五角形陶土排水管，主要用作排水系统的主管道。

秦始皇陵是中国最早发现五角形陶土排水管的地区，其特点是可以拼装成各种规格的断面以排泄不同规模的流量。五角形陶土排水管的断面面积约0.11平方米，排水流量相当于3个圆形陶土排水管。在陵园西北部曾发掘出一条多孔五角形陶土排水管道，可并列穿过城墙，将雨水引出墙外。

2. 汉代长安供排水系统

周朝曾定都丰京和镐京。其中丰京临近沣水；镐京则以临近镐水而得名，即今西安所在。秦始皇在今西安西北修建阿房宫时，"二川溶溶，流入宫墙"，二川指的是渭川、樊川，意即引入二川之水以源源不断地供给宫中之用。汉代长安城位于今西安西北郊外，渭河南岸、潏河西岸，与渭河北岸的秦代首都咸阳隔河相望，建有以昆明池为调节水库的供排水系统。

汉长安城的平面呈不规则正方形，面积约36平方千米，设有9个市区、160条巷里，建有12座城门和8条主要街道，布局整齐，街巷宽敞。其中街道最长的为5500米，可并行12辆马车，道旁栽有槐、榆、松、柏等植被，绿荫繁茂。长乐宫、未央宫、建章宫是长安城最为著名的三大宫殿。其中长乐宫位于城东南的复央门里，原为秦代兴乐宫，汉高祖五年（公元前 202 年）重修，形成由 14 个宫殿组成的宫殿群，周长 10 千米；未央宫位于城西南的西安门里，始建于汉高祖七年（公元前 200 年），由 40 余个宫殿台阁组成，周长 11 千米；建章宫则位于汉长安城直城门外的上林苑内，始建于太初元年（公元前 104 年），由众多宫殿台阁组成，号称千门万户。汉长安城中仅长乐、未央两宫就占去城区面积的一半。当时长安城内不仅设有中央机构和大批军队驻扎，还拥有发达的手工业作坊区和繁荣的商贸区，最盛时人口约 30 万。其中居民区分布在城北，划分为 160 个"闾里"；市场在城西北，称"长安九市"，城内和近郊则分布着大面积的苑囿。要维持规模如此庞大的城市运转，充沛可靠的水源供给和发达的供排水系统不可或缺。

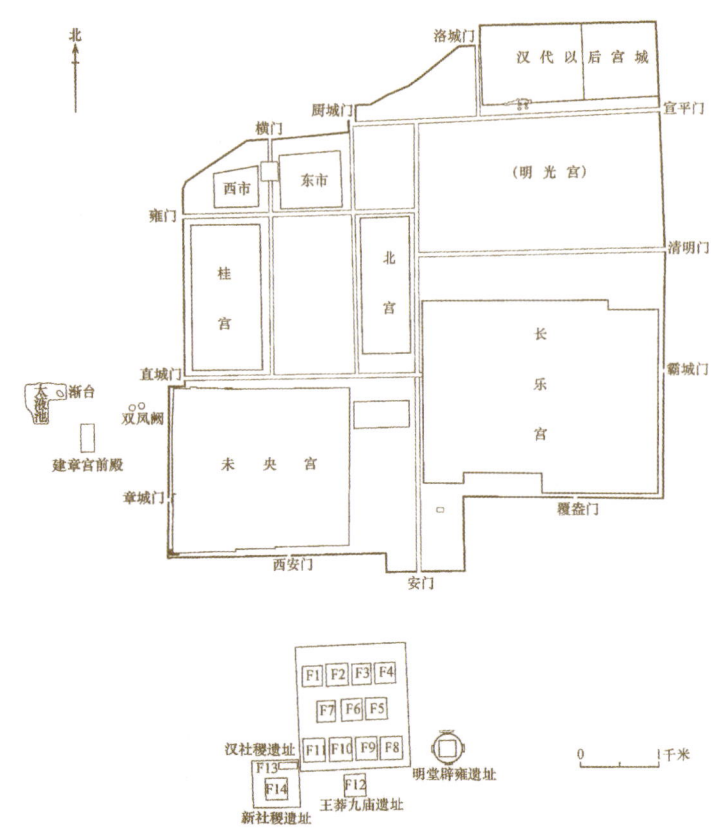

汉长安城平面示意图

（1）长安城供水系统。汉长安城建有以昆明池为主体的蓄水和供水系统，各宫殿都有塘泊与供水渠道相通。

西汉长安城西临渭河支流沈水，这是它最初利用的水源，依然沿用秦代的供水工程，即引渭河支流滈水入镐池，经过镐池调节后再注入长安城。汉武帝时扩建宫殿和都城，旧有的水源不敷使用。元狩四年（公元前 119 年），开始在城西南修建调节水库——昆明池，周长 20 余千米，有效地解决了长安城的供水水源问题。

昆明池的水源主要来自交水，交水上建有石碣堰，平时拦引交水入昆明池，汛期洪水经堰顶溢流，沿交水故道注入沣水。昆明池通过东、北两条渠道向下游供水，向东一条为昆明故渠，专用于接济漕渠；向北一条称昆明池水，专供城区用水。昆明池水下游的揭水陂是池水进入城区前的又一级调节水库，既可增加蓄水量，又可控制分配给长安城各部门的用水量。揭水陂下游则分为两支：一支向北流入建章宫，宫内有太液池，其尾水排入渭水；另一支向东北流过渡槽引水入城，注入未央宫的园林水体——沧池，然后排出城外，汇入漕渠。

昆明池水源工程的修建，不仅有效解决了长安城的供水问题，而且从根本上改善了长安城的水环境和水景观，使之成为一个水系发达、充满钟灵之气的城市。汉唐时期的昆明池不仅是调节水库，而且是皇帝和达官贵人的游乐之所，碧波荡漾的湖面上常可见到楼船泛绿、百舸弄波的优美景象。而昆明池附近的杏园则是新科进士举行牡丹宴的场所。

（2）汉长安城排水系统。汉长安城遗址中发掘出许多排水遗迹。根据发掘资料，汉长安城在建城初期就进行了缜密的排水规划和设计，其排水系统主要由明渠、排水管道和护城河组成。通过城区的明渠将宫廷、院落、街道的排水管道以及支沟（排雨水）中的水汇流后，再通过预埋在城墙下的管道、暗沟，排入护城河，最终流向渭水。

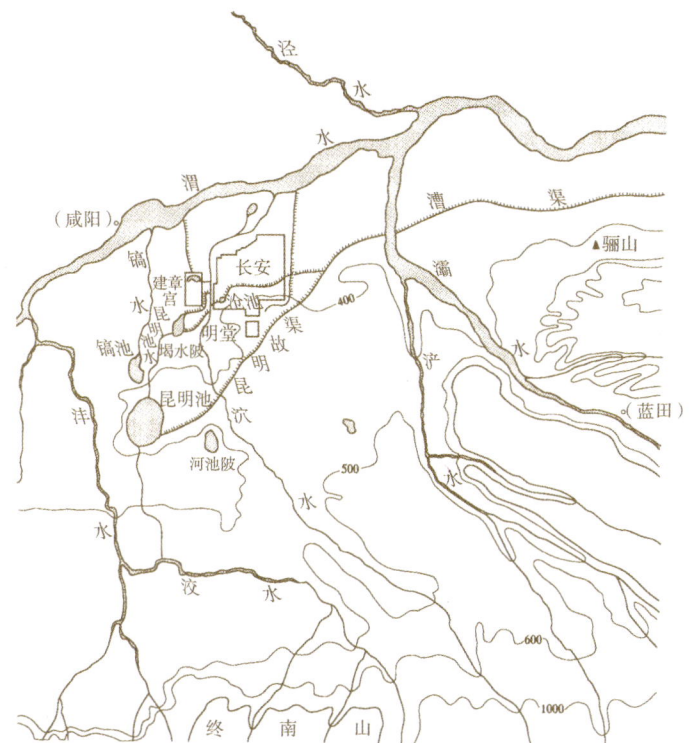

西汉长安及其城周水系示意图

昆明池及西汉长安城的水源工程示意图

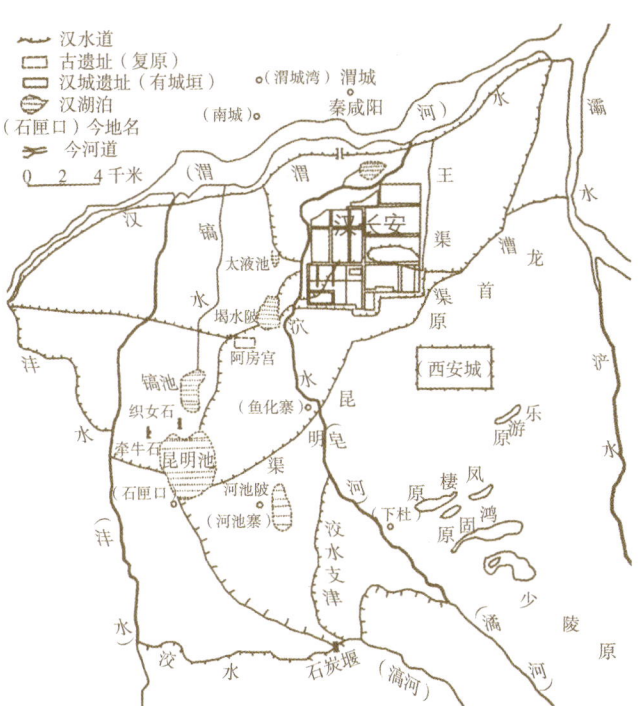

昆明池在汉长安城郊水利中的位置示意图

明渠自城南章城门外引沨水支渠的河水，穿过未央宫西宫墙注入沧池，再从沧池往北经前殿西南穿过未央宫北宫墙，再向东穿过霸城门以北的城墙，出城后排入渭水。这条明渠在城内长约9千米，既是引水渠道，也是排水尾渠。

汉长安城的排水沟遗存在未央宫、长乐宫、桂宫、武库、城门等遗址中均有发现，从其规模和功能看，可大致分为以下五类：

一是小型排水沟。规模较小，一般位于建筑区庭院内，多为砖结构。未央宫前殿B区慢道东侧的排水沟、长乐宫五号建筑西北的两条排水沟、桂宫二号建筑东南和东北的排水沟均属此类。

二是中型排水沟。形制较大，位于建筑区附近，宽1米左右，是用来沟通建筑区与城内的排水干沟。未央宫中央官署东西院间的排水沟、椒房殿的排水沟和武库南墙外的排水沟均属此类。

三是大型排水沟。规模很大，位于建筑区与街道、城墙之间，是长安城的排水干沟。它们往往横穿整个建筑区，与附近的路沟及城外护城河相通，用来维持建筑区和路沟、护城河排水的畅通。长乐宫西南的排水沟和桂宫三号建筑北部的排水沟均属此类。

长乐宫五号建筑遗址庭院东侧和西侧排水沟

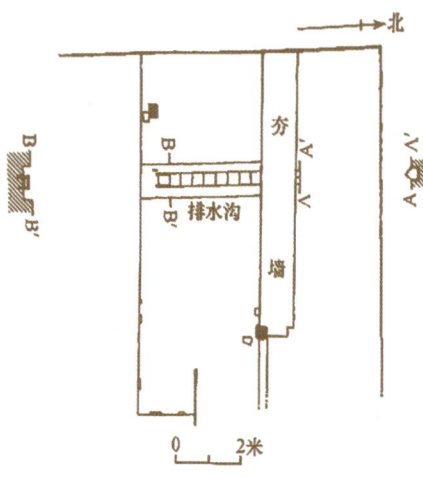

桂宫二号建筑遗址南院建筑西北部排水沟平剖面图　　桂宫二号建筑遗址南院建筑西北部排水沟

未央宫中央官署遗址排水沟　　　　　　　　　　　　　椒房殿遗址排水沟

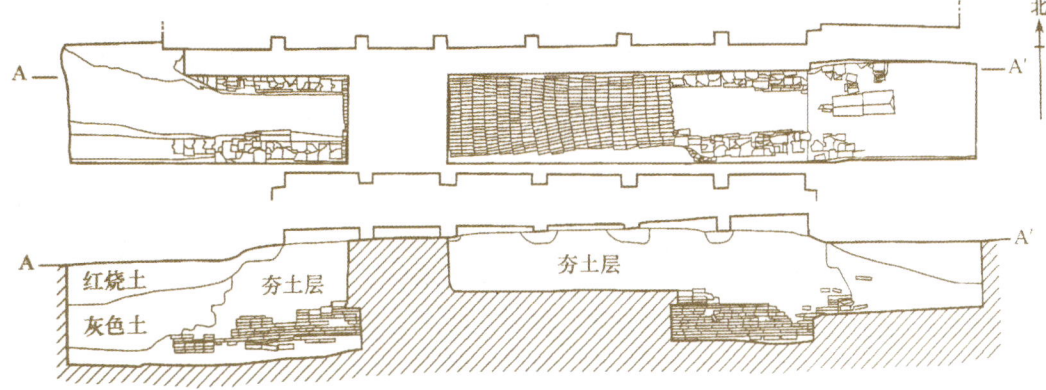

桂宫三号建筑遗址北部排水沟平剖面图

桂宫三号建筑遗址北部排水沟

桂宫三号建筑遗址北部排水沟局部

四是城门附近的排水沟。用于将城内积水排放到城外的护城河中，目前在直城门遗址的南门道和北门道下各发现一处，西安门遗址的东门道下也发现一处。

根据考古资料，在直城门南门道城墙下发掘出的砖砌排水暗沟断面宽约1.2米，高约1.4米；在西安门城墙下发掘出的砖砌排水暗沟宽约1米、高约1米。这两座暗沟的沟墙、底板都用砖和石材砌筑而成，顶部则为拱形砖结构。这是迄今发现的最早的拱顶结构砖砌暗沟，约建于公元前195年至公元前190年，正是汉惠帝修建长安城之际。

五是路沟。即汉长安城的道路排水设施，它们通过分布于各建筑区之间的排水干沟将其他排水设施连成一体，然后直通城门，通过城门下的排水沟与城外的护城河相通，导引沟内的积水排入护城河中，从而构建起涵盖整个长安城的排水沟系统。

汉长安城内的道路排水设施主要包括以下两种：一是在8条城区主街道和宫内主要道路的路基两侧设置边沟，一般与道路平行，用于汇集和排除路面积水至沟内，然后顺着道路走向沿地势由高处向低处排放。由于汉长安城的街道规模宏大，边沟

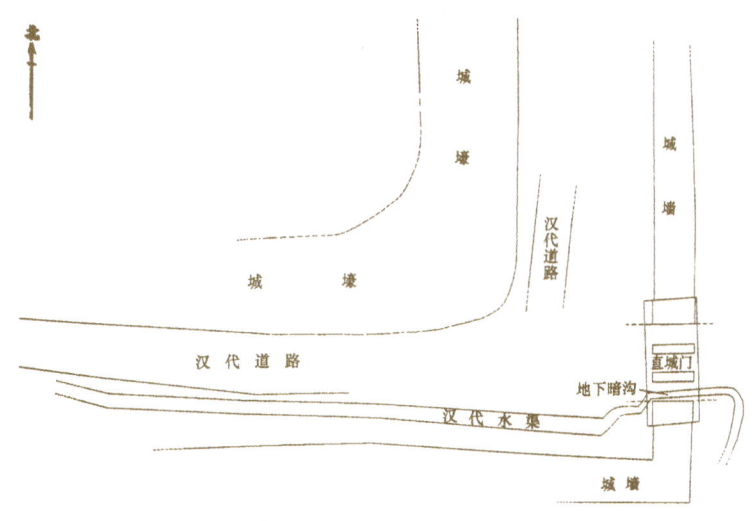

直城门南门道下出土的排水沟分布示意图

直城门南门道下出土的排水沟东段　　　　　　　　　　　直城门南门道下出土的排水沟西段

的规模也较大，一般上口宽2米、深1米，以便排水断面与街道规模及其排水需求相适应。二是其余的道路，由于规模不大、集水区域较小、排水量也不大，多采用街沟的形式。

根据考古资料，汉长安城四面城墙外都开挖有护城河，一般距离城墙30～40米，城门处的间距较大一些，如直城门外的护城河距离城墙50米左右。如此不仅可使护城河远离城墙，避免水流冲积城墙及侧渗对墙体的破坏，同时扩大了城区防守范围，可更好地发挥城墙的防御功能。

汉长安城内的地下排水系统普遍铺设陶质排水管。截至目前，在未央宫、长乐宫、武库、桂宫等处都有发现。这些排水管在形制、连接方式与其他排水设施、建筑格局的关系等方面都别具特色。

汉长安城内的陶质排水管形制，可按其断面形状分为圆形和五角形两种。

一是圆形陶管。数量较多，在未央宫、桂宫、长乐宫和武库等遗址中都有发现。根据具体形制的差异，该类陶管又可分为以下两种：一是直筒圆形陶管，一般为圆筒形，一端稍粗，另一端稍细；二是曲尺状圆形陶管，是用于排水管道转折处的弯头，在武库遗址早期排水管道中曾发现一件，略呈"L"形筒状，表面饰以绳纹。

二是五角形陶管。根据具体形制的差异，该类陶管又可分为以下两种：一种管壁较薄，在桂宫和长乐宫内都有发现；另一种形体较大，管壁较厚，在未央宫、长乐宫、桂宫和武库等遗址中都有发现。

汉长安城内的排水管道是由陶管节节相套（接）而成的，但圆形和五角形陶管的连接方式各不相同。圆形陶管的套接方式是将较细的一端套入较粗的一端，如此节节相套，形成一定长度的排水管道，陶管相接处的

武库遗址出土的直筒圆形陶管　　　武库遗址出土的曲尺状圆形陶管　　　桂宫四号建筑遗址出土的五角形陶管

缝隙往往以瓦片填塞。五角形陶管的连接方式与其明显不同，由于其前后两端都是平沿，没有榫铆结构，且口径一致，因此采用对接的方式，即将前一节陶管的尾端与后一节陶管的首端并列放置，尽量减少二者之间的空隙，空隙较大时则用砖瓦碎块进行填塞，从而形成一定长度的排水管道。

汉长安城的排水管道主要包括以下五种形制：

一是单排管道。顾名思义，是由一排陶管组成，圆形和五角形排水管道均有该种形制。如未央宫中央官署三号天井西至西院墙外的南北向排水管道是由 15 节圆形陶管组成，现存长 10.2 米；桂宫二号建筑北院的排水管道残长 8.5 米，现残存五角形陶管 16 节，均残破，大部分只剩下底部。

二是双排管道。由相互平行的两排陶管左右并列组成，圆形和五角形陶管均有发现。如未央宫中央官署遗址二号天井的排水管道东西长 138 米，为两排五角形陶管南北并列形成，现存管道南排 11 节，北排 15 节。武库遗址晚期的排水管道由两排五角形陶管并列组成，全长约 8 米，宽 0.84 米，现存陶管 25 节。

三是三排管道。由相互平行的三排陶管并列组成。该种形制在汉长安城内仅发现一处，即长乐宫排水管道遗址西侧的西组，大致呈东北—西南向，发掘部分长 8.4 米，宽 1.35 米，由 3 排五角形陶管组成。

四是四排管道。由相互平行的四排陶管并列组成。武库遗址南部出土的晚期排水管道即为该种形制，长 4.5 米，由 4 排圆形陶管组成，发掘部分现存 10 节。

未央宫中央官署遗址三号天井排水管道

未央宫中央官署遗址二号天井出土的排水管道

桂宫二号建筑遗址排水管道

武库遗址中出土的排水管道，左侧为四排圆形陶管，右侧为两排五角形陶管　　长乐宫排水管道遗址西侧管道中西组

五是五排管道。由五排陶管并列组成，排列方式为上、下两层。下层三排，顶部向上；上层两排，顶部向下，上下两层相间摆放，构成的管道断面大致呈梯形。长乐宫排水管道遗址西侧的中组即为该种形制，呈东南—西北向，发掘部分长 12.95 米、宽 1.32 米，最大高度（从上层陶管顶部至下层陶管底部之间的高度）为 0.75 米。

综上所述，汉代长安城不仅是汉帝国的都城，也是一座繁荣的国际性大都市，同时是一座供水充沛、排水设施完善、整洁卫生的文明城市。

3. 隋唐长安城供排水系统

隋朝统一中国后曾定都长安，因汉代长安城地势较低，频繁遭受渭水洪涝威胁，且定都日久，城内地下水咸苦，于是隋代将其都城迁至长安城东南 10 千米处的龙首原。开皇二年（582 年），隋文帝派宇文恺营建都城，初名大兴城。唐代都城沿用隋代，但采用长安城的名称，经不断修建完善，规模空前宏伟。其中宫城在其北侧中部，为皇帝起居和处理国事之处；城南则为皇城，同时是官署、官办作坊、仓库和禁军驻地所在；城外套以规模宏大的外郭城，周长 36 千米，面积 84 平方千米，相当于汉长安城的 2.4 倍。唐长安城略呈方正的长方形，皇城内设东西向街道 7 条、南北向街道 5 条；外廓城内设东西向大街 14 条、南北向大街 11 条。居住在此的居民、僧道和驻军人数接近 100 万人，为汉长安城的 3 倍多。规模如此庞大的城市，每日消耗

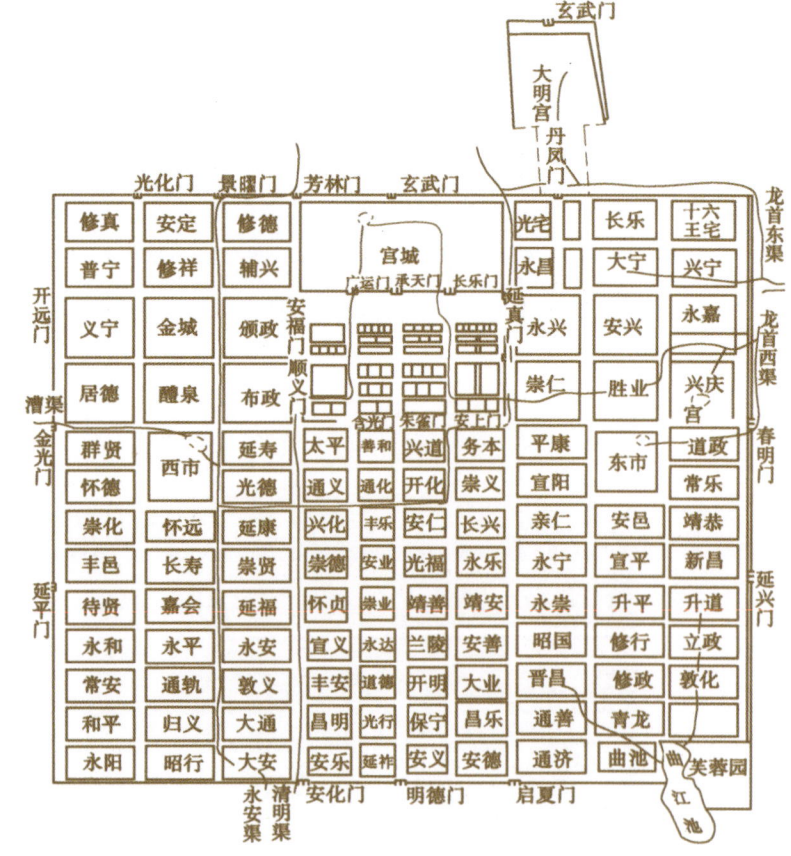

隋唐长安坊水渠复原图

大明宫图长卷（局部，元 王振鹏绘）

和排出的水量是相当惊人的。

（1）隋唐长安城供水系统。隋唐长安城除利用原有的昆明池水源和供水工程外，又增加南部山区渭水各支流作为水源。隋唐长安城的供水渠道主要包括以下3条：

一是龙首渠。隋开皇三年（583年），在马登空筑堰，引浐水北流，绕城东北角进入大明宫，为宫苑提供用水。主要分为两支，一入城东北，穿过皇城、宫城，东汇为山水池和东海；一入兴庆宫，注入龙池。引入的浐水年均径流1.18亿立方米，水源增加近1倍。

龙池竞渡图（唐　李昭道绘，宋摹本）

二是清明渠，隋开皇初年（581年）开凿，自朱坡引潏水，北至郭城安化门西入城北行，向东入皇城，进宫城西北，汇南海、西海、北海。该渠为城西区及皇城、宫城供水。

清明渠从城南皇子坡引潏水，流经韦曲、塔坡，至今三爻村以北，西北流入城。清明渠入城之口位于今山门口村东200米处，自安化门西入城，经大安坊东街，北流经安乐、昌明、丰安、宣义、怀真、崇德、兴

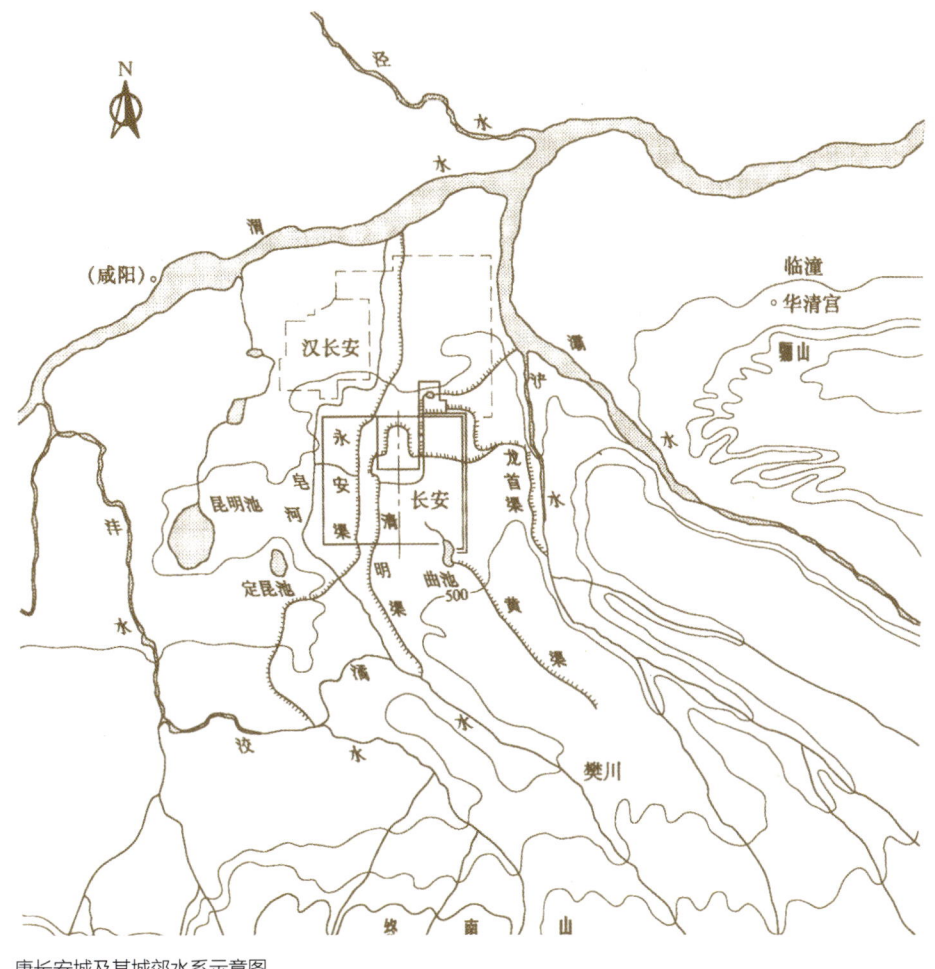

唐长安城及其城郊水系示意图

化、通义、太平诸坊西街，又西北流经布政坊东街，再东北流入皇城，在广运门东入宫城，在太极宫后庭分别注入南海池、西海池、北海池。

三是永安渠。隋开皇二年（582年）开凿，自香积寺北引洨水，经赤栏桥，在大安坊西街北流，穿过城西，北出景耀门，经禁苑，向北排入渭水。

除上述3条主要的水源工程外，隋唐长安城还有二渠：

一为漕渠。分潏水沿长安城西向北流，其分支入城过西市，东流绕皇城南而东，北流入禁苑。该渠是在宇文恺的主持下循汉代漕渠故道修复而成的。唐初淤废，天宝六年（747年），京兆尹韦坚重新加以开凿，并于城东引浐水，开广运潭，使其成为长安城内的漕船停泊之港，最多时可泊船数百艘。

一为黄渠。引大峪水，过少陵原，北至城东南入曲江池。隋宇文恺营建都城时，将都城东南角开辟为皇家园林，利用当地泉水开凿成曲江池。唐玄宗时（742—756年），引南山溪水入曲江池，该引水渠称"黄渠"，曲江池入城的渠道称"御沟"，与许多私家园林相通。唐代开挖黄渠后，曲江池的水域得以扩展，逐渐取代昆明池而成为盛唐时的名胜园林。

由于唐长安城的地势高于汉长安城，昆明池失去其调蓄功能，引入城内的大量浐水只能利用宫城内的池、海加以调蓄。这一时期，由于昆明池仍有滈水余水和沣水支津供应，其补给漕渠的作用仍然不小。

47

京畿瑞雪图纨扇（唐 李思训绘）

御苑采莲图卷（唐 李思训绘）

随着供水渠道的延伸入城，居住在长安城内的皇亲国戚、达官贵族燃起兴建私家园林的热情，他们纷纷引渠入园，唐代见诸记载的私家园林达 30 余处。

遗憾的是，唐以后不再有王朝定都长安，城内众多水域因输水渠的湮废而逐渐消失，汉唐"八水绕长安"的景象已成历史追忆。

唐长安城含光门砖砌排水暗沟水关

（2）隋唐长安城排水系统。唐长安城的排水设施在沿用汉代的基础上进一步发展，更加完善和系统，并与路网和引水系统相互结合，可谓完善至极。

大明宫的排水设施主要包括砖砌排水明沟、砖砌排水暗沟和陶土排水管道。在西市北大街遗址两侧发现密集的建筑基址，墙基紧密相连，每两座房屋之间大多有砖砌排水暗沟，通向大街两侧的明沟。在皇城含光门遗址以西的城墙下发掘出一座大型砖砌排水暗沟水关，建成于隋开皇元年至二年（581—582年），沟宽0.6米，高1.8米，沟顶采用拱形结构，沟墙与沟顶的砖砌体结构厚度均为0.95米，沟内设有3根宽10厘米的方铁柱作为铁栅，以防范外人自此穿行。

唐长安城的排水系统主要是依靠街道两侧的沟渠。皇城城内东西向7条街道、南北向5条街道与外廓城内东西向14条大街、南北向11条大街纵横交错，形成棋盘式的路网。这些街道两侧都设有排水沟，排水系统随之呈网状布局。此外，龙首、清明、永安和漕渠4条沟渠及其串联的湖泊不仅是引水渠，而且提供了长安城宫廷园林建设、湖泊水面扩展、环境美化的用水，满足了漕粮、薪炭和木材等运输的需要，而且作为排水尾闾，穿插行进在排水沟渠密网之间，覆盖了整个城区，且各自连接的人工湖泊、池塘都有出入口，不仅保持着湖泊水体的流畅，而且承担起排水和蓄洪等任务，从而组成比较完整的排水系统。

2.2.2 洛阳

洛阳是东汉、曹魏、西晋和北魏时期的都城，也是隋唐时期的东都，因此其城市水源工程备受重视。其中最为重要的是为解决洛阳城市供水水源而引蓄谷水的千金堨工程。

汉魏洛阳故城位于河南省洛阳市区东15千米处，北倚邙山，南临洛河，东至寺里碑，西接白马寺，周长14千米。该城是在西周成周城的基础上发展而来的，因其在汉魏两代时最为繁盛而得名。据文献记载，在汉魏洛阳故城中，仅北宫德阳殿内就可容纳万余人，城南东汉太学中则汇集了3万余名学生，据此可以想见当时洛阳城的规模。

东汉建武五年（29年），为增加洛阳城的水源供应，河南尹王梁奉命开凿渠道，引洛河支流谷水东注其中，然后东流至今偃师附近再回注洛水。然而，渠道开成后，并不通流。建武二十四年（48年），大司空张纯在王梁所开渠道的基础上重新规划设计，引洛水为源，才获成功，该渠称阳渠。阳渠流经洛阳后，向东重新回注洛水入黄河，再由鸿沟或古汴水与淮河相通，经邗沟可通长江。

曹魏太和五年（231年），在谷水上建拦河滚水坝，称千金堨。坝上游开五龙渠，通过5条渠道向洛阳城区和郊区供水，又称千金渠。

西晋泰始七年（271年），将千金堨拦水坝加高1.4丈以增大蓄水能力，在其上游形成一座小型水库。五龙渠是向洛阳城供水的干渠，渠西开有二渠，称代龙渠，是五龙渠的备用渠道。谷水过千金堨，至洛阳城西北角，向东、向南分为两支，环城而流，至城东建春门外汇合为阳渠，东流至偃师，南入洛水。环绕城周的水道既是护城河，又是城区供排水的干渠，由北、西两面分三条渠道入城。一条自北穿过城墙入华林园，园中清流潺潺，瀑布飞流，然后汇流天渊池，出天渊池东南流，至城南汇流为南池，又称翟泉，是又一处园林，最后出城注入护城河。一条自西入城，至宫城外又分为两支，一支由宫城西墙下的石涵洞入城，蓄为九龙池；另一支由宫墙外南下，至西南角折而向东，至宫城南门又折而南，再支分为二，夹铜驼街南行，流入南渠。九龙池的水东南出，也注入护城河。入城的三条水道分支回转，几遍全城，形成一个水脉通畅的水网。其中东护城河还是洛阳城水运的终点，建有太仓，用于储蓄由水运而来的各类物资。

东汉开渠时曾将千金堨上游的天然河流瀍水河道截断，使瀍水变成谷水的支流，全部供应洛阳城以增加其水源；原来的瀍水下游故道则成为千金堨的排洪河道，汛期宣泄多余水量，以保证千金堨和洛阳城的安全。据此，千金堨是汉晋时期洛阳城供水系统的核心工程。

北魏太和十七年（493 年），迁都洛阳，阳渠仍是水运主干道，其水源由洛水改为谷水。

隋唐时期定都长安，但以洛阳为东都。隋大业元年（605 年）三月，隋炀帝命尚书令杨素、将作大匠宇文恺在北魏洛阳故城西 18 里营建东都，新都以洛水为中心而营建，呈不规则四边形，边长约 7 千米，这是洛阳城在历史上规模最大的时期。洛水再次成为洛阳城的主要供水水源，东西横贯整个洛阳城。洛水以南地势较高，共有 5 条渠道自洛水上游和伊水引水入城，然后在城内注入洛水。这 5 条渠道中通济渠、通津渠自城西南入城，北流至天津桥、会通桥入洛水；伊水分为两条支渠，自城南入城，折而东入运渠；运渠北流，至会通桥亦入洛水。洛水以北，地势较低，或从城内洛水直接引水北出，或从洛水支流谷水和瀍水引水南流入城。可以说，隋唐时期，在洛阳城内形成以洛水、通济渠和伊水为骨干水源的众多水道，最后再汇入洛水、通济渠，最后由城东北入黄河。

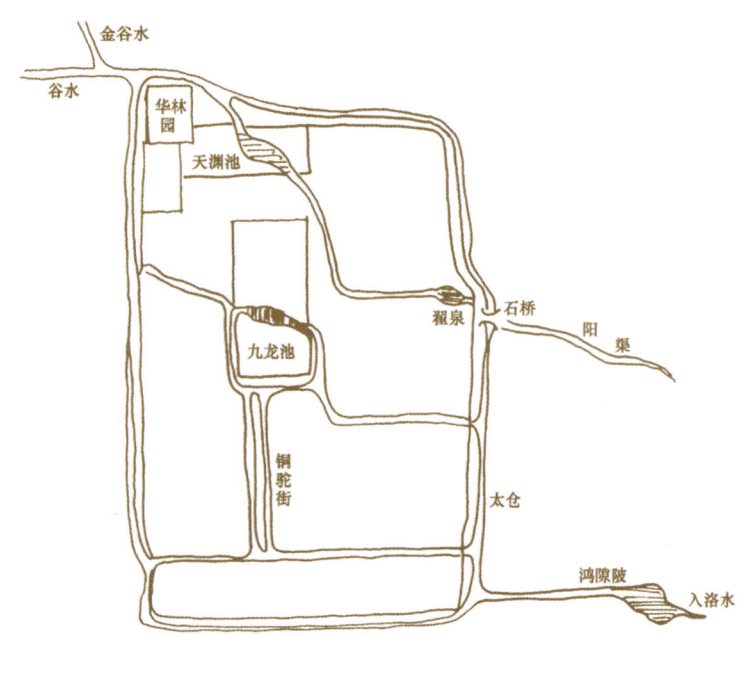

汉晋时期的洛阳城水利工程示意图

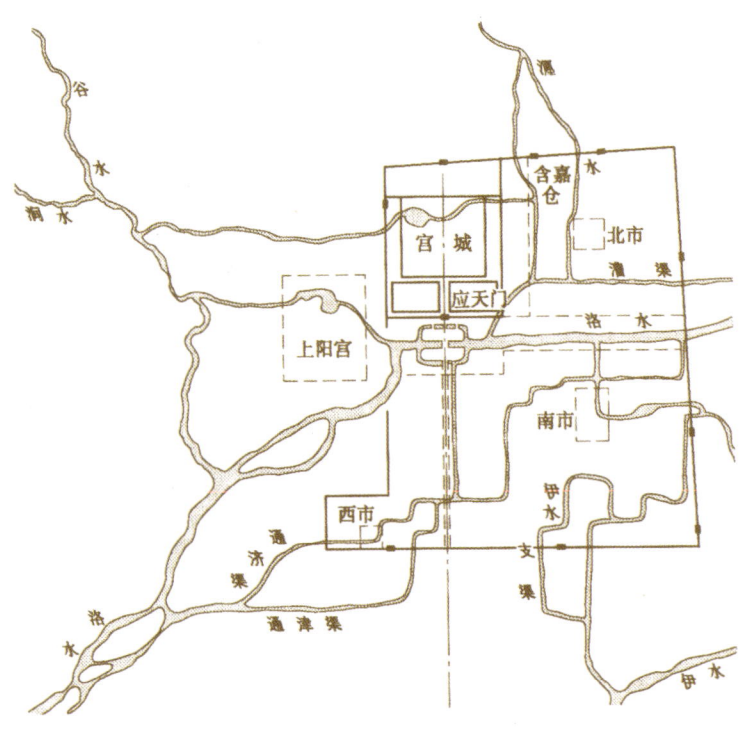

隋唐洛阳城及其水系示意图

隋唐通济渠渠首遗址（2018年，杨其格摄）

洛阳回洛仓遗址（2018年，魏建国、王颖摄）

洛阳含嘉仓遗址

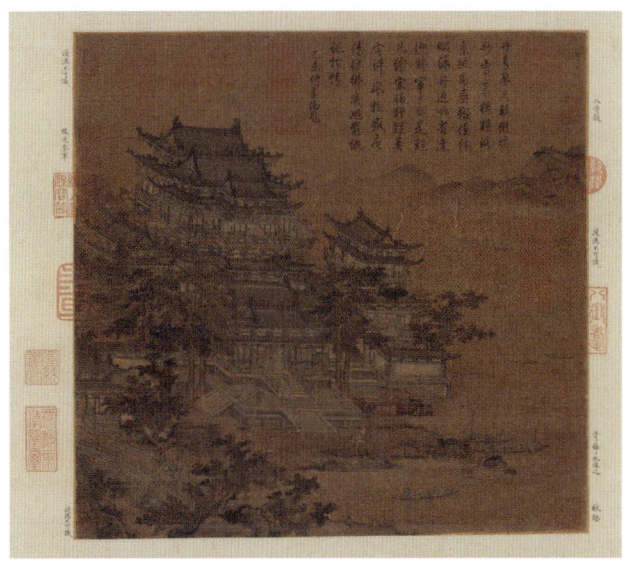
洛阳楼图（唐 李昭道绘）

隋唐建都长安，开挖通济渠，将江南地区的漕粮与物资运输至都城，以满足庞大的行政机构和军队的需要。漕船需要经行黄河三门峡，那里水深流急，航道艰险，难以保证都城供应。于是，隋大业元年（605年）营建东都洛阳后，便以其为中心开挖运河，即以洛阳西苑作为起点，向东经一段黄河，可与通济渠相接；向西入黄河，过三门峡，西接广通渠，便可至当时的都城长安。

作为通济渠的起点城市，洛水不仅为洛阳城内的运渠提供水源，而且使其拥有较为完善的城河水系。洛阳城引水渠道的渠首多采用无坝取水，如通济渠、通津渠的进水口都位于洛阳城以南18里的洛水上，通津渠的渠首设分洛堰，通济渠的进水口则是拦河堰，引水北流入渠，余水则由堰顶仍归洛水。漕渠在城内通洛漕新潭，位于洛阳皇城以东，是用于停泊船只的河港，也是通济渠的终点，漕船至此可北上直达当时全国最大的粮仓——含嘉仓。由于拥有较好的水源条件，洛阳城内水系发达，漕船入城后可在多条水道中行驶；洛阳城的西苑周长200里，引谷水为龙鳞渠，汇为周长10里的塘泊。这一时期，洛阳城内水脉周通，并孕育出众多园林工程，极大地改善了城市的水环境。

2.2.3 杭州

杭州原名钱唐县，隋代始名杭州，是五代十国时期吴越国（907—978 年）和南宋（1127—1279 年）的都城，前后历时 370 余年。隋代开通济渠后，作为大运河南端起点的杭州开始兴盛，并随着经济中心的南移而迅速崛起。杭州西湖是由潟湖形成的平原湖泊，因位于钱唐县城以西而得名。

杭州位于杭州海湾的淤积层上，这里的地下水咸苦，不宜饮用。唐代宗时（762—779 年），杭州刺史李泌在城中主持开凿六井，引西湖水入城，解决居民饮用咸苦水之困。所谓六井之"井"，实由引水口、地下输水暗渠和居民取水调节池三部分组成。"六井"，即相国井、西井（化成井）、金牛井（金牛池）、方井（四眼井）、白龟井和小方井（六眼井），皆位于杭州城西部靠近西湖一带。湖水通过暗管引入城中，注入人工修砌的 6 个大小不等的地下蓄水池，以供市民取用。后人感念李泌，因其后居相位而将六井中的一井命名为"相国井"，该井遗址至今尚存。

李泌开六井 40 多年后，唐穆宗长庆二年（822 年），杭州刺史白居易主持修筑钱塘湖堤，称白公堤。据《西湖志》记载，白居易所筑湖堤位于旧钱塘门外，自东往西，经昭庆寺前，至宝石山麓与白堤东端相交。当时的钱塘湖面积比今西湖大一倍之多，湖堤筑成后，将钱塘湖一分为二，堤西为上湖（即今西湖），堤东为下湖（今已湮）。白公堤建成后，上湖水位增高数尺，蓄水量随之增加，可灌溉农田千余顷，同时保障了李泌"六井"的水源，还可避免汛期湖水的漫溢。堤成之后，白居易亲撰《钱塘湖石记》，制定有关堤防保护、湖水蓄泄的制度，并刻石立碑于湖堤上。

五代十国时期，吴越国国王钱镠以杭州作为都城，西湖逐渐被开发为杭州的水源工程。之后沼泽化问题逐渐显露，虽屡经疏浚和整治，但未能得到根本解决。后唐天成二年（927 年），杭州西湖被葑草埋塞，钱镠设立撩湖兵千人，专治湖事，芟草浚泉，这是西湖治理史上首次成立专业的疏浚队伍。后唐长兴三年（932 年），吴越国国王钱元瓘命曹杲开凿涌金池，引西湖水入城以便居民汲取，涌金池的规模远大于"六井"，这是杭州城内给水设施的重大改进。自此，杭州城开始拥有兼具供排水、城市交通和消防等功用的完善水系，且因

西湖全图（清　张若霭绘）

白居易像(《中国历代人物像传》)

西湖全图(《自杭州行宫游西湖道里图说》)

钱镠像(《无双谱》)

城内河道和运河相互沟通而成为大运河南端的水陆交通枢纽。

北宋前期，吴越时期所建的"撩湖兵"制度逐渐废弃，西湖疏于管理，复又出现湖淤井塞的现象。北宋景德四年（1007年），杭州知州王济疏浚西湖，并"增置斗门，以备溃溢"。庆历元年（1041年），杭州知州郑戬发动上万民工疏浚西湖，拆废湖中葑田。嘉祐十二年（1067年），杭州知州沈遘在六井之外添设一处供水量很大的新井，即沈公井（又名南井或惠迁

涌金水门旁（20世纪30年代，《京杭大运河图说》）

井），引西湖水入城，便民汲取。元祐四年（1089年），西湖又葑积为田，六井几近废塞，杭州知州苏轼奏请全面开浚西湖，计用人夫20余万，历时半年而成，并用挖出的葑泥筑成长堤，堤上建六桥，跨湖连通南北两山以通行人，即今苏堤。

北宋靖康之难后，逃至江南的宋室以杭州为都城建立南宋王朝，杭州得以飞速发展，人口超过50万人，由此激增的用水需求较往昔不啻百倍。为解决这一问题，南宋对西湖水源工程进行了整治和扩建，改造引水管路，扩大引水量和引水范围。同时，增设沉沙池，称"海子"。之所以称其为"海子"，大概是因其水面较大。湖水进入其中后，流速减小，携带的泥沙和杂物逐渐沉淀，澄清后的水进入给水渠道，沉淀的泥沙与污物则由专用排污排沙渠道泄走，并设有闸门控制，从而使城区供水水质得到极大的改善。创建于约700年前的沉沙池类似于现代城市供水系统中的净化设施，是中国古代城市供水工程巨大进步的重要标志。此后，该类水质净化工程不仅常在取水口处设置，而且常设置于引水渠道上。

南宋绍兴十九年（1149年），临安知府汤鹏举因湖淤塞，派武官一人专事撩湖之事；又修六井阴窦水口，添置斗门闸板。淳祐七年（1247年），杭州知府赵与𥳑奉命疏浚西湖，以所掘淤泥修筑湖堤，名赵公堤，东起苏堤东浦桥，西至曲院风荷（今金沙港一带），明清时湮废。

宋代特别是南宋定都杭州后，官方和民间大量开挖水井，城内出现诸如大井巷、小井巷、袁井巷、饮马井巷、柳翠井巷等以井命名的街道。

涌金水闸（20世纪20年代，《京杭大运河图说》）　　苏轼像（清 叶衍兰绘）

《西湖十景》之苏堤春晓（清　王原祁绘）

苏堤春晓（1910年）

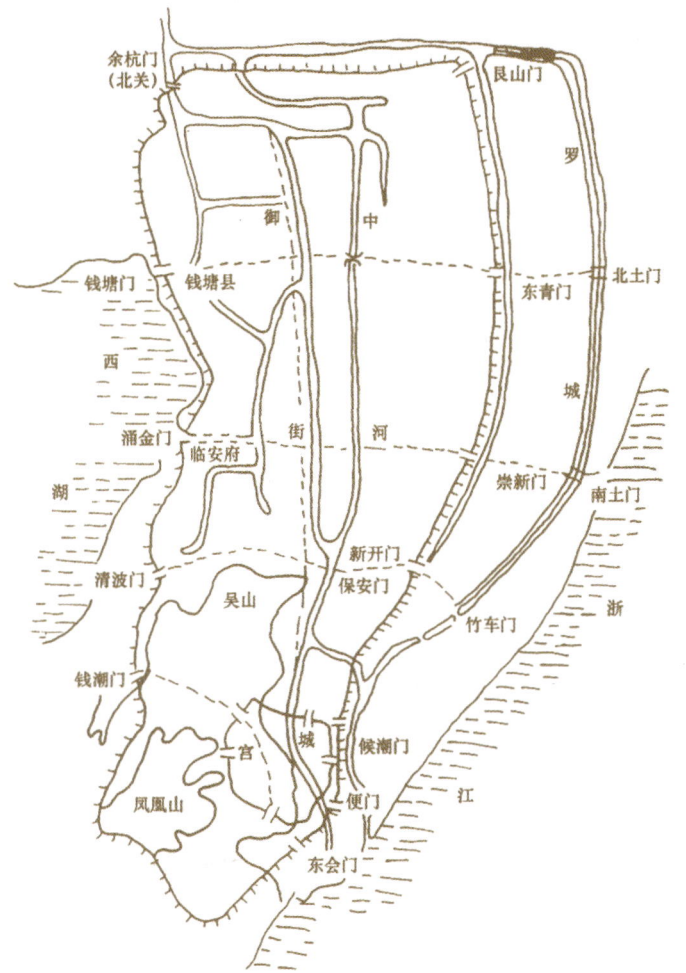

南宋时期杭州城区的河道与西湖示意图

在元灭南宋的战争中，杭州城并未受到过多破坏，加上元代京杭运河的全线贯通，杭州成为当时中国甚至世界上最为繁华的商业都市之一。"九衢之市肆，不移一代之繁华如故"。元至元年间，意大利旅行家马可·波罗来到杭州后，赞叹它是"世界上最美丽、最华贵的天城"。这一时期，杭州城以御街为中轴的主干街道纵贯全城，通达南北，两侧坊巷依次排列，大小巷道相互沟通，连成一体。与御街平行的盐桥河、菜市河两条运河干线则纵贯南北，西侧有清湖河等河道引西湖水入城，分流南北，横贯市区，南流入菜市河，北流入市河，再注入盐桥河，复由东边诸水门出城，汇入城外运河，向北出北边诸门与运河相通。为确保杭州城用水及京杭运河的畅通，元代极为重视河道的浚治，尤其是运河的治理。延祐三年（1316年），重浚杭州龙山古河，外接钱塘江，内连大运河，并建上下两闸以利船舶进出杭州城；元末张士诚降元据守杭州后，为

《西湖情趣图卷》局部（南宋 李嵩绘）

方便军运，开挖自塘栖至杭州的河道，长45里，宽20丈，成为现在京杭运河杭州段的主干河道。然而，由于泥沙堆积，河高江低，诸河浚而不深，杭州城的水源仍赖西湖之水供给。元末西湖疏于浚治，沿湖豪民、僧侣争相占为田荡，湖西一带葑草蔓衍，湖面淤塞，导致西湖供水日渐不足，杭州城内运河平均水深仅为3尺，不及宋代时期水量的一半。

疏浚西湖（1937年，《影像中国》）

明清时期，杭州成为著名的江南名城，包括府城及附郭仁和、钱塘两县县城，"周三十五里"，人口多达百余万，民居栉比，舟航水塞，车马陆填，百货之委，商贾贸迁，极为繁盛。这一时期，杭州城仍以西湖为主要水源。明初，官府往往以傍湖的水田标送势豪，"编竹节水，专菱芡之利，或有因而渐筑塍埂者"，西湖逐渐呈现出"十里湖光十里苢，编苢都是富豪家"的局面。为此，官府曾多次对其进行浚治。其中以杨孟瑛主持的工程规模最大。明弘治十六年（1503年），杨孟瑛出任杭州知府后，以山川形胜、地理形势、饮用、航运、灌溉五大因素，上疏朝廷浚治西湖，获批准。正德三年（1508年）二月兴工，同年九月竣工，拆毁西湖田荡3481亩，恢复了西湖在唐宋时期的面貌。

至清代，又有豪右"各插水面水廉以收渔利，甚者巧为官佃之帖以相搪塞，湖面渐小，则湖身日高"。清代对西湖的治理以清雍正二年（1724年）两浙转运盐驿道副史王钧主持的规模最大。一方面，疏浚湖中的沙草淤浅之处，使之深阔；另一方面，在赤山埠、毛家埠、丁家山、金沙滩等地修筑石闸，以控制沙水入湖。浙江巡抚李卫曾先后两次对西湖进行过浚治。第一次是在雍正三年（1725年），历时两年，将西湖内外的淤泥淤滩处全部浚深，一般深五六尺，浅处也有三四尺深；第二次是在雍正九年（1731年），疏浚金沙港，并利用所挖泥沙在苏堤东浦桥至金沙港之间筑起一道长63丈、宽丈余的长堤，名金沙堤。

西湖的治理，不仅有效地改善了其自身的景观风貌，而且有力地保障了杭州城居民日益增长的生活用水、满足了城内运河的水源需求。

2.2.4 开封

开封因通济渠（汴河）的开通而逐渐成为隋唐时期商贸发达的中心城市，至北宋时期成为都城，称东京或汴京。北宋末年，开封城内的人口约有130万人，加上约150万人的军队驻扎于此，如此规模的城市对供排水工程提出很高的要求。

汴京城的主要水源工程是汴河，横贯汴京城东西，主要支流则包括蔡河，南通颍水；五丈河，北接梁山泺；古汴渠，南至泗水，从而形成四通八达的水路交通网。

汴京城建有三重城墙，中心为皇城，第二重为里城，第三重为外城，外城周长40余里，城市水系主要由三重护城河、四条穿城河道及各街巷的沟渠组成。四条穿城河道主要包括汴河、蔡河、五丈河和金水河，其中

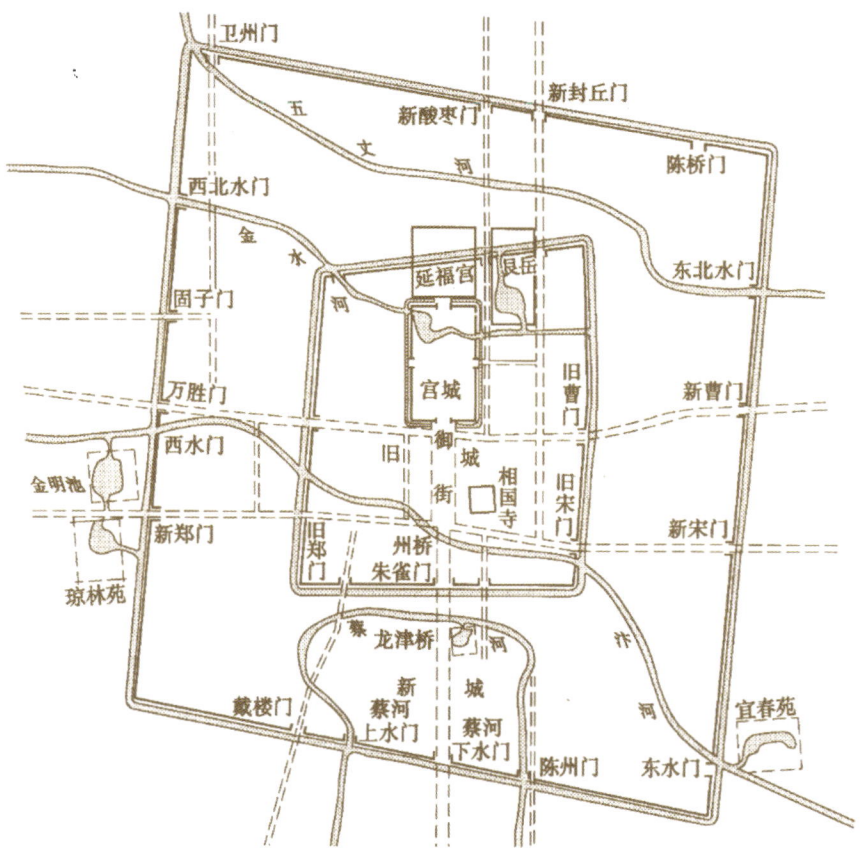

北宋开封城及运河示意图

御驾观汴涨（北宋 佚名绘）

前三条河流为运渠，金水河则是水源工程。汴京城商业区和街坊的分布格局均以汴河为中心。

汴河即隋炀帝所开通济渠，是当时全国南北漕运的干渠，也是连接黄河与淮河的主要运道，来自江南的漕粮和物资均通过汴河直达汴京城。汴河自汴京西水门入城，从东水门流出，在城内流经当时的商业中心相国寺前，沿河两岸建有装卸码头和仓库50余处。汴京东水门两岸的通津门和上善门、西水门两岸的宣泽门和大通门之间都是沿汴河的大街，都通往里城中心的州桥。临近汴河的街市上分布着官府的仓库、接待客商的客店等，沿汴河两岸还有米麦行、面行、菜行、牛马行、纸行、果子行等街市。城内沟渠之水来自汴河，最终又排入汴河。

汴河以黄河为水源，泥沙多，淤积严重，为维持其正常运行，宋代岁修和管理制度都很严格。至金代，河道开始淤塞；元代曾实施过"狭河木岸"工程；明代之后，河道开始逐渐被侵占、收窄；明末，汴河逐渐成为汴京城的排水沟。

蔡河由汴京城南入城，折成一个倒"U"形弯道后仍由城南流出，分东西两支，东支直下东南，连接淮河北岸各支流，其中以颍水和涡水最为通畅，是沟通长江和淮河两大水系的又一通道，相当于历史上的鸿沟；西支称惠民河，与溵水和洧水相通，从而沟通了今河南西部地区的水运。

五丈河又名广济河，以汴京城的护城河为水源，从东北角出城，与山东相通。

金水河为汴京城的水源工程，发源于荥阳，宋代凿渠引水入城，主要供给城市园林和生活用水。

总之，汴京城地势平坦，众水汇流，城内建有系统的排水网和下接郊区的排水系统，排入涡水或由总排水沟白沟向东排出。同时，宋代在建设汴京城时曾利用这些丰沛的水源建有许多园林池沼，其中以金明池最大，也最为知名，周回9里，与汴河互相灌注，既是水战演习的场所，又是著名的园林景区，并起到调节汴河水量的作用。

北宋末年，黄河已进入南徙夺泗入淮前夕。当时黄河分为南北两支，南支在汴河以北，与汴河大致平行，东至梁山泊，折而东南至徐州入泗水；南支频繁决口，而汴河则成为其决口时经常的泛道，河道淤积日渐严重。南宋建炎二年（1128年）黄河南徙夺泗入淮后，开封逐渐被黄河泥沙掩埋。明清时期，曾在宋汴京城遗址上复建开封城，但规模终不及北宋汴京城的1/3。

2.2.5 北京

北京位于华北平原北端，三面有重山环绕，其城址距西山最近，是古代永定河洪积冲积扇的背脊，地形由西山山麓向东南逐渐倾斜，西山山地又是华北降水量最多的中心地区之一，因此地下水储量相当丰富。然而，除有上述泉流分布外，北京近郊没有天然的大河或湖泊可利用。因此，在北京城的营建与发展过程中，随着用水需求的增加，地上水来源的匮乏逐渐成为很大的问题，辽、金、元以后尤其明清时期，随着北京逐渐成为全国政治中心，为营建宫苑，更重要的是为开凿运河、运输漕粮，历代建设者都曾想方设法地开发水源，在尝试打破自然条件的限制方面表现出了高度的智慧与技术。

自辽代后，北京逐步发展成为全国政治中心，城市水系在这一过程中随之形成。最初是辽太宗会同元年（938年）在此设立陪都，称南京，又称燕京。至金贞元元年（1153年），海陵王在此建都，改南京为中都，北京从此开始成为全国政治中心，金中都城是在辽城旧址上扩建而成。此后，元、明、清代均建都于此。元在金中都城的基础上建设大都城；明朝初年对大都城进行改造和扩建，称北京，即今天的北京内城；明中叶以后修筑外城，完成今北京内外城"凸"字形的轮廓；清代沿袭明北京城，基本没有改变。

1. 金中都城的水源工程

金中都城的营建既沿袭辽南京城，又参照北宋都城汴京城的规制进行了大规模的改造和扩建。新建的中都城共三重，外重为大城，其东、西、南三面均在辽代南京城的基础上向外进行了拓展，仅有北城墙未加移动，位置相当于今北京宣武区西部的大半地区。大城中部前方为皇城，位置相当于今广安门以南的地区，为长方形小城。皇城之内又有宫城，其西侧则为景观优美的宫苑。

（1）宫苑用水的供给。为解决宫苑用水问题，金代在扩建辽南京城时，将源于西郊西湖（今莲花池）的洗马沟圈入城内，并使其流贯皇城西部，以营建苑林区，称同乐园，又称西华潭或鱼藻池，即太液池；洗马沟的下游段则流经皇城南面正门前的龙津桥下，斜穿出城，流为南护城河。南护城河西段别有水源，源于中都城西南近郊泉流，傍中都南城墙东注，即今凉水河上源。

（2）近郊运河的开凿。金朝的统治范围虽只限于淮河以北地区，但仍想尽办法把征收的粮食经由今卫河、滏阳、滹沱、子牙、大清等河运抵海滨，然后沿着潮白河（即潞水）逆流而上，运至通州。每年运输的漕粮少亦数十万石，多则百余万石，沿线运河大多利用天然河道，但通州至中都间长约25千米，须开凿人工运河。

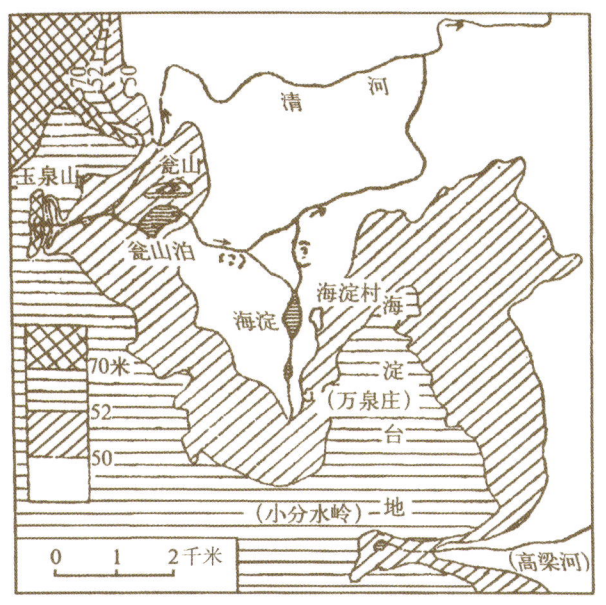 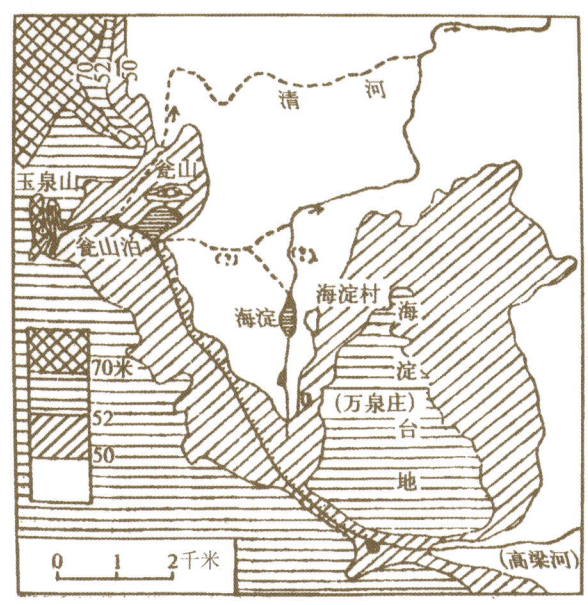

瓮山泊原水道推测示意图　　　　　　　　　　　　金代自瓮山泊导引至高梁河的水道推测示意图

由于中都城平均海拔高出通州约 20 米，因此，潮白河水无法西引，须在中都城一端寻找水源，以便沿地形高下流至通州以接潮白河。

在高梁河上源西北约七八千米处有一座小山，平地崛起，山麓有泉出露，潴为小湖，湖西 1.5 千米处又有玉泉山诸泉来汇，元代称这座小山为瓮山，即今颐和园万寿山；称山麓小湖为瓮山泊，即今昆明湖的前身。以地形推测，当时的小湖下游当有一条小河，流向东北，合今万泉山北来之水，注入清河。在这条小河与高梁河上源之间有一块高地，称"海淀台地"，地形隆起，成为两河间的分水岭。于是，金代开始通过人工打开这一分水岭，导引小湖之水转而南流，合高梁河水，同注于运河，以达通州。由于地形比降较大，沿运河设闸 8 座以防河水走泄，因此又称该河为闸河。同时，金代可能还自高梁河上游另分一支，通过人工开凿引水渠，将其注入中都城北护城河，然后将北护城河稍向东延伸，与闸河相接。如此，通州的粮船便可经由水运直达中都城下。

金代初期导西北诸泉东南流注高梁河，是北京近郊河流水系的重要改变，这是北京历史上首次开凿由瓮山泊南通高梁河上源的人工渠道，即今紫竹院以上长河的前身。然而，终因该河流量有限，闸河难免浅滞，由通州至中都段虽长仅四五十里，但船只通行动辄需十余日，有时不得不兼用陆运。因此，金代又有重开卢沟河水源的举措。

金世宗大定十年（1170 年），"议决卢沟以通京师漕运"。然而，当时正值山东岁饥，议而未行。次年十二月，"自金口疏导，至京城北入濠，而东至通州之北入潞水"，这就是所谓的金口河。但金口河的开凿并未达到预期的目的。据《金史·河渠志》的记载，"及渠成，以地势高峻，水性浑浊，峻则奔流漩洄，啮岸善崩；浊则泥淖淤塞，积涔成浅，不能胜舟。"到了最后，卢沟河水既不可用，旧闸河又不畅通，结果只好依靠陆运。所以，运河水源始终没有得到很好的解决。

（3）金中都太宁宫水源供给。中都城东北郊外原有一片低洼地带，为高梁河水所灌注，成为一片浅湖，后经人工改造，逐渐成为近郊景观。金世宗大定十九年（1179 年），金朝廷在此营建太宁离宫，扩大湖泊面积，并以浚湖之土修筑琼华岛，即今北京北海公园的前身。太宁宫的营建对此后元大都城基址的选择产生了深远的影响。

（4）中都城排水系统。金中都城具有较为完善的排水系统，主要包括城内排水沟渠和城墙排水设施。

金中都城内的排水主要通过道路两旁的沟渠收集，据南宋学者范成大《揽辔录》记载，中都城"驰道甚阔，两旁有沟，沟上植柳"。这些沟渠从北向南经由城墙下的水关流入城外护城濠。1990年，考古专家在金中都城南侧发现水关遗址，位于今北京市丰台区右安门外玉林小区，曾是金中都城内重要的排水设施。它跨越城墙而建，为木石结构，水流经水涵洞由北向南穿城而出，流入护城河，即今凉水河。

水关修建在永定河冲积地带的沙层之上，上半部建筑已毁，遗留下来的基底部分保存较为完整，遗址残存的基础部分平面呈"]["形，南北向，北部为入水口，南部为出水口，南距今凉水河50米。它主要由城墙下过水涵洞底部的木桩木枋和地面石、洞内两厢残存石壁、进出水口两侧的四摆手、水关之上的城墙夯土等部分构成。

水关遗址全长43.4米，其中过水涵洞长21.35米、宽7.7米，南北两端的出水口和入水口分别宽12.8米、11.4米。进、出水口及泊岸两侧均设有擗石桩，底部过水面距现地表5.6米。

水关建筑整体为木石结构，最下层的基础密植木桩，木桩之间用碎石、碎砖和瓦砂土夯实。木桩之上放置排列整齐的衬石枋，衬石枋之上铺设过水地面石。衬石枋与枋下的木桩之间使用榫卯结构相连接，衬石枋之间则用木银锭榫相连接；衬石枋与石板以铁钉相连；石板之间则用铁银锭榫相连。木桩、衬石枋、石板之间紧密相连为一体，整座水关建筑坚固合理。

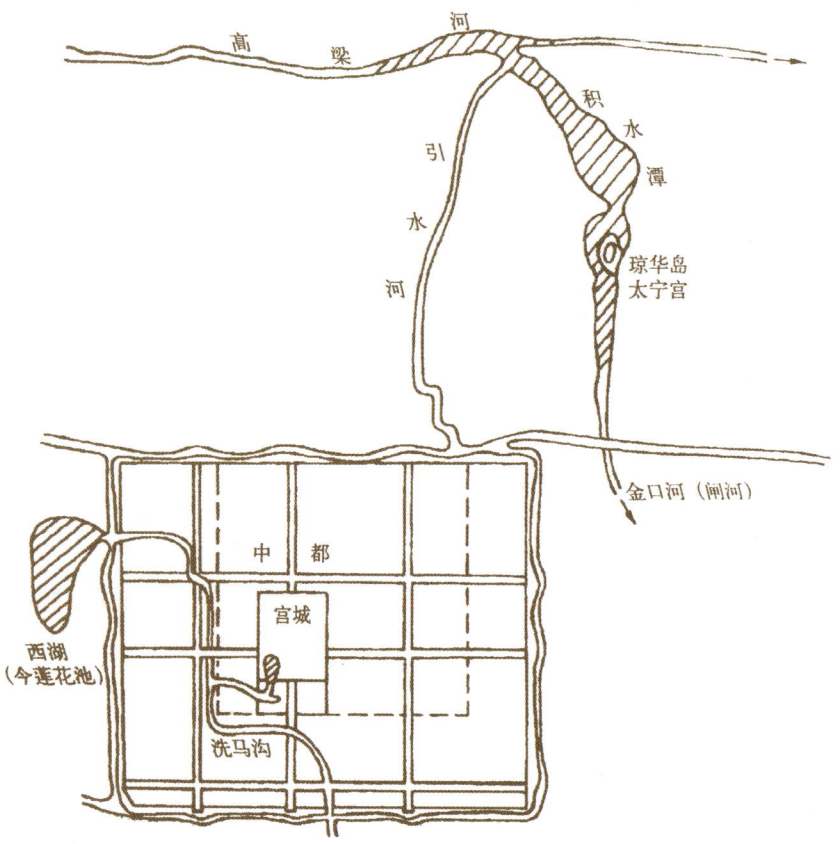

金中都城及太宁宫附近河湖水系示意图

2. 元大都城的水源工程

蒙古太祖十年（1215年）出兵攻占中都，皇城宫阙为兵火所毁。半个多世纪后，即元至元九年（1272年），忽必烈决定将都城由蒙古高原迁至金中都城，并改名为大都，同时在金中都城的基础上另筑新城，即大都城。元大都城放弃了金代及其以前历代各朝沿莲花池水系布局的旧城址，而在其东北郊外重新选址，营建新城，这是北京城发展史上极其重要的转折点。

（1）大都城的布局。元大都城是以金太宁宫为中心、在周密规划的基础上兴建而成的，是当时世界上规模最大、人口最多、建筑最华美的城市。元大都城最大的特点首先在于结合地理条件，紧傍今什刹海（当时称海子，又称积水潭）东岸确定全城的中轴线。其次是根据传统规制，中轴线的主导方向必须自北而南，为此选定今鼓楼所在作为大都城中轴线的起点，并就地设立"中心之台"，建"中心阁"。实际上这也是元大都全城平面设计的几何中心，从中心之台向南以恰好包括皇城在内的一段距离作为半径，来确定大城南北两面城墙的位置。从中心台向西以包括积水潭在内的一段距离作为半径，来确定大城东西两面城墙的位置。由于东墙所在有低洼地带，不宜筑城，于是向内稍加收缩作为东墙墙址。据此可知，这条中轴线的选定是有意识地要在太液池东岸兴建宫城"大内"，同时在太液池西岸自北而南分别营建皇太后所居的兴圣宫和太子所居的隆福宫。三组宫殿隔湖相望，形成鼎足而立的布局，居中关联的则是富有历史意义的瀛洲仪天殿和琼华岛广寒殿。然后在其四面绕以萧墙，即所谓的皇城城墙。萧墙以内就是整个大都城的核心部分，该核心部分内占有突出地位的则是宫城"大内"，因此"大内"占据了全城中轴线上最重要的位置。最后，环绕在皇城外面的为大城，即外郭城的城墙，周长28.6千米，南北略长，呈长方形。

金中都水关遗址（籍和平，《850年沧桑金中都水关遗址——北京辽金城垣博物馆》）

（2）元大都城对河湖水系的利用。元大都城宫殿位置的选择与太液池关系密切，全城的平面设计也是结合河湖水系的调整而进行的。大都城的主要设计者是刘秉忠，而在解决大都城的水源、沟通南北大运河以便将漕粮顺利运抵大都城方面作出重大贡献的则是郭守敬。二人之间关系非常密切，郭守敬为刘秉忠的弟子，自幼师承门下，又专长水利工程和天文历算，精于测量。因此，大都城规划设计之时，二人之间可能有过联系，充分考虑了当地河湖水系的分布，并有计划地进行了利用与改造。这主要体现在以下三个方面：

首先，元大都城中的积水潭原是古高梁河沿线的天然湖泊，金代称白莲潭，太宁宫即依托白莲潭修建而成。元大都以金太宁宫为核心建造而成，太宁宫周边古高梁河沿线的湖泊随之被围入大都城内。随着大都城的建成，古高梁河沿线的湖泊被人为分成两部分，圈入皇城的部分成为皇家专有的"太液池"，而留在皇城以外的则成为平民和士大夫游憩的去处，称"积水潭"，又称

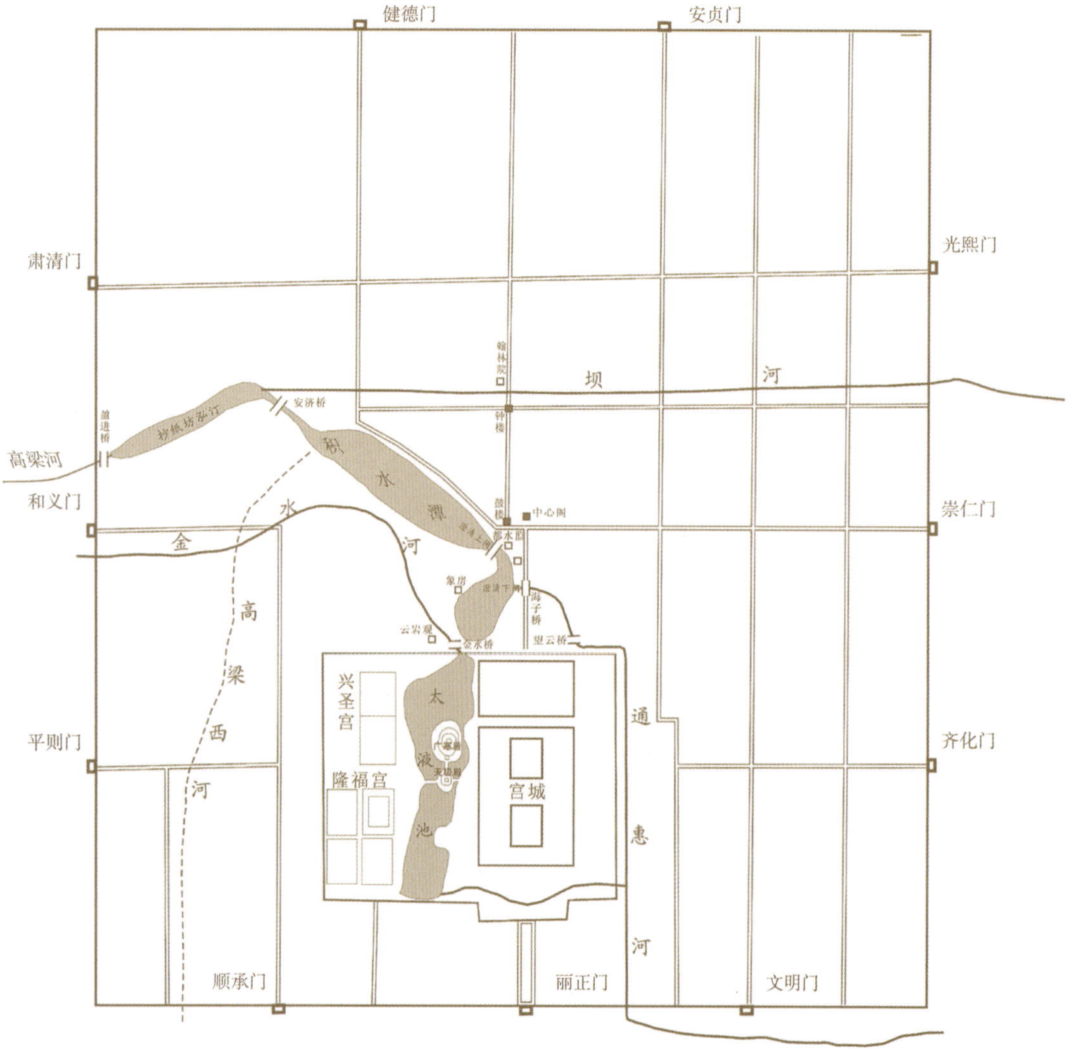

元大都水系示意图

元代土城遗址（20世纪30年代）

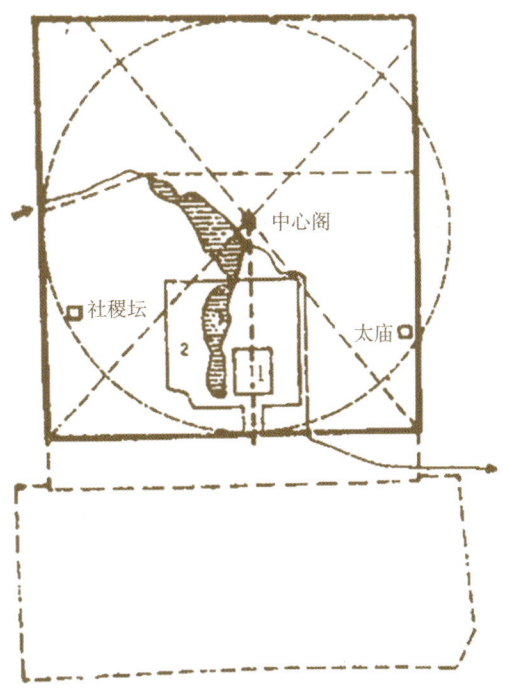
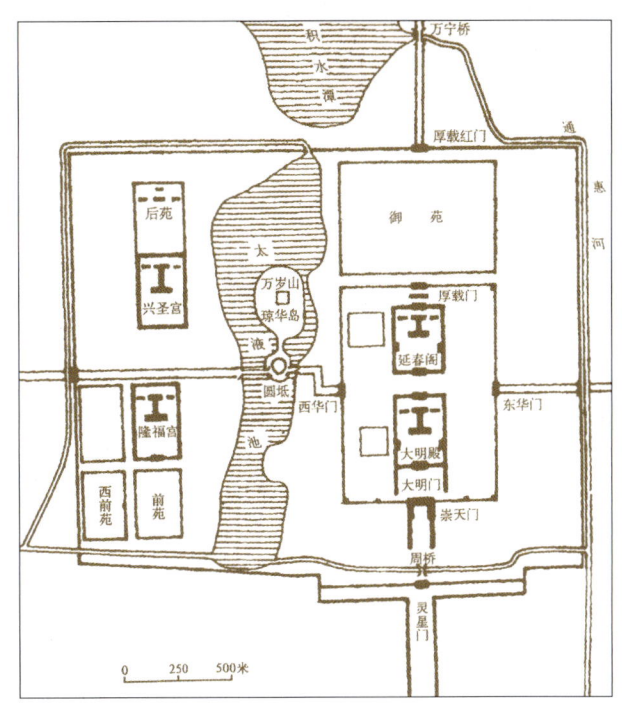

元大都城的平面设计示意图　　　　　　　　　元大都城萧墙（皇城）内的太液池
1. 大内（今紫禁城）；2. 萧墙（后来的皇城）

"海子""玄武池"等。在随后的大都城营建中，有计划地在积水潭与太液池之间筑起一条东西大道，以方便东西间行人的来往，从而人为地隔断了两者之间的联系。

其次，元大都城创建时，在中心台正南、积水潭东岸的南北大道上修建万宁桥（即今地安门外大街上的石桥），桥下开挖渠道，引积水潭的水东出南转，傍皇城（萧墙）东墙外南下，出大都城，成为后来通惠河的一段。在该渠道未开之前，高梁河故道应自积水潭东出，然后转向东南，注入金代所开的闸河。此后，随着大都城的兴建，堵塞古高梁河河道，并以万宁桥下新开的渠道加以替代。这是对金中都城河流水系的一次较大改造。

最后，在大都城西部人工开挖金水河，直接引玉泉山诸泉之水，自和义门（今西直门）南水关入城，曲折南下，转至皇城西南隅外，一支北流，傍皇城西墙，绕过西北城角，转至皇城北墙外，折而向南，入皇城，注太液池；另一支正东入皇城，经隆福宫前，注太液池。再从太液池对岸东引，经灵星门内周桥下，东出皇城东墙，与东墙外新开的运道相汇。元朝时，金水河一直独流入城，不与其他河流相混，遇有与其他水道交会的地方，一般都会架槽引水，横过其上，名为"跨河跳槽"。为保护其水质，元世祖又命令"金水河灌手有禁"。这说明从元朝初年起，玉泉山诸泉之水已成为皇家宫苑太液池专用的水源。

在元大都萧墙（皇城）布局中，金代所建大宁离宫的琼华岛又称万岁山，是全城的制高点。万岁山以南的湖中有个小岛，即瀛洲，上建仪天殿，即今团城的前身。在"大内"北门外，相当于今景山公园北侧一直到今地安门内为灵囿，即所谓的皇家动物园，灵囿西侧建有一道长 76 尺、宽 41.5 尺的石桥，使其与万岁山连成一体。桥的上半部为石渠，作为东岸金水河的渡槽，引水至琼华岛，然后通过提水机具将水提到万寿山顶，形成喷泉，水从石龙口喷出，最后流注太液池。万寿山顶在金代时建有广寒殿，元代重加修缮后，又在其上兴建仁智殿、荷叶殿、方壶亭、瀛洲亭等建筑，万寿山景致之美可想而知。

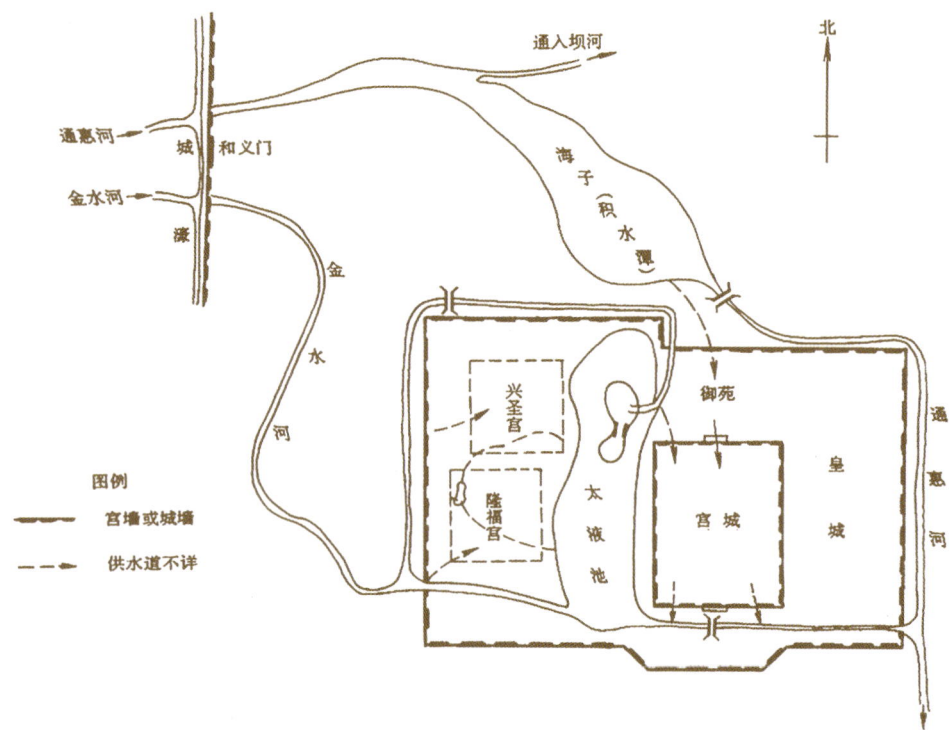

元大都城金水河示意图

（3）通惠河水源的开发。忽必烈灭南宋、统一中国后，其统治范围远超金朝，大都城对漕粮的依赖也数倍于中都。因此，元朝不但积极开辟南北大运河，而且大力发展海运，但无论河运还是海运漕粮，都是先抵达通州，再转输大都城。在水源问题未解决之前，通州至大都间主要依赖陆上运输，耗费甚大，每年仅车马运输费便高达6万缗。

随着大都城的兴建，用水量大增，单靠玉泉山和瓮山泊两处水源已不能满足需求，特别是为接济日益增加的漕运，必须设法开辟新的水源。为此，郭守敬实地踏勘了大都城西北沿山地区的泉流水道，并进行了精密的地形测量。他发现大都城西北60里外的神山（今凤凰山）下有白浮泉，出水甚旺，其地稍高于大都，可以开渠导引至大都城中，只是中间隔有沙河与清河河谷，其地势均低于大都城。于是郭守敬决定先引白浮泉水西行，从上游绕过两河谷地，然后循西山山麓转而东南，沿着平缓的坡降而行，同时汇集傍山泉流，并开挖渠道，修筑白浮堰，导水入瓮山泊。然后自瓮山泊浚治旧渠道，从和义门（今西直门）北水关入大都城，汇入积水潭内，从而为大都城开辟了前所未有的新水源。其下游从积水潭出万宁桥，沿皇城东墙外南下，出丽正门东水关，转而东南至文明门外，与金代所开闸河相接。

郭守敬主持兴建玉泉山和白浮泉引水工程后，瓮山泊开始成为蓄水水柜。由于瓮山泊的地势东低西高，元代在其东部修建了号称"十里长堤"的堤防，同时在进水口和输水口处筑有节制闸和泄水闸。瓮山泊成为人工水库后，蓄水能力大为增加。

为防河水走泄，郭守敬在通惠河沿线设置节制闸，在坡度较大的河段则设置上下双闸，交替启用，以调节水量和水位，便于漕船通行。

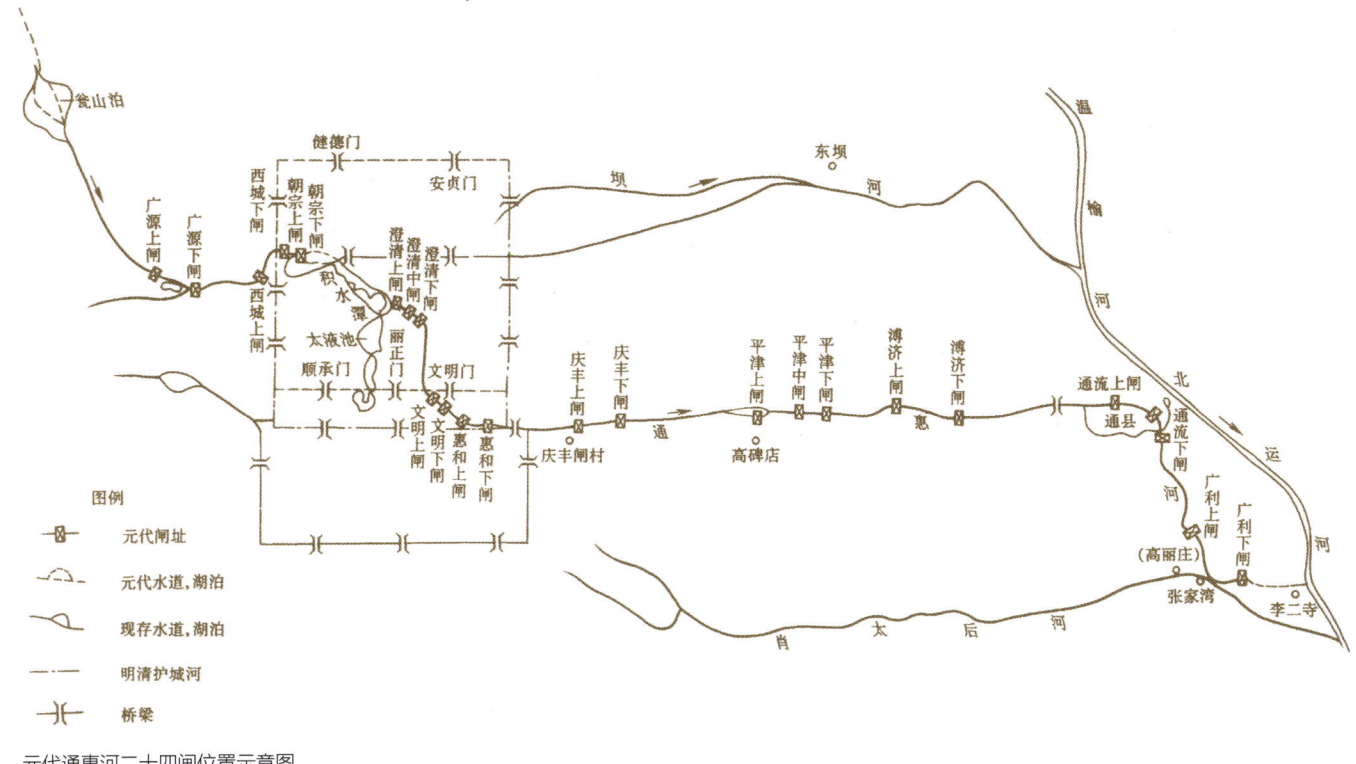

元代通惠河二十四闸位置示意图

新闸河从白浮泉引水处算起，下至通州高丽庄入白河（今北运河）处，当时实测总长为160里140步。元至元二十九年（1292年）动工，次年秋季竣工。河运畅通，南来的船只自通州高丽庄经闸河抵达大都城，停泊在积水潭中，当时正值忽必烈从上都归来，"过积水潭，见舳舻蔽水，大悦"，遂命名通惠河。

源于漕运供水的北京城市水利的兴起为北京的水环境带来了两大好处：一是引水工程的大量兴建造就了景观优美的昆明湖和西山园林，经过元、明、清三代的精心营建，成为东方园林艺术的瑰宝；二是通惠河成为北京城的交通要道，成为洪水和污水排放的东行骨干水道。

然而，由于通惠河的上源，即白浮泉以下至瓮山泊段与西山大致平行，每当雨季，山洪暴发，引水渠道经常被毁，因而很难长久维持。元朝虽在此设有专官修守，但由于工程技术的限制，始终未能克服山洪的威胁。因此，终元一代，通惠河的运输仍面临水源不足的困境。

（4）旧有水源的恢复——金口新河的开挖。元至元三年（1266年），为运送西山的木材和石材等建筑材料以满足大都城大规模营建的需求，忽必烈采纳郭守敬的建议，重开金口河，引永定河水济运。金口新河仍以元代所定金口闸为起点，但引水口的位置由麻峪上移至三家店。三家店位于永定河官厅山峡的出山口，今永定河引水渠的引水口也设于此。金口新河开通后，运行30多年，但漕粮运输效益甚微。大德三年（1299年），永定河洪水泛滥，危及大都城安全，于是堵闭金口闸。三年后，永定河遭遇更大洪水，又将金口以上河身用砂石杂土堵闭。

（5）大都城的排水系统。元大都具有较为完善的排水系统。南北主干街道两侧都有石砌的明渠，城墙下筑有石砌的排水涵洞，穿过城墙的排水渠则承纳着城市污水，完善的上下水道与前述引水系统相互配合，使大都城的城市功能大为提高。

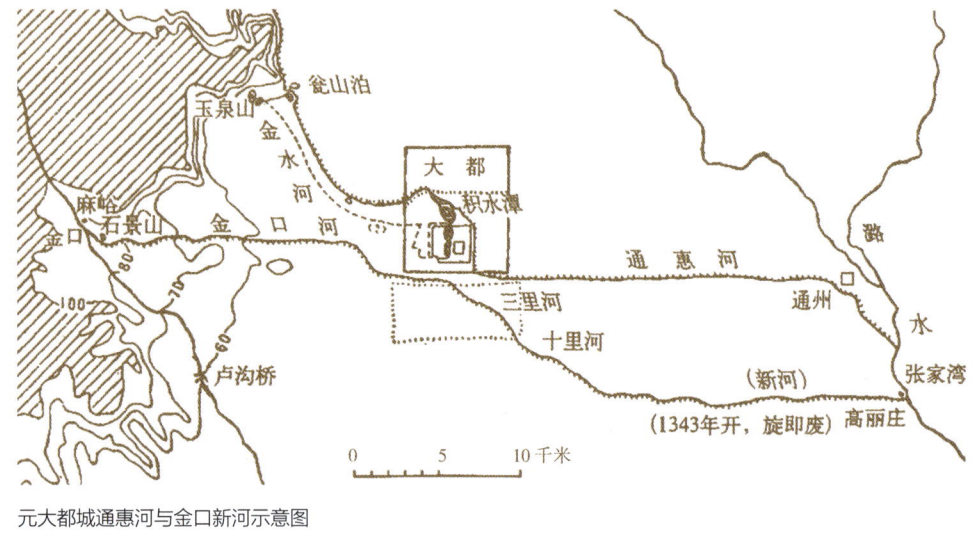

元大都城通惠河与金口新河示意图

在大都城的建设中不仅充分利用地上水源开渠引水,而且修建明渠、暗沟以便泄洪和排污。在今西四(牌楼)附近地下发现有石条砌筑的明渠,宽1米,深1.65米,在通过平则门大街(今阜内大街)时,顶部覆盖有石条,渠内石壁上留有当时工匠凿刻的字迹"致和元年五月,石匠刘三"。"致和"为元泰定帝的年号,即1328年,当时距大都城竣工已30余年,可能是重修时凿刻的。在旧鼓楼大街北段、大石桥胡同东口,1949年前尚有长约6尺的石材数块,半埋于路面之下,相传该处的石栏可证为元代旧物,下有沟渠,已湮废。由此推测,大都城内沿着主要的南北大街都应有排水干渠,干渠两旁应有与之垂直的暗沟。干渠的排水方向与大都城内自北而南的地形坡度完全一致。这些明渠、暗沟的铺设,应是与大都城的建设同时规划设计的。

大都城的城墙初建之时,应该也考虑到了城内排水的问题,与城内下水道网的铺设一样,都预先经过测量,并与街道的布局同时设计。实地勘查中曾在大都城东墙中段和西墙北段的夯土墙基下发现有两处残存的石砌排水涵洞,从底部尚可见涵洞的结构,其底部和两壁都用石板铺砌,顶部用砖砌,洞身宽2.5米,长20米左右,石壁高1.22米。涵洞内外侧各用石铺砌出6.5米长的出入水口,整个涵洞的石底略向外倾斜。涵洞中心部位装有一排断面呈菱形的铁栅棍,栅棍间距为10~15厘米。在石板的接缝处勾抹白灰,并平打很多"铁锭";涵洞的地基则满打"地钉",即木橛;在"地钉"的榫卯上横铺数条"衬石枋",即横木;然后用碎砖石块将地钉榫卯间夯实,并灌以泥浆。在此基础之上铺砌涵洞底石及两壁。整个涵洞的做法与《营造法式》所记"卷輂水窗"的做法一致,特别是"铁锭"、满打"地钉"和横铺"衬石枋"等做法,则是宋元以来常见的形式。这进一步说明元初修建大都城时所用的官式石工做法继承了北宋以来的传统。

大都城城墙全部用夯土筑成,因此在城墙顶部中心顺城墙方向设有半圆形瓦管,这是一种排泄雨水的措施,即避免城墙顶部被雨水冲刷的一种方法。城墙城壁则蓑以芦苇以防雨水冲刷。据《析津志》记载,"世祖筑城已周,乃于文明门外向东五里立苇场,收苇以蓑城,每岁收百万,以苇排编,自下砌上,恐致摧塌"。

3. 明清北京城的改造与水道的变迁

明洪武元年(1368年),明兵攻入大都,元朝灭亡。明太祖朱元璋定都应天(今江苏南京),改大都为北平。建文四年(1402年),燕王朱棣发动"靖难之役",兵破南京,夺得统治权。次年改北平为北京,这是北

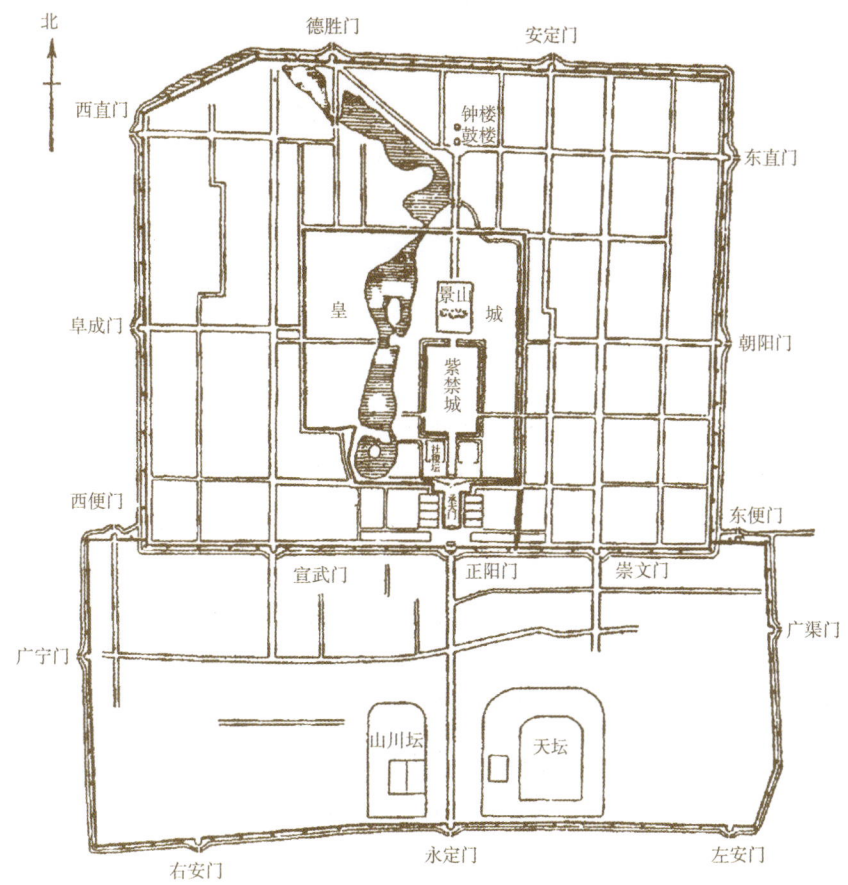

明代北京城平面示意图

京得名之始。永乐四年（1406年），开始营建北京宫殿城池。永乐十八年（1420年）正式迁都北京，并开始重新营建北京城。

明代迁都北京前后，对其进行了脱胎换骨式的改造。先是在大将徐达率兵初入大都时，为易于防守，曾将大城北墙南移2.5千米。至永乐十七年（1419年）正式迁都前，又把大城南墙向南扩展0.5千米有余，即从今东西长安街一线移到内城南墙现址。改建后的明北京城继承了元大都的城市公共设施，并完成了城市沟渠的配套工程。这一水利工程体系为地处半干旱地区的北京提供了城市河湖水系和园林水域。对于严格遵照营城礼制修筑而成、皇城与街区方正对称的北京城而言，河湖水系的加入为其赋予了灵动的美学意境。

（1）原有水道的改变。在对北京的改建过程中，对河道影响最大的并非大城的改建，而是皇城的改建，这主要体现在以下几个方面。

一是积水潭被北城墙分割为二。明洪武元年（1368年），明兵攻下元大都后，为便于防守，放弃了其北部城区，并在北城墙以南约2.5千米处另筑新墙，新的北城墙西段在穿过积水潭最为窄狭之处后，转向西南，成一斜角，从而把积水潭西端的一部分隔在城外。

二是随着明皇城和大城的拓展，通惠河部分河段被包入其中，上游河段被拦腰截断。明代的紫禁城沿用元代"大内"的旧址而稍向南移，并在周围加凿护城河，一律用条石砌岸，俗称筒子河；横跨护城河上的木桥也一律改建石桥。同时把元朝皇城（萧墙）分别向东、西、南三面拓展，不仅扩大了紫禁城与皇城之间的距

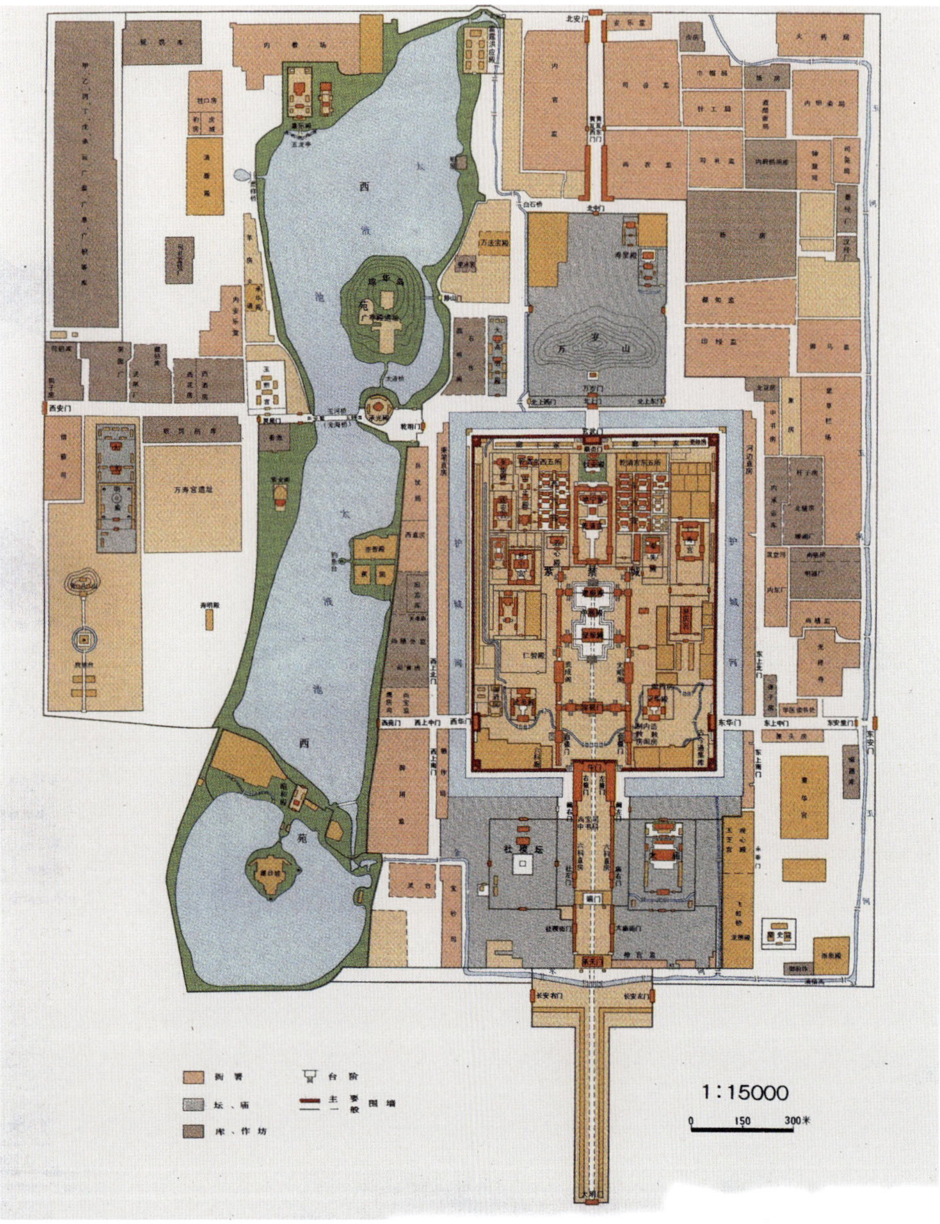

明代天启、崇祯年间北京皇城还原示意图

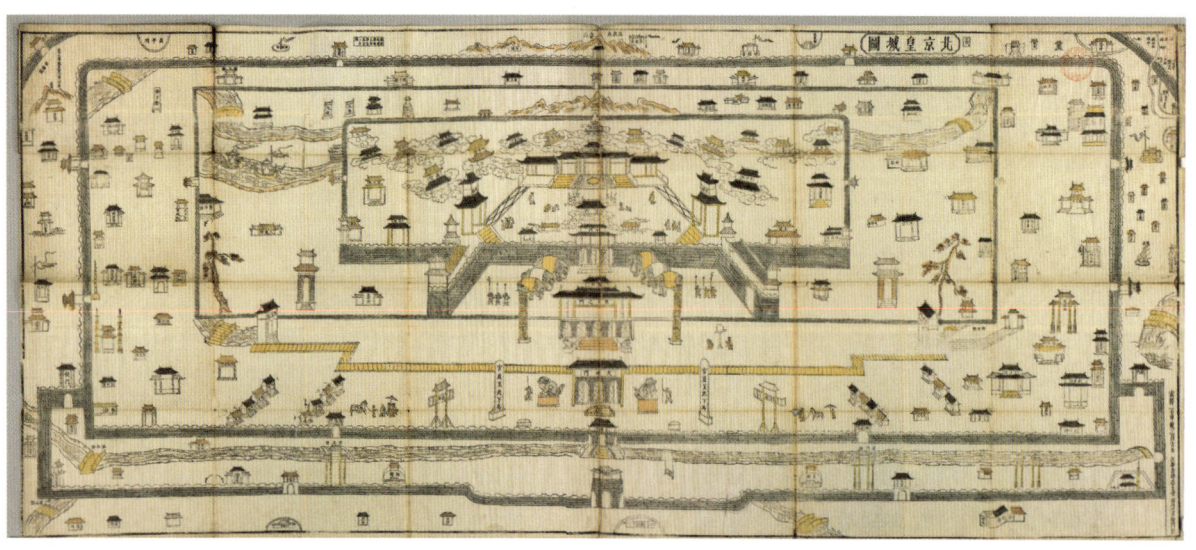

明代北京皇城图（东京图书馆藏）

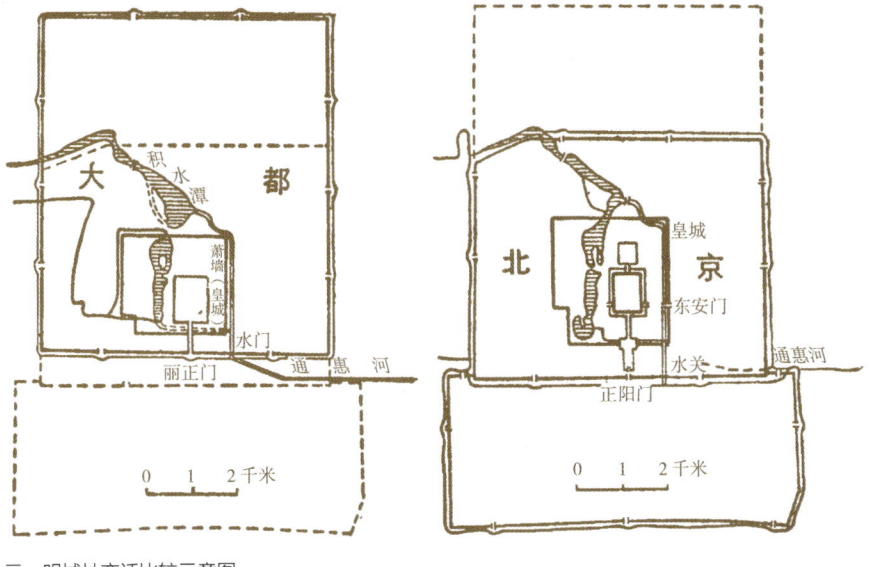

元、明城址变迁比较示意图

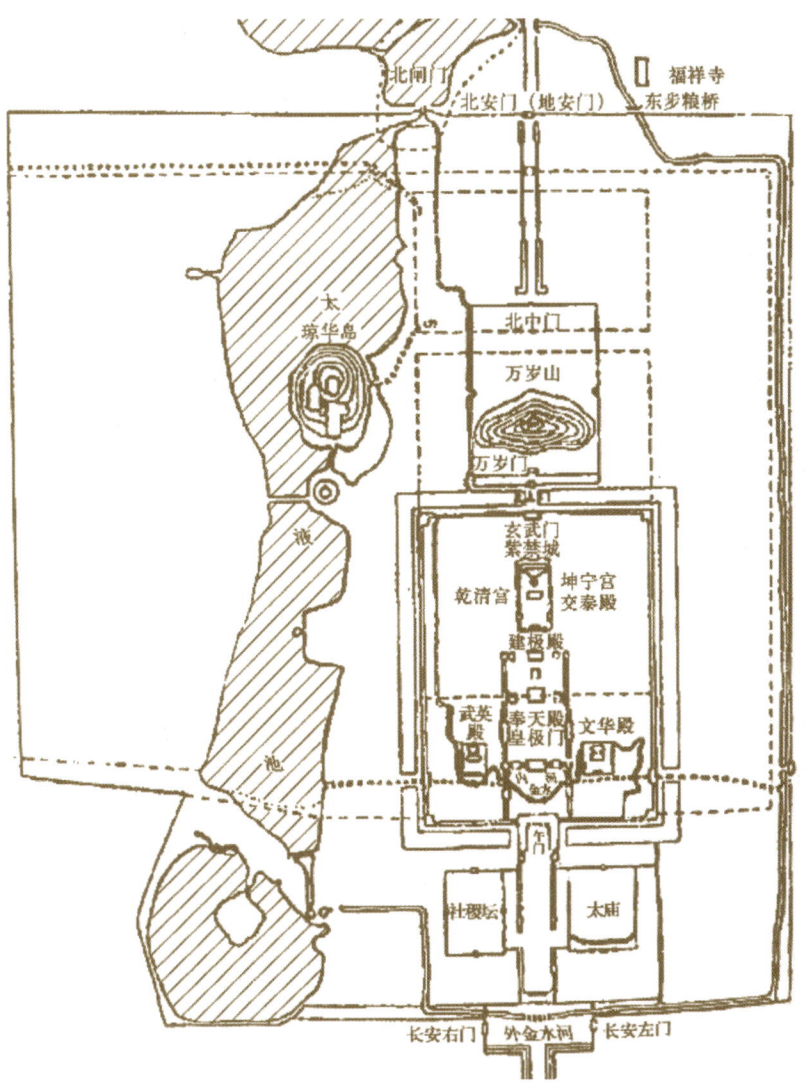

明代扩建皇城北墙、东墙后的宫城位置示意图

离，而且改变了元代通惠河的水道系统。由于大城南墙的展拓，又将原在元大都城文明门外的一段通惠河故道包入大城之中。于是，只好另开一支渠道沿皇城东墙之内，径直南下，出正阳门东水关以接南护城河。如此等于把通惠河的上游段完全截断，从此每年平均400万石的漕粮和随船北运的江南百货无法直接运入城中。积水潭东北岸的斜街一带（日中坊）本是元代最为繁华的商业区，至此失去当年的盛况，积水潭也日益淤垫，湖面面积逐渐萎缩。

三是明太液池（北海）用水由元代的玉泉山泉水独流注入改为自什刹海分流。元代时期玉泉山诸泉之水抵达和义门（今西直门）外时一分为二：大都城内通惠河的上源从和义门的北水关引水入城，宫廷御苑专用的金水河则从和义门的南水关引水入城，两者分流，各不相干，直到皇城东南隅外，金水河才与通惠河合流。明初改建大城北墙时，在西直门以北斜向东北，穿过积水潭上游水面最窄处，转向正东，新建德胜门与安定门，并在德胜门西修建水关，作为引水入城的唯一孔道。同时，在积水潭南端新开挖一条渠道以沟通太液池（北海）；在太液池加凿南海，遂有"三海"之称。自此，金水河上游弃而不用，玉泉山诸泉之水汇注西湖景（即元瓮山泊）后，由白浮河下游旧道入德胜门水关，至什刹海后，一支经西不压桥流注三海，一支经后门桥流为通惠河。明代金水河上游段断流后，仅剩太液池下游一小段，即从太液池南端新凿的南海引水东下，绕过皇城门前，注入通惠河，别称外金水河；同时从太液池北端东岸开渠引水，经景山西墙外，南入紫禁城，下游与外金水河合流，称内金水河。

（2）白浮泉水源的断绝。元初曾筑堰导引白浮泉水注入大都城内积水潭以济漕运，这是北京自建城以来解决水源问题的一大创举。而正是由于白浮泉新水源的开辟，才有可能另开金水河，直接将玉泉山诸泉之水引入大都城内，专供宫廷园林用水。然而，至明代初年，由于建都南京，已无转漕北上的必要，以致通惠河河道失修，白浮泉水断流，北京城内开始呈现出水源匮乏的现象，积水潭也开始淤积。

明永乐年间迁都北京后，漕运问题重新提到日程。最初为转运江南木材，曾有重浚白浮故道的建议。后来由于在昌平城北兴建皇陵，而引白浮泉水入城必须逆流经过陵域前方，堪舆家认为这于地脉不利，导致重引白浮泉水以济漕运的计划未能见诸实施。因此，终明一代，专靠玉泉山水流经瓮山泊，下注城内积水潭，然后分流，一支入太液池，又引出为内、外金水河，以供宫廷及园林用水；一支进入皇城，沿东墙内侧径直南下，出正阳门以东水关，入内城南护城河，然后流出东便门，汇入通惠河以济漕运。但终因水量有限，济漕无效，通惠河故道逐渐淤塞，后屡次开浚，仍然不能通漕。主要原因在于通惠河河床比降较大，仅疏浚下游而非开源，难以奏效。因此明代的漕粮运输仍然是先水运至通州，然后再从通州陆运到北京城。

（3）清代近郊水源的开发。清北京城的渠道大体沿用明代，稍有改进，但问题仍然集中在如何确保漕粮顺利运抵北京城。

清康熙年间（1662—1722年），仍利用通惠河，并疏浚东护城河，部分小型粮船可从东便门外大通桥下直达朝阳门与东直门外，缴纳入仓。然而，这一时期的水源问题仍然未能得到解决。西郊海淀一带自明中叶以来纷纷辟治园林，利用有利的地形导引流泉，浚治湖泊，至此水量消耗与日俱增。其中畅春园（在明代为清华园）、圆明园等都是规模宏大、水面开阔的名园，其用水来源，除了海淀附近万泉庄一些细小泉流外，主要依赖玉泉山与瓮山泊的水源。这使得通惠河上游水源不仅未加新辟，而且使原有水源日益分流。

至清乾隆年间（1736—1795年），为进一步辟治西北郊园林，同时解决通惠河用水问题，便在西郊山麓进行了一系列水源整治工程。首先，是利用瓮山的地形建设置苑林；其次，为营建苑林景观，将瓮山前的小湖，即瓮山泊（明代又称西湖、西湖景或七里泊）加以浚治，并加筑东堤以拦蓄玉泉山东流之水，使之潴于湖中，形成一片水域。瓮山由此改名万寿山，瓮山泊改名昆明湖，并成为北京近郊一处湖山形胜俱佳的景区。昆明湖中的水另外分出一部分，为海淀附近增辟园林和灌溉稻田之用。

与此同时，扩建后的昆明湖，通过坚固高峻的东堤拦蓄玉泉山东流之水，使之逐渐潴于湖中，进而提高湖水水位，并在其南端引水入长河处修建水闸以调节流量，昆明湖由此成为通惠河水源的第一调节库，有效地保证了其上游的供水。昆明湖以下的输水渠是元代在高粱河的基础上改建而成，清代名"长河"。水从瓮山泊引入市区后，进入六海，这是通惠河水源的第二级调节水库。在北京城建设与发展过程中，人工水库的建设尚属首次，这标志着北京城的水源开发已达到一个新的阶段。

在修筑昆明湖的同时，清代还把西山卧佛寺与碧云寺附近的泉水通过石槽导引至山下四王府以南广润庙（该庙即为引水石槽而建）的石砌方池中，然后再由方池引水东流，直达玉泉山，与山麓诸水合流注入昆明湖。引水石槽相接而建，东西长约5千米。由于广润庙以下的地形逐渐降低，所以该段石槽修筑在长墙之上，其下留置门道，以方便行人南北通行。由于石渠傍沿山麓而开，容易被山洪冲决，因此凿有排洪水道，用于疏泄卧佛寺与碧云寺之间的山洪，一支经广润庙东北行，由玉泉山北注清河上游，称东北泄水河；另一支则经广润庙西，斜向东南，由钓鱼台前的湖泊（今玉渊潭）南下东转，注入西护城河，称东南泄水河。卧佛寺与碧云寺以下的引水石槽在尚未汇流前，分别架桥横渡东北与东南两泄水河，即所谓的"跨河跳槽"，通过这一措施不

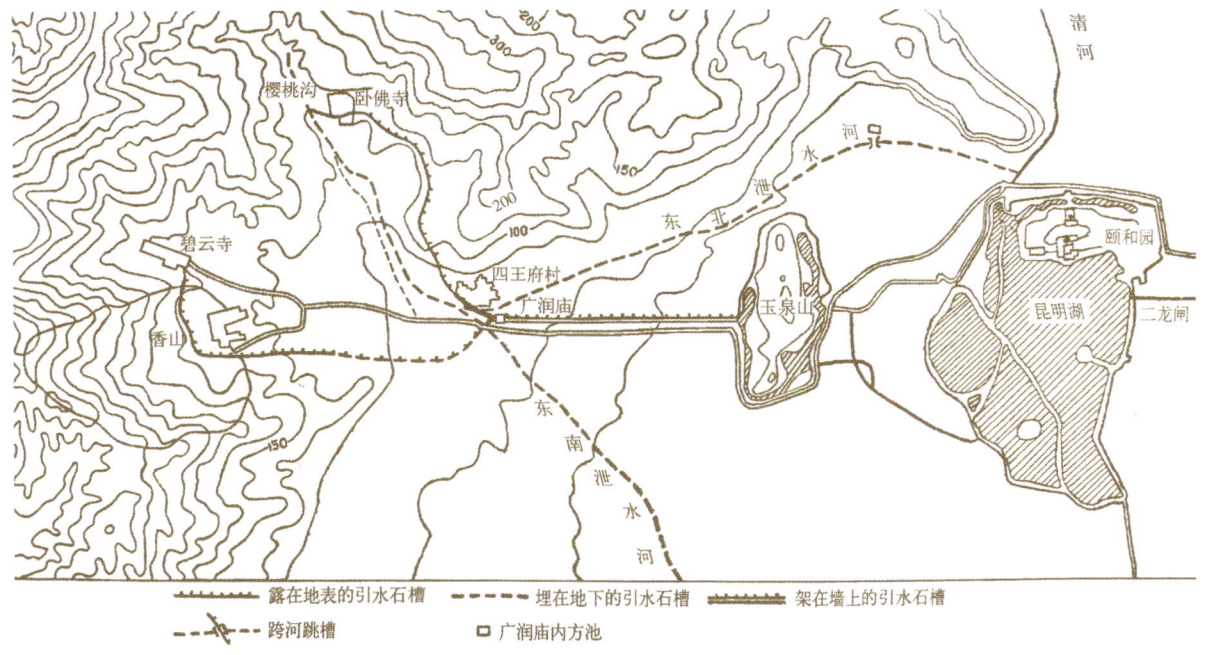

清代利用引水石槽汇集西山诸泉路线示意图

紫禁城东北隅角楼及干涸的护城河（1906年，《清国北京皇城》）

仅使引水石槽得到保护，而且使附近农田免遭水灾威胁。

（4）北京城的排水系统。明、清北京城的排水系统是在元大都城的基础上发展而来的。据《明史·河渠志》记载，正统四年（1439年），"设正阳门外减水河，并疏城内沟渠"。这一年正是大规模修建北京城门门楼和大城四隅角楼、深浚城濠和改建桥闸完工的一年。其中护城濠不仅是一种防御工事，而且是城内上游供水和下游排洪泄污的干道。在各城门中，德胜门西水关是从护城濠供水入城的上游，前三门外的护城濠则是城内主要沟渠排洪泄污的下游。

北京城内的沟渠见诸记载的主要包括下列三条。

一是大明濠，又称河漕。从西直门大街的横桥（又称虹桥、红桥、洪桥）南下，直到南城墙下的象房桥，经宣武门西水关入南护城濠。

二是东沟与西沟。二沟分别从西长安街南下，然后汇合为一，继续向南至化石桥、经宣武门东水关入南护城濠。

三是东长安街御河桥下的沟渠，上接积水潭，为通惠河故道，下经正阳门东水关入南护城濠。

跨越街道之间的排水渠道主要包括以下三条。

一是龙须沟。从山川坛（先农坛）西北隅外的苇塘东流穿过正阳门大街的天桥和天坛北侧，绕至天坛东，然后流经左安门西水关入外城南护城濠，这应是永乐年间兴建天坛与山川坛时利用原有的低洼地带疏导而成

71

的。龙须沟一名后来才见于记载。

二是虎坊桥明沟。从宣武门以东护城濠南岸的响闸开始，南经虎坊桥至山川坛西北隅外的苇塘。

三是正阳门东南的三里河。明正统元年（1436年）修浚护城濠时，从正阳门以东护城濠南岸开渠，东南经三里河，下游入龙须沟。

外城这三条主要沟渠都起着排泄前三门护城濠余涨的作用，也是内城排水系统的重要组成部分。

清代，北京内外城的沟渠又有增加，最主要的是内城沿东西城墙内侧各开明沟一条。其中有西城墙内侧的明沟从西直门经阜成门至城西南隅的太平湖；东城墙内侧的明沟，其上源从安定门以东北城墙内侧开始，至城东北隅转而南下，沿东城墙内侧，经东直门、朝阳门，直到城东南隅与泡子河相接。泡子河为元代通惠河残存河段，与太平湖均有"水库"之称，因为两者都是消纳雨潦之处。泡子河的积水一般由崇文门内东水关排入护城濠。

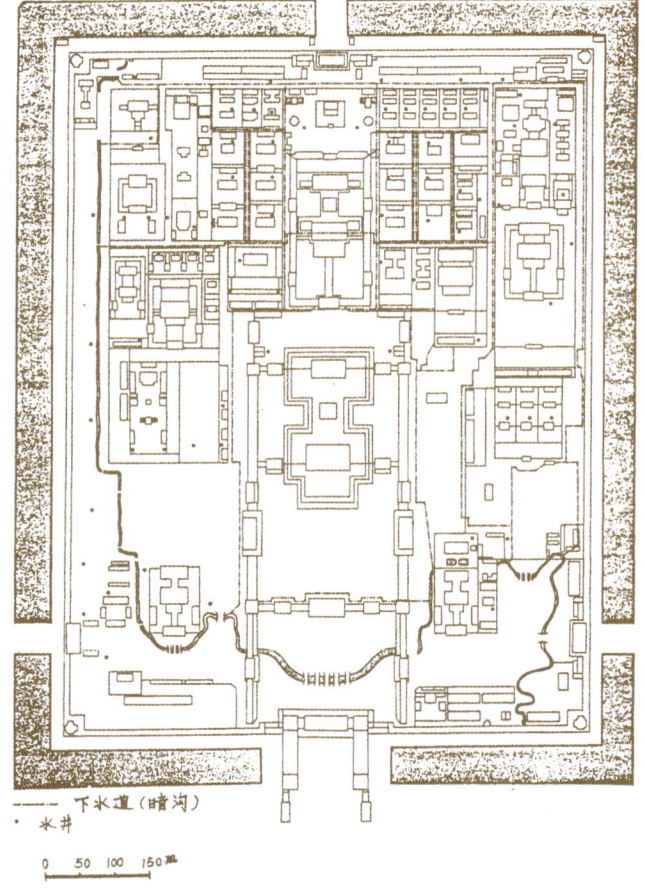

紫禁城排水干道示意图（于倬云主编，《紫禁城宫殿》）

外城增辟的沟渠主要有两条：一是三里河以东从大石桥至广渠门内的明沟，二是崇文门东南横亘东西的花市街明沟。这两条明沟在下游汇合后，北入东便门内护城濠。这一带的沟渠是随着居民区扩展至此后逐渐形成的。

据清光绪年间《会典事例》记载，乾隆五十二年（1787年），北京内城共有"大沟三万五百三十三丈""小巷各沟九万八千一百余丈"，其中大部分为埋设地下的暗沟网。至于外城的沟渠，因缺乏记载，难以统计其数量，但外城沟渠的数量应少于内城，分布亦不如内城普遍。

（5）紫禁城的排水系统。紫禁城内的沟渠自成一独立系统，主要包括建筑排水、地表径流和地下暗沟，此外还有一条明渠，即内金水河。

太和门前的内金水河

紫禁城的地面整体走势亦呈北高南低、中间高两边低，并略有坡度。其中北门神武门的地平标高为 46.05 米，午门的地平标高 44.28 米，竖向地平高差约 2 米，这一坡降为自然排水创造了有利条件，使积水能缓慢排泄，并通过沟渠全部排向内金水河。

内金水河河水从神武门西侧的水闸流入紫禁城，流经寿安宫西墙外，南至武英殿东折，经太和门、文渊阁前至东华门内南侧，自水闸流出，与外金水河汇合。由此可见，内金水河自西北向东南，流经大半个紫禁城，再由紫禁城东南角流出。内金水河又与外金水河和紫禁城城墙外侧 52 米宽的护城河相连，进而与北京城水系相连，以此消纳紫禁城的雨水。

在营建紫禁城时，经过统筹规划设计，建成了主次分明、明暗结合的排水系统，用以沟通各宫殿院落的排水设施，主要包括干沟和支沟、明沟和暗沟、涵洞、流水沟眼等。如此，在雨水降落后，一部分雨水沿着建筑屋顶的琉璃瓦落到地面，之后顺着明沟流到地下暗沟的沟口；另一部分雨水直接落到地面上，形成地表径流，顺地面坡度流入院落和房基四周的石槽明沟，明沟在有台阶或建筑物的位置设"沟眼"以使水流穿行，然后汇入暗沟。地下暗沟纵横交错，四通八达，雨水排入暗沟以后，再由支沟汇集到干沟，经干沟排入内金水河。

紫禁城前三殿的排水功能尤其引人注目。太和殿、中和殿和保和殿前后排列，坐落在一个 8 米多高的"工"字形台基上，台基面积 2.5 万平方米，分为三层。在台基四周栏杆底部都设有排水孔洞，每根望柱下还有一个雕琢精美的石螭首，其口内为凿通的圆孔，同时也是主要的排水口。三层台基共有龙头 1142 个，每逢大雨之际，都会呈现出"千龙吐水"的景象，蔚为壮观。

数百年来，紫禁城的排水效果良好，无论雨量多大，都罕见积水之弊。这充分表明，故宫具有完善的排水系统和强大排水能力，这是古人建筑智慧的有力见证。

（6）明代团城的排水系统。团城坐落在北海公园南门西侧，是一座高出地面 4.6 米、面积仅有 4500 多平方米的小城堡，因其平面呈圆形而得名。团城的排水系统非常独特，无论多大的雨降落于此，都会呈现出快速渗流、仅地面略显潮湿的现象，这主要得益于地面青砖的铺设和地下涵洞的修建。

团城的青砖造型上大下小，呈倒梯形，具有很强的吸水性，雨水降落后很快就会通过青砖及其缝隙渗入地下。团城还有 11 处石质水眼，分布在古树周围，每个水眼下部都有一座竖井，竖井与竖井之间有涵洞相连。

故宫中和殿东南侧台基望柱下的排水孔洞和石螭首
（2019 年，魏建国、王颖摄）

北海团城（20 世纪 30 年代）

涵洞高度 80～150 厘米，同样用青砖建成。遇大雨或连续降雨时，来不及渗入地下的雨水便会循着北高南低的地势流入水眼下的竖井中，多余的雨水再流到涵洞储存起来，从而形成一条地下暗河。

团城的水眼除了具有渗水和排水的功能外，还可降低树根附近的水位，使土壤中的水分适宜树木的生长。同时，涵洞与水眼组成一个巨大的地下通风系统，为生长在团城的植物提供良好的透气条件。由于团城的地势比周边高出很多，若雨水外流会影响道路交通，而团城树木的生长又恰好需要这些雨水，从而为巧妙解决局部排水的问题提供了一种新的思路。

2.2.6 成都

四川省成都市是长江上游的大城市之一，有"天府蜀都"之美誉。它是中国古代城市中善用水利而避水害的典型案例，也是古代城市供排水的经典范例。

1. 早期成都城的供排水系统

2001 年，在成都市西郊发现了金沙村遗址，其年代相当于殷商晚期至西周初期，其位于古磨底河两岸的 4 平方千米范围内，其间分布着大大小小、不相连属的宫殿区、普通居住区、墓葬区和中心祭祀活动区，先后有 2000 多件玉器、石器、青铜器、金器和成吨象牙、大量卜甲在此出土。据考古推测，该遗址可能是杜宇王朝时期的蜀国都城，即成都古城的前身，至今已有 3600 多年的历史。这一时期的成都城具有以下两个特点。

一是成都城址的选择较为合理。成都城选在岷江冲积扇的中脊之上，地势较高；同时它又位于成都平原的中心地区，远离岷江干流，既可减少洪水的威胁，又有充足的水源。

二是城市排水沟渠的出现。成都城区的地势自西北向东南倾斜，东部有一台地，汛期雨洪排泄时，顺地面坡度直行至台地边缘处即须折而向南，如主干排水道中存在梗阻，洪水就会在平坦的城区泛滥，发生涝渍，因此古蜀国曾饱受洪涝之苦。

2. 秦汉时期的成都供排水系统

战国末期，即秦惠王二十二年（公元前 316 年），秦国大夫张若、大将司马错率兵越过秦岭，先后吞并蜀国与巴国，并置巴郡，以成都为郡治，任张若为蜀郡郡守。秦惠王二十七年（公元前 311 年）在张若的主持下，仿照当时都城咸阳的建制，开始兴筑成都、郫城和临邛三城城垣。当时成都城已规划为大城和少城，少城为商肆区，大城为官署和民舍区。这是成都最早的城市规划和设计，成都街区市坊的格局至此基本得以确立。

在筑城的同时，又将近郊因大量取土而形成的取土坑改造成为蓄水池。其中规模最大的是距城 10 里的万岁池。此外，城北有龙坝池，城东有千秋池，城西北有天井池，城西有柳池，这些蓄水池的空间分布较为均匀。一方面，这些蓄水池与城区河道互相连通，共同调节水量，从而使城区"津流径通，冬夏不竭"；另一方面，这些蓄水池具有一定的深度，夏、秋雨洪泄入河道后，再进入蓄水池中稍加滞纳，可有效地减缓洪流速度及其破坏力。因此，蓄水池与地面河道共同构成初步的城市供排水体系。另外，从"天井池"之名可知，当时城区已有一定规模的水井，以补充和利用地下水源。

秦孝文王时期，李冰出任郡守，修建了著名的湔堰，即今都江堰。都江堰建成后，总束岷江上游的散漫之水，变水害为水利，并"管钥成都"，既保护成都不受水害，又使其拥有灌溉行舟之利。"成都二江"则作为都江堰渠首的重要引水干渠，导引都江堰水直达成都城。二江即郫江和检江（又称流江），分别为今府河和南河的前身。其中郫江自偏东北的方向流经郫县，而后到达成都。检江则自偏东南的方向流经温江，而后到达成都。二江自城区西南隅开始平行东流，沿城区南侧行进，在城区东南隅合流后南下折回岷江。这一闭合环状引水系统沟通了成都城区与岷江水源之间的联系，使成都城以二江为依托呈向北扩张的态势。二江进入城区西侧和南侧后，紧靠城区而行但并未进入城区。因此，在城区范围内可能开有分支水道与之相接。此外，李冰还在二江上建有7座桥梁，分别为郫江上的永平桥、长升桥、冲治桥、市桥和江桥；检江上的笮桥和万里桥。由于郫江更靠近城区，所以建于其上的桥梁较之流江多一些。这为成都"二江珥其市，九桥带其流"城市格局奠定了基础，该格局从战国晚期一直延续到晚唐时期。

郫江和检江通过分支水道流向成都后，分别引入城区街坊以供居民饮用，不仅改善了城区的供水条件，而且提升了城市的景观，促进了手工业和商业的发展繁荣。由于二江的滋养，至汉代，成都已成为全国除都城长安以外最大的城市之一，成都县人口最多时达35万，城市人口占川西平原全部人口的30%。这一时期，成都的织锦工业也得到初步发展，尤以蜀锦最为知名。据说蜀锦织好后，如拿到二江漂洗后再晾晒，色彩会更加鲜明。因此织锦户几乎全部集中在二江并行的成都城西南隅，由官府统一管理。汉代还在织锦区修建围墙，设立专门的锦官，称"锦官城"。此外，在二江相夹的狭长地带还形成成都最大的商业区，分别称西市、南市和东市。市场内有主巷道和支巷道，巷道两边则是林立的店铺。

到秦始皇统一六国时，成都城市的水利工程设施主要包括以下几类：一是经开凿的水源河道，如郫江、检江二江，主要提供城市水源及交通条件；二是经过整理后的天然河道，如城北升仙水等，主

秦成都城形制及城市水系推测示意图

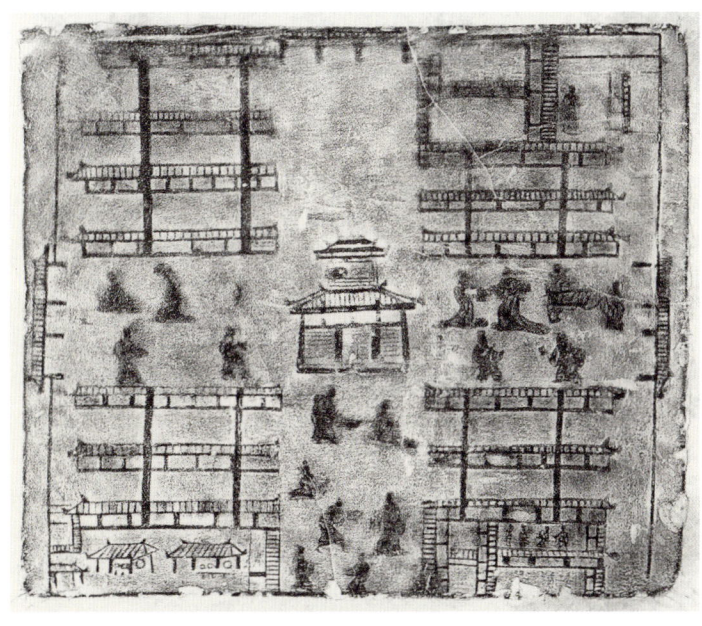

四川成都出土的东汉水井画像石（《中国画像石全集》）　　四川成都出土的东汉市井画像砖（《中国画像砖全集》）

要起防洪、泄洪作用；三是经整治的城区水道，如石犀溪等，发挥着供水和排水的作用；四是经过改造的蓄水池，如万岁池等，它们与水道相互串连，发挥着初步调节的作用；五是利用地下水的水井泉池，起水源补充作用。这一时期，城市供排水系统基本形成，并发挥着多方面的功能。

3. 隋唐宋时期的成都供排水系统

从汉晋到唐宋，成都逐渐发展成为西南重镇，有"扬一益二"之美誉。随着人口的增长，城市建设不断改善，水利体系也日趋完善。

四川成都出土的东汉桑园画像砖（《中国画像砖全集》）

（1）供水系统。唐贞元元年（785年），横贯成都城区的水道逐渐淤废，节度使韦皋开凿解玉溪，从城区西北引郫江水源进城，流经大慈寺南侧，至城区东南又汇入郫江。由于汛期解玉溪会携带泥沙入城，沉淀下来的细沙适于打磨玉石，于是城区东部沿河一带逐渐发展为手工业作坊区，形成繁荣的东市。

唐大中七年（853年），节度使白敏中又从城西南部开渠，引郫江水源进城，由西向东汇入解玉溪，横贯城区主要街道，以排除雨水及生活污水，时称襟河，后又改称禁河、金河。至此，成都城中的供水和排水系统开始分开。

唐乾符三年（876年），为改变成都城屡受吐蕃和六诏的侵扰，剑南节度使高骈在成都外郭筑罗城，使城周扩大为36里。在改造城区的同时，又对城区内外的水道进行了全面调整，其中变化最大的是郫江。据《舆地广记》记载，"高骈筑罗城，遂作糜枣堰，转内江水从城北流，又屈而南，与外江水合"。即高骈在成都西北建糜枣堰，引郫江水东流，一改秦汉以来郫江与检江并行城南的水系格局，而为引郫江（今府河）由西北环绕城区再转向东南，在合江亭与外江（又称锦江，今南河）汇合，即将秦汉以来成都"二江珥其市"的城市格局改变为"二江抱城"的城市格局，成都城区四面皆有大河环绕。与此同时，结合取土，在成都城墙外侧挖成护城河，从而结束了此前成都城没有护城河的历史。护城河与城区内部的水道连通，在其穿越城墙处修建涵洞，涵洞进水一侧设有铁栅，一方面可阻拦污物进入城内水道，另一方面则发挥着城市安全保卫的作用。

高骈修筑罗城时，解玉溪因郫江水源改道而成为无源之流，仅用以排泄雨水和生活污水，并逐渐荒废。襟河则因与护城河西濠相连，可接受其尾水，成为横贯东西城区的主要河道。

（2）排水系统。唐代成都还具有完善的城市排水系统。城市的排水干渠为南北走向的明渠，地下排水道为东西走向，城区雨洪和污水由排水道入明渠后排入二江。就城市防洪而言，这样的城河格局和排水系统的布局对于自西北向东南倾斜的成都地形而言无疑是成功的。

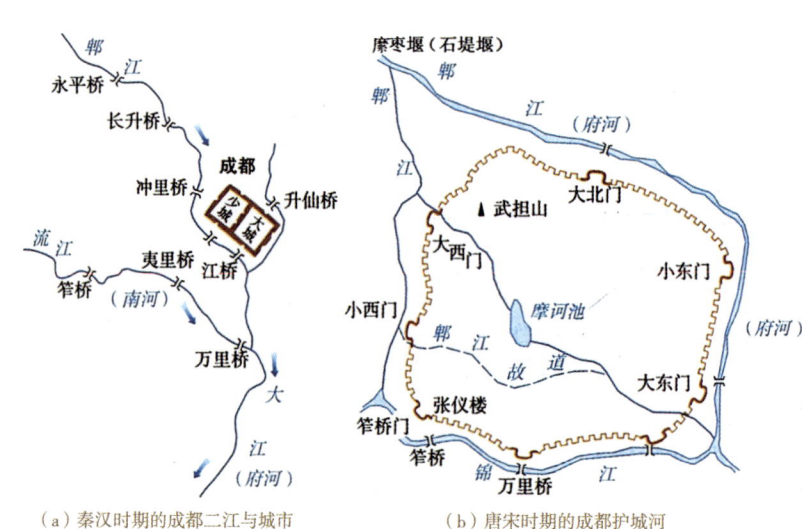

（a）秦汉时期的成都二江与城市　（b）唐宋时期的成都护城河

秦代和唐代成都城市水系演变示意图

五代十国时期的前蜀（907—925 年）末代皇帝王衍引郫江水源入宫苑中的摩诃池（后改称龙跃池），形成一个小型人工湖泊，并与市渠连通。摩诃池原是隋代初年蜀王杨秀扩建城墙时的取土坑，后改造为蓄水池，至此成为皇家园林，可泛舟出入，并被纳入城区交通系统。至后蜀（934—966 年）时期，发民丁 12 万，扩大罗城外堤为羊马城，环城 40 余里广植芙蓉，因此成都又有"芙蓉城"之美称。

至宋代初年，成都知府刘熙古疏浚縻枣堰以排泄雨洪，并加固九里堤。绍圣元年（1094 年），知府王觌在城区西南设闸，截引上游治水进入金水河，又引縻枣堰（当时称曹波堰）水进入后溪，形成一南一北两大水源干渠。在两大干渠两侧又分出 4 条支渠，分布在城区街坊之间，时称"二渠四脉"，最后在东门汇入二江合流后的府河。这套城区水源系统因由王觌主持修建，当时又称王公渠。大观二年（1108 年），知府席益专门绘制了城区水道图，成为后来进行整治的基本资料。宋末元初，由于政局动荡，工程维修不及时，北渠后溪逐渐淤塞，金水河也因淤积而日趋狭窄，逐渐失去往日的光辉。

唐宋时期是成都城供排水体系建设的完善阶段，特别是晚唐时期罗城的修建，使供排水工程体系逐渐趋于完备，并建立起近代的格局。同时，官府还注重维修管理、绘图立说，建立必要的规章制度，也是在这一时期，升仙水逐渐演变为排除雨洪的郊外河道——沙河。

4. 明清时期的成都供排水系统

明初，成都城的建设因蜀王朱椿兴建宫城而兴起，当时称蜀王府，实际上是按皇宫规格加以设计营建的，民间称"皇城"。这一时期金水河淤积严重，狭窄不堪；五代时的摩诃池也因水源断绝而被泥沙逐渐淤积，至明初仅剩一片死水，圈入蜀王府作为池沼。修建宫城取土时，挖成一道环形的御河，发挥着护城河的作用。御河的水源当来自金水河，金、御二河成为城区的水源系统之一。

明嘉靖四十五年（1566 年），四川巡抚谭纶对金水河和城区水道进行大规模的整治，使供水系统逐渐完善。万历四十一年（1613 年），蜀王府发生火灾，许多宫殿被毁，此后府内的池沼水面更为狭小。至清康熙四年（1665 年），将池沼填平，改蜀王府为贡院。此时，摩诃池已不复存在，其他规模较大的水池也减少了很多。

清代，成都二江发生了很大的变化。右郫江演变为走马河，其分支油子河经郫县北，向东南流入成都城区，经城区北部折而东行，成为今天的府河。油子河先在洞子口砖头堰向东分出一支，成为今天的沙河，正流经新

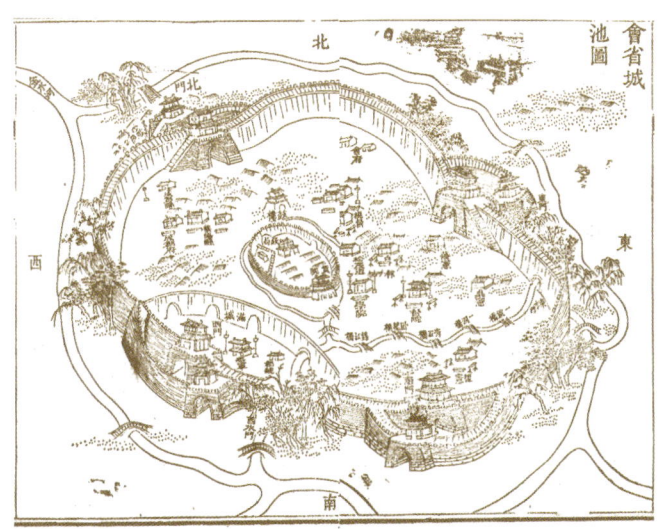

清嘉庆年间成都市及其河湖水系示意图（清嘉庆朝《成都县志》）

清雍正年间成都市及其河湖水系示意图（清雍正朝《四川通志》）

成都与锦江关系示意图（《四川湖北水道图》）

桥东南，过九里堤（即古糜枣堰堤），又东沿城区北部，经万福桥，至猛追湾而南折，经大门大桥至大安桥，城区的金水河自此汇入。走马河在郫县两河口分出磨底河和清水河，从东南经郫县西南；清水河至苏坡桥折东，分出一支龙爪堰，正流向东南行，称为浣花溪，以下即为古流江所演变，又称锦江。流至古合江亭处与油子河相汇，以下二河合一，通称府河。过宏济桥（即九眼桥）后，向西南流，最后在彭山江口入岷江。古之二江演变到现代，油子河已成今之府河，清水河下游锦江则为今之南河。另外，水系分合及流线也有不少变化。

2.2.7 扬州

扬州市位于长江北岸、淮河下游，地形呈北高南低，北部为丘陵岗区，南部为平原，古称广陵、江都。扬州城始建于春秋时期，吴王夫差北上会盟，开凿邗沟，筑邗城。隋唐大运河贯通后，扬州逐渐发展为除都城长安以外的第二大城市。明清时期，扬州成为全国漕运和盐运的中心。

1. 隋代以前的扬州城

据《左传》记载，周敬王三十四年（公元前 486 年），吴王夫差为北上伐齐，称霸中原，在蜀岗上筑邗城，城下掘深沟，称邗沟。据此可知，扬州城与邗沟同时诞生。

至周慎靓王二年（公元前 319 年），记载有"城广陵"，这是较早的有关于扬州筑城的记载。

至西汉时，吴王刘濞封地在广陵，当时的广陵城周长 14.5 里。

六朝时期，广陵城成为徐州和南兖州的治所。

2. 隋唐五代时期的扬州供排水系统

隋唐时期，随着经济的发展和繁荣，扬州的城市规模进一步扩大。隋代扬州城址仍建在北部的蜀岗之上，约在盛唐或稍后，开始将其扩大到蜀冈之下的平原，即开始在此修建罗城。唐末五代时期，扬州城遭受战火洗劫，沦为废墟。五代后周在罗城东南隅筑城，称为周小城。这一时期，初步建成较为完备的供排水体系。

隋唐时期的扬州城分为子城与罗城两部分。隋炀帝在汉代广陵城的基础上营建江都宫城，唐代则在宫城旧址上建成子城。

唐代子城仍位于北部蜀岗上，其平面呈不规则形状，南城墙沿蜀岗边缘修筑，长 1900 米；西、北、东城墙分别长 1400 米、2050 米、1500 米，均为夯土墙。子城内有十字街，四面各辟一门，分别与街道相连。

唐代罗城则建于蜀岗之下由长江冲积而成的平原上，其平面呈纵长方形，南北长 4200 米，东西宽 3120 米。四周城墙上共发掘出 7 座城门，其中西城墙 2 座，南城墙 3 座，东、北城墙各 1 座，并在西城墙北侧西门、东城墙北侧东门、南城墙中的水文街南门等处发现水城门。罗城内的主要街道为东、西、南、北各 4 条，分别与城门相连，东西大道之间又有 9 条小街道，大小街道上均设有桥梁，从而使街道与河道一起构成了扬州城棋盘状的格局以及桥梁众多的风格，同时也使罗城具备了供排水和道路交通的骨干体系。

隋唐时期，扬州城供排水系统的形成与大运河息息相关。一方面，以长安和洛阳为中心的南北大运河全线贯通，其中的淮扬段南端在扬州城西南与长江相接；另一方面，唐代修筑扬州罗城时，在西城墙外开挖护城河，又名蒿草河，其北起大明寺，南经荷花池、安墩闸进入运河；同时在东城墙和南城墙外开挖护城河，亦与大运河相通；而城内的两条南北向和两条东西向骨干河道又与护城河连接，由此构成扬州城内外的骨干城河系统。

在扬州罗城内的两条南北向河流中，西侧一条从子城南门前与浊河交汇后进入罗城，并纵贯整个罗城，该河可能为隋炀帝所开运河的一部分，其南段至宋代成为宋大城的西护城河；东侧一条则自今南门（唐代南门）入城后北流，在子城东南隅与子城东护城河和浊河相连，由此形成从中部南北贯穿整个罗城的水系布局，该河可能是在春秋时期吴国所开邗沟的基础上开凿而成的，今南段已被填埋，改为汉河路。从 1978 年在石塔寺右前侧出土的唐代木桥遗址看，该段运河宽 30 米，深 4.7 米。据考古发掘，在该河道向东不远处，即今文昌阁前又发现一条古河道，宽约 15 米，该河道以西 30 米处发现唐代沉船两艘，推测此段应是晚唐以前的官河。这与唐代官河时有淤塞，曾多次进行疏浚的情况具有一定关系。

扬州罗城内的两条东西向河道均位于罗城北部、蜀岗之南，即古邗沟，又称山阳渎。进入城区后，西流河道称浊河，自西水门出城；东流河道仍称邗沟，经螺蛳湾桥、邗沟桥，自东水门出城。古邗沟及西侧南北向河道，在唐末后废。考古发掘资料表明，罗城内的运河大多以楠木板筑成驳岸，以利船舶的停靠和防止河岸的坍塌。

罗城内的引排水设施与大运河相连。从发掘资料看，城内的引水渠也大多以楠木板构筑，渠底铺以黄沙，渠上用木板覆盖，这种设施主要用于供给城市居民生活生产用水。由于城内的街道大多横切河道，所以均设有桥梁以

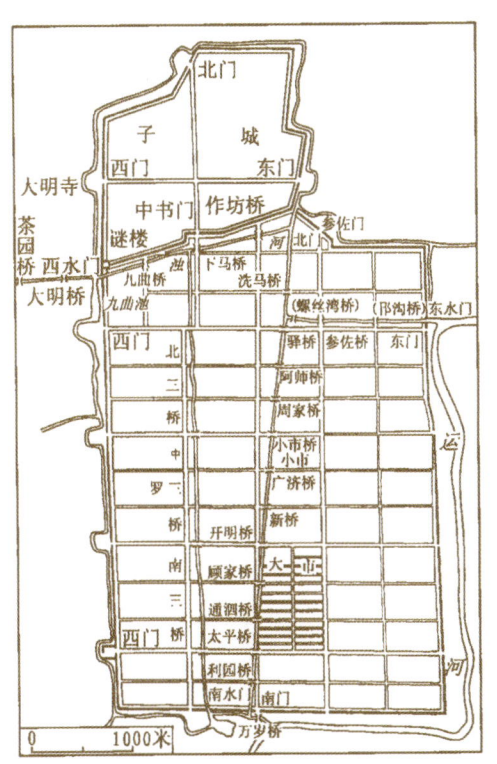

唐代扬州城复原图（《中国考古学论丛》）

方便交通。唐代诗人杜牧在赞美扬州的诗词中曾提到"二十四桥明月夜，玉人何处教吹箫"，扬州二十四桥的设置既与河道有关，也与城市道路的布局有关。据沈括《梦溪笔谈》记载，扬州二十四桥大多位于罗城北部东西向的浊河、邗沟以及贯穿整个罗城中部的南北向河道上。除二十四桥外，《梦溪笔谈》还提到北三桥、中三桥和南三桥，其位置应是在西侧的南北向河道上。

3. 宋、元、明、清时期的扬州供排水系统

后周显德五年（958年），周世宗攻下扬州，命韩令坤权知扬州并"发丁夫万余，筑故城之东南隅，为小城以治之"。不久，宋统一全国，沿用后周小城为宋州城。宋初李重进镇守扬州时，对唐城南半部进行了改筑，使"城周十二里"，称"州城"，成为"宋大城"的前身。

南宋时期，扬州成为其与金和蒙元对抗的前线，军事战略地位十分突出。建炎元年（1127年），为驻兵抗金，吕颐浩修筑扬州城，其所修之城周长2280丈，称"宋大城"。宝祐二年（1254年），为抵御蒙古兵南下，贾似道因宋大城地处卑下，不易据守，便在唐代子城的基础上修筑"宝祐城"，又称堡城。在宋大城与宝祐城之间，即唐罗城西北部修筑夹城，以沟通宋大城和宝祐城，由此构成三城南北相连的防御性城市布局，称"宋三城"。又因宋三城的上、下二城大而中间城小、形似蜂腰，称"蜂腰城"。开庆元年（1259年），两淮制置使李庭芝兼职扬州时，在宝祐城西加筑平山堂城。至此，宋三城由三个互不相连而又关系密切的城圈组成，自北而南分别为堡城（宝祐城）、夹城和大城，分布范围大致与唐城相同，北起今蜀岗之上的西河湾、尹家庄一线，南至今扬州市南运河北岸，南北全长5600米，总体平面布局略呈"吕"字形。

（1）宋大城位于蜀岗以下今扬州市区，相当于唐代罗城的东南部分，呈南北向的长方形，南北长2900米，东西宽2200米。街道主要有两条，一条为南北向斜路，长2900米，它不仅是宋大城的主要南北街道，而且是唐代和明清城内的主要大街；另一条位于宋大城南北正中，长2150米，明城仍沿用为东西大道。

北宋天禧三年（1019年），议开扬州古河，绕城南接运渠。原由螺丝湾、凤凰桥穿城而过的古运河遂成为城内河。

宋大城中的河道主要沿用唐代的市河，其北护城河即今潮河，西护城河为保障河，东、南护城河均为北宋时所开运河。城区河道位于南北斜街西侧，自北城外护城河（今潮河），经今迎恩桥向西南，直抵今汶河路南端，出南水门，通古运河，长约3000米，其北段的1100米至今仍存，河上建有迎恩、小市、叶公、问月4桥。据明代《嘉靖惟扬志》及北宋沈括《梦溪笔谈》记载，今迎恩桥恰好是宋大城的北水门所在，而小市、叶公二桥相当于宋大城的小市、迎恩二桥，问月桥则为明代新设。河道进入明清城范围内之后，据沈括所记自北而南的开明、通泗和太平三桥都被明代所沿用。20世纪50年代，河填桥废，成为今天的汶河路。开明桥位于上述宋大城东西大道上，是宋大城的中心。

（2）堡城位于今扬州市西北蜀岗之上，又称"堡寨城"，南宋末改称宝祐城，由唐代子城改筑而成。其西、南城墙及北城墙的大部分都沿用唐代子城的城墙，并在此基础上修葺而成；东城墙为宋代新筑，全长1200米，其中西城墙保存较好，墙外尚存有护城河，今为养鱼池。

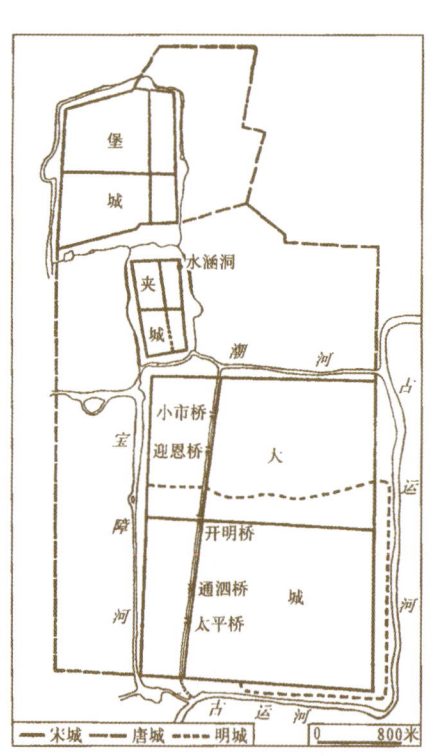

扬州宋三城平面示意图（《江苏扬州宋三城的勘探与试掘》）

宋三城图（明《嘉靖惟扬志》）

扬州蜀岗平山堂图（清雍正朝《扬州府志》）

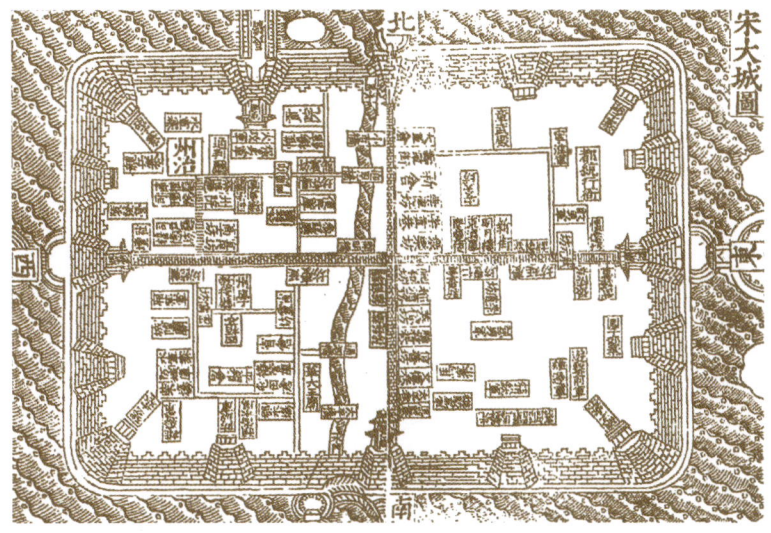

宋大城图（明《嘉靖惟扬志》）

（3）夹城位于堡城和宋大城之间，即今童家套一带。夹城遗址高出附近地面1～3米，城址平面呈南北狭长的长方形。东、北、西三面城墙的走向与今存断崖一致，墙外的坡势较为陡峭。四周城濠至今尚存，壕沟面宽100米左右。

元代仅沿用宋府城，元末再遭兵火。元至正十七年（1357年），朱元璋命元帅张德林在宋府城西南隅修筑城池，称明扬州旧城。明扬州旧城周长1757.5丈，四周有城濠，西为保障河，东为内城河（即小秦淮），北为北城河（盐阜西路北侧），南滨运河，城墙"有城门五，南北各有一水门"。

明嘉靖三十四年（1555年），扬州知府吴桂芳为防倭寇侵犯，在扬州城东的商业区筑城，与旧城隔内城河相望；北开北城河（盐埠东路北侧），与旧城的城濠及运河相通；东、南面均以运河为城河，东、南、北三面计长1542丈，有城门7座，今称新城。

清代则沿用明城，即现在的扬州旧城区。乾隆二十二年（1757年），开莲花埝新河，建莲花桥，又名五亭桥，使古城河与保障河（即外城河）相连，游艇可从天宁寺前御码头直达大明寺。

1916年，拆除新、旧城之间内城河两岸城墙，新旧城并为一城，内城河遂成为市内河。1951年，拆除全部残存的城墙8750.5米，改筑成环城马路，长6320米，12月9日筑路工程竣工。至此，扬州市区西片水系随着城址变迁和濠、沟开挖，形成了四纵（西排涝河、古城河、外城河亦名保障河、内城河又称小秦淮）四横（槐泗河、邗沟、高桥河、北城河）的水系。该片东临古运河，北界槐泗河，西为西排涝河，南与汊河、施桥两乡接壤，总面积79.6平方千米。北部为丘陵冈区，系江淮分水岭余脉，面积为60平方千米；南部为长江冲积平原，面积为19.6平方千米。丘陵冈区地面高程10～30米，由西向东，至京杭运河边，逐渐消失为平原，河边地面高程在7.5米左右。丘陵冈区之南地面北高南低，北部为10米，南部一般为5米，最低的洼地仅4米多。

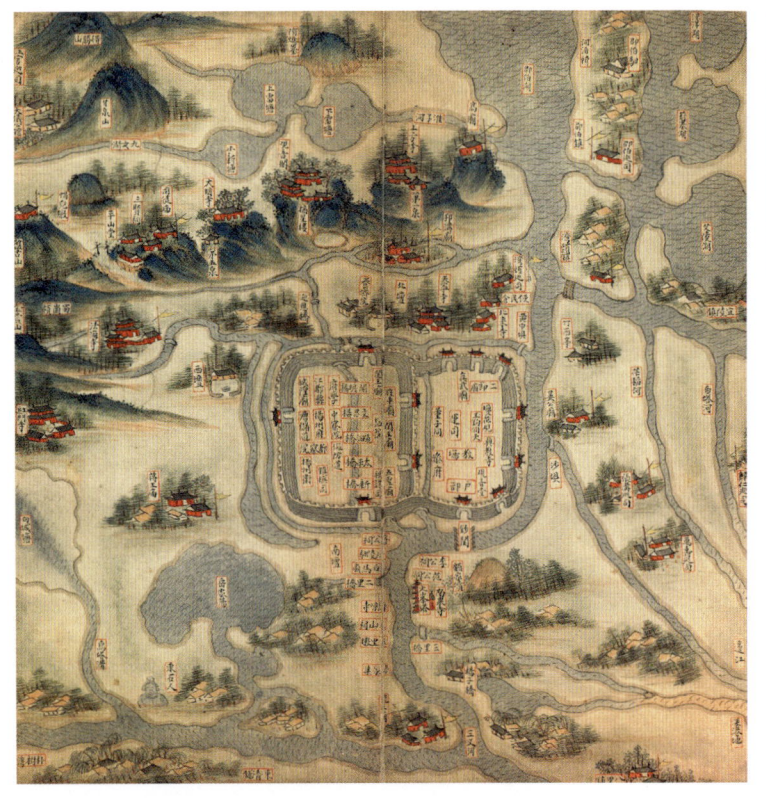
扬州府图（明末绘本）

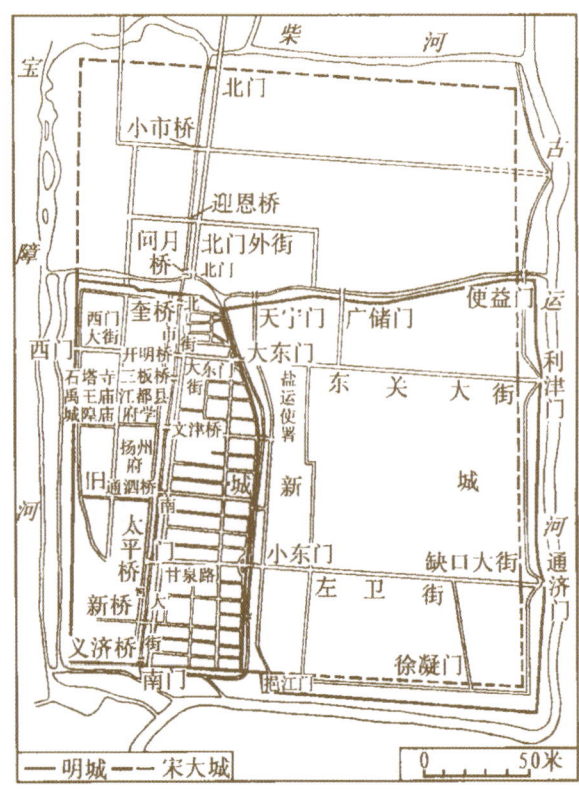
明代扬州城平面形制与宋大城关系示意图

2.2.8 赣州

赣州位于江西省南部、赣江岸边，也是章、贡二水汇合处。赣州城四面环山，西北、东南高而向中部倾斜，中则为凹陷盆地，地势平坦，水系呈辐射状，从东、南、西三面向中部盆地汇聚，注入章、贡二水，二水至市境中部、北部汇合为赣江北流。

赣州城始建于东晋永和五年（349年），因在历史上饱受洪水灌城之灾，逐渐建立起一套有效且独特的城市防洪排涝系统。

东晋永和五年（349年），南康郡守高琰开始在章、贡二江的合流处，即今赣州城所在的位置修筑土城。南朝梁承圣元年（552年），将南康郡的郡治设于赣州，此后赣州一直是州、府及行署、专署所在地，历时1460余年。唐开元四年（716年），张九龄主持拓展大庾岭驿道后，南北往来经由赣州，赣州空前繁荣，称虔州。光启元年（885年），宁都人卢光稠拥兵自立，占据虔州，自任刺史，并根据虔州三面环水、章贡二水合流的区位特点，"斥广其东西南三偶，凿址为隍，三面阻水"，规划和扩建了赣州城，把1平方千米土城扩建到3.2平方千米。洪水始终是赣州城的最大威胁。

《宋史·五行志》记载，至道元年（995年）五月，"虔州江水涨二丈九尺，坏城，流入深八尺，毁城门"，宋代一尺约合今31.4cm，此次城中积水高达2.5m。宋嘉祐年间（1056—1063年），孔宗翰出任虔州知州改建砖石城墙，《宋史》记载："城滨章贡两江，岁为水啮。宗翰伐石为址，冶铁锢之，由是屹然，诏书褒美"。孔宗瀚把土城改建为砖石城墙时，为了加强墙基的整体性和稳固性，将铁水浇注入石块的缝隙中，建造坚固的城墙基础。城门外建有瓮城。瓮城，又名月城，是保护城门的小城。

福寿沟位于赣州市章贡区老城区地下，北宋熙宁年间（1068—1077年）由刘彝主持规划。他根据城市规模、街道布局、地形特点建成福沟和寿沟,并将二者作为排水干道系统,此外还建有支沟系统。福、寿二沟的集水范围大致以文清路为界,文清路以东的雨水流入福沟,排入贡江;以西的雨水流入寿沟,排入章江。福寿二沟已拥有900多年的历史,至今仍完好,并继续成为赣州居民日常排放污水的主要通道。

赣州城地形上西南高,东北低;位置上东西北三面临水,章贡二水在城北汇聚为赣江,每年雨季到来,江水上涨之时,东北、东南沿江处都容易受到水患的威胁,并且古城内部地势情况复杂,有明显的地势分区,地势低洼之处容易汇集大量雨水导致内涝;加上赣州气候处于亚热带,降水强度大,如无完善的排水系统,赣州城将出现严重的水患。

赣州古城防洪系统总体上由赣州古城墙、福寿沟排水系统、古城蓄水水塘等组成。古城墙用于直接防御洪水入城造成的淹没;福寿沟排水系统,则将城内雨水成功排出城外,并通过连通蓄水水塘进行整体调蓄。排水系统最为重要的是其排水沟渠、水门、入水孔、沉井等设施。根据清同治年间绘制的福寿沟地图(1869—1870年),总长约12.6千米,其中寿沟约1千米,福沟约11.6千米,采用拱形和矩形结合的断面,上部沟顶设计成砖拱券结构,能有效承重,防止沟顶坍塌。水窗防止江水倒灌,钱形入水孔有效汇集地面雨水,既美观又防止堵塞,沉井防御淤积堵塞,整个系统与现代排水设施非常相似。总体上,福寿沟在规划布置和工程技术上具有如下特点。

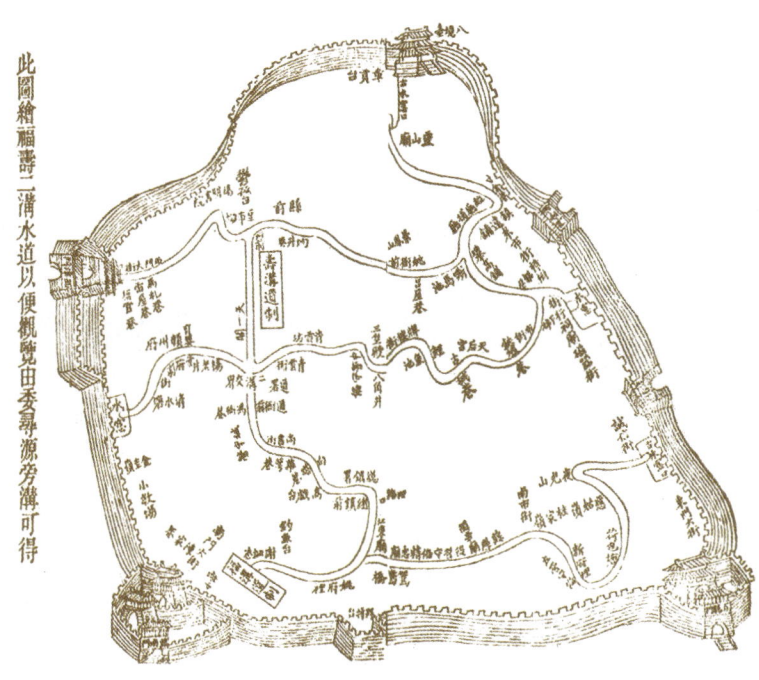

清同治年间所绘"福寿二沟图"(清《赣州府志》)

(1)分区排水,缩短排水距离。福寿沟所在地区地势高差比较大,中间有明显的高地,形成了两块明显的地势洼地,采用分区排水的方法,把赣州分成了福沟、寿沟两个排水区,分别排入贡江和章江,尽量缩短了积水排往江中的距离,解决了雨水的汇聚问题。

(2)排水布置充分考虑地势走向,采用大断面排水沟。福寿沟排水系统根据排水的需求分为两个排水分区,设计出主沟和支沟,其合理设计保证了不同地势地区雨水的迅速汇集。为了保持主沟有足够的排水能力,一方面,福寿沟的主沟的截面面积设计比较大,有的地方高达2米,宽1.5米,在古代甚至现代的排水系统里较为少见;另一方面,保持主沟有足够快的流速,以增加流量,福寿沟增大流速的方法就是顺应坡度变化,根据排水需要设计沟道的坡度。

(3)排水管道建设类似拍门的单向流动装置,防止河道洪水倒灌。为应对贡江和章江洪水沿排水口倒灌的影响,在出水口处建有控制闸门,当江水低于水道水位时,下水道的水力就会冲开闸门,而当江水高于下水道水位的时候,江水就会关闭闸门,类似于现代排水管拍门。

(4)福寿沟连接了赣州城的众多水塘,形成联合防洪调蓄的水网。赣州城内原有众多的水塘,福寿沟将这些水塘串联起来,形成城内活的水系,雨季可以调蓄城内径流,在城内雨水无法及时外排时避免涝灾,并且可以发挥养鱼、种菜、污水处理等综合效益,其原理与今天市政规划中的防洪措施相符合。

3

水 土 保 持 工 程

梯田是适于在山区丘陵地区进行水土保持的一种农田工程，西汉《氾胜之书》中已有相关记载。至南宋初年，范成大在其所著《骖鸾录》中正式使用"梯田"一词。2000多年来，梯田一直是中国山区尤其是南方丘陵地区发展农业的一项重要措施。梯田是层层水平修筑，从而有效地减少了坡面径流，使降雨尽可能就地入渗，对地面土壤的冲刷微弱。这一方法对保持水土、防治侵蚀、增加作物产量都十分有效。

3.1 云南哈尼梯田

元阳哈尼梯田位于云南省红河州元阳县的哀牢山南部，主要分布在红河哀牢山南段的红河、元阳、绿春及金平等县，地处滇南低纬高原，地理位置介于东经102°37′～102°50′，北纬23°03′～23°107′，分布于海拔700～1800米的山间，梯田面积广、连片集中，是元阳县的粮食主产区。梯田区土地总面积约419.33平方千米，耕地面积约104平方千米，主要农作物包括水稻、玉米、花生、黄豆、甘蔗、蔬菜等。

元阳梯田区属亚热带山地季风气候区，年平均气温16.4℃，最高气温32.4℃，最低气温-2.6℃，年无霜期363.5天，多年平均降水量1397.6毫米，降雨主要集中于5—10月，占全年降水量的78%，10月至次年2月多为阴雾天气。全年日照时数为1770.2小时，相对湿度85%。受地理环境和地形条件的影响，立体气候明显，1200米以下河谷区，常年无霜，雨量充沛，蒸发量大，气候炎热；1200～1700米为中低山区，气候较温和。

哈尼梯田（崔永江摄，星球研究所《中国有哪些很美的梯田？》）

哈尼梯田（张殿文摄，星球研究所《中国有哪些很美的梯田？》）

哈尼梯田（潘泉摄，星球研究所《中国有哪些很美的梯田？》）

雪中的哈尼梯田（何俊摄，星球研究所《中国有哪些很美的梯田？》）

哈尼梯田（王超摄，星球研究所《中国有哪些很美的梯田？》）

五彩的哈尼梯田（嘉楠摄，星球研究所《中国有哪些很美的梯田？》）

自隋唐起，哈尼族等诸多民族就在哀牢山和无量山之间开垦梯田，距今已有 1300 多年历史。以元阳县 1.2 万公顷梯田为核心区，扩展至周边的数县，总面积 7 万公顷。

元阳哈尼梯田在绵延起伏的哀牢山中依山势等高而建，坡面径流被截入条条沟渠，层层引入梯田进行自流灌溉，梯田长年保水保收。哈尼族在人居环境选择、生态保护、社会结构、水资源利用、生产管理等方面创造了独特的方式和经验，处处体现着朴素而又严谨的科学精神。哈尼族根据地势地貌、自然环境和农耕生产条件，创造并延续使用了一整套科学的梯田耕作生产流程、生态环境保护和利用规范、水资源开发建设和管理法则、人力资源合理分配等科学生产和管理手段。特别是严格的水源林保护乡规定约、"木刻分水"制灌溉用水管理手段，根据梯田分布的海拔高低、气候炎热或寒凉，适时选择适宜不同环境和气候条件下生长的数十种稻种，保障其品种长久而重复播种不产生变异等都具有独特而现实的科学价值。

具有森林、村庄、梯田和江河"四素同构"特征的哈尼梯田生态系统，以水系统为核心，通过能量循环系统和物质流动形成了一个具有良好的空间结构和协调性的生态系统，整个系统由森林子系统、村寨子系统、梯田子系统和河流子系统组成，在气候较寒冷的高山保留森林，保障了水源和自然环境的总体平衡；在气候温和的半山区建村落，在气候较热的下半山垦殖梯田，便于人居和生产。

元阳县共有大小河流 29 条，6000 多条水沟遍及各处梯田。东西两座观音山有原始森林面积 18 万亩，作为元阳县干支河流的水源林，长期为梯田农业生产提供水源条件。元阳县地处西南季风的迎风坡，便于吸纳来自北部湾的暖湿气流。这里地势较高，立体气候明显，中山区植被茂密，高山区原始森林密布，终年高温酷热的气候导致水分蒸发量极大，升至高空的热气团与高山区冷空气相遇凝结为连绵不断的雾雨。山顶中的森林是一个巨大的固体水库，它能将云雾中密布的水汽很好地贮存起来，从而形成一个个天然泉瀑、水潭，顺着无数条穿过梯田的水沟，灌溉着森林脚下千万亩梯田，同时又为半山坡的哈尼村寨提供人、畜用水，这就是红河哈尼梯田所独有的水系结构。

由于森林的水源涵养作用和梯田的泥沙阻拦作用，其生态效益主要体现在水土保持、地下水补给、河谷洪峰调节、水质净化、小气候调节等方面，其强大的生态效益有力地促进了经济和社会效益的提升。中国西南

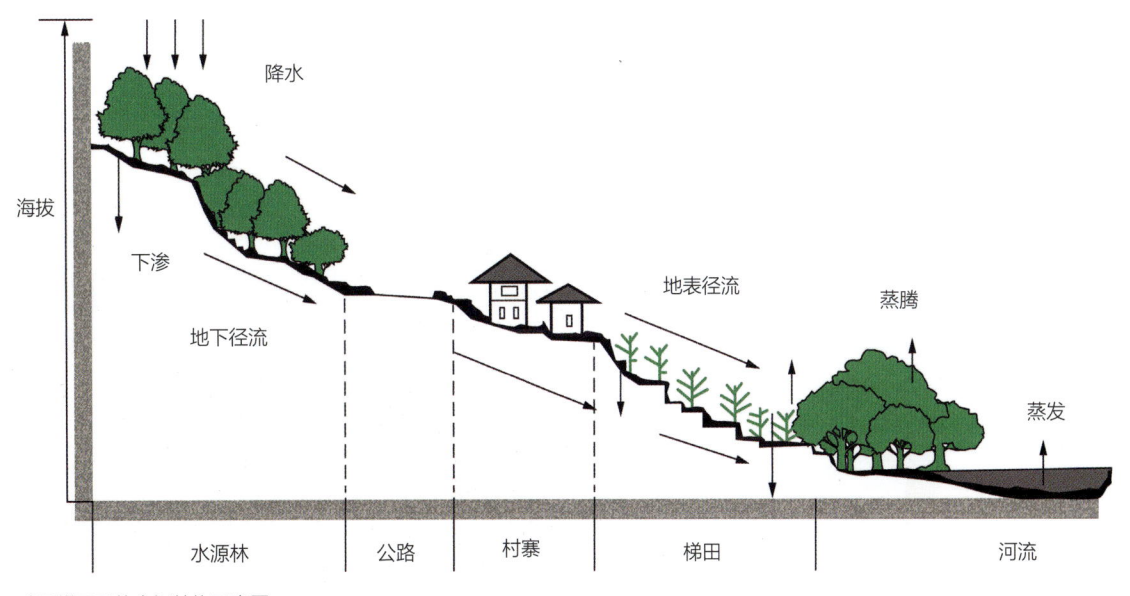

哈尼梯田系统空间结构示意图

哈尼梯田系统中的森林、村庄、梯田分布（崔永江摄，星球研究所《中国有哪些很美的梯田？》）

田埂维护

梯田中的稻田养鱼系统（2018年，郑玉宝摄）

地区的研究表明，水平梯田蓄水效益和保土效益平均高达86.7%和87.7%；中国台湾研究表明，梯田可提供陆生和水生动植物的孕育环境，具有环境保育功能，对生物多样性保护极为有利，同时，水田系统的水质净化功能使其具有污染控制能力。

古代梯田的建设者从开垦到管护，无论是在技术上还是理念上，都包含崇敬自然、顺应自然、永续利用的理念，使整个梯田系统在利用自然求得生存的同时，保持水土、保护自然，反过来以良好的自然生态求得生存的可持续性。这个系统与现代提倡的可持续生态农业发展模式不谋而合，已被实践证明具有科学性和可操作性，具有强大的生命力。

梯田中的村寨及其蓄水池（2016年，杨其格摄）

3.2 湖南紫鹊界梯田

紫鹊界梯田位于湖南省新化县，是灌溉排水体系较为完善的古高山梯田。2014 年，紫鹊界梯田被国际灌溉排水委员会公布为首批世界灌溉工程遗产。紫鹊界梯田位于湖南省中部娄底市新化县境内的雪峰山系，地处长江支流资江和沅江的分水岭、海拔 460～1540 米间的低山丘陵地区，地表坡度为 25°～40°，区域年均降水量 1700 毫米。最晚至公元 10 世纪，紫鹊界梯田已经形成规模，目前其总面积为 6416 公顷。

紫鹊界梯田（一）（2018 年，魏建国、王颖摄）

紫鹊界梯田（二）（2018 年，魏建国、王颖摄）

紫鹊界梯田的灌溉工程体系由水源工程、灌溉渠系、排水系统三大部分组成。紫鹊界气候适宜，植被茂盛，水源涵养条件好，山谷溪流众多，常年不竭，河流总长达 170 余千米。在这些山间溪流上修建有很多小型堰坝，平时拦水供给梯田，暴雨时洪水可从坝顶溢流排泄。在堰坝上游几米处为进水口，与溪流走向呈 60°以上夹角，保障了引水安全。进水口之后设有沉沙池和冲沙闸，以减少渠道淤积。梯田田块是主要的蓄水工程，田埂高度为 0.2～0.3 米，使每亩梯田可以蓄水 50～60 立方米，整个紫鹊界梯田的蓄水能力可达 1000 万立方米，加上土壤涵养的丰富水量，使得梯田农业有了充足的水源。

狭长的田块同时也是主要的输水通道，大部分梯田通过这种"借田输水"的方式就可以满足灌溉需求。有些梯田则需要修短渠，从塘坝或其他田块引水。渠道一般沿着田块边缘，通过矮梗隔开。由于灌溉单元都不大，输水渠的断面和流量都很小，当地人称作"毛圳"。向孤立山头的台田输水时，经常就地取材，架起打通的竹筒作渡槽；梯田跨级输水时，也常用竹筒来避免田埂冲刷。整个紫鹊界梯田渠道总长仅 153 千米，通过最少的工程量和最简单的设施，实现了整个梯田的自流灌溉。

排水系统是灌溉安全的保障。紫鹊界梯田充分利用天然的山谷溪沟，将其作为排水干渠，并在梯田和渠道的合适位置设排水口，涝水或尾水时即可通畅排泄。沟底一般为基岩，抗冲刷能力强。局部土层较厚的地方，则放置一些薄石块或片石护底。这些与等高线垂直的沟溪，既可建坝成为供水水源，又可作为排水干渠；它们与沿等高线方向的输水渠和条带形田块共同组成紫鹊界梯田的灌溉水系网络。

3.3 广西龙脊梯田

龙脊梯田位于广西壮族自治区桂林市龙胜各族自治县龙脊镇平安村的龙脊山。龙脊山海拔近 1000 米，坡度大多为 26°～35°，最大坡度达 50°。梯田处于东经 109°32′～110°14′、北纬 25°35′～26°17′。龙脊梯田主要包括平安壮寨梯田、龙脊古壮寨梯田和金坑红瑶梯田三大部分，梯田分布在海拔 300～1100 米。景观面积共 66 平方千米。

"龙脊"一词的官方记载最早见于道光年间的《义宁县志》。其中所载黎映斗的《龙脊茶歌》里有这样的描述："龙脊山势真豪雄，岩关关外青笼葱"。对于龙脊梯田的起源和发展有几种说法，一是据《龙胜县志》记载，梯田始建于元朝，成形于明朝，完工于清初；二是龙脊梯田申报中国重要农业文化遗产时提出的"龙脊梯田的起源可追溯至宋代"；另一说法是 2015 年龙胜县政府组织考古学、历史学、民族学等专家对龙脊梯田的历史进行的系统考察，专家认为龙胜县所处地在距今 6000 年至 12000 年前就已经出现了原始栽培粳稻，更是认为其是世界人工栽培稻的发源地之一。综合历史发展推断，在秦汉时期，梯田这种农业耕作方式就已经在龙胜县形成，龙脊梯田在唐宋时期得到大规模开发，明清时期基本达到现有最大规模。

壮族、瑶族各族人民在利用土地资源时，充分考虑自然地理条件，将山体分为 3 段：山顶为森林、山腰建村寨、寨脚造梯田。山腰气候温和，冬暖夏凉，宜人居住，宜于建村；而村后山头为森林，历代村民均有公约，禁止砍伐水源地的林木，使人畜用水和梯田灌溉都有保障；同时山林中丰富的动植物又可为少数民族群众提供肉食和蔬菜；梯田从山腰延续到山脚，既便于从山上引水灌溉，满足水稻生长的水文要求，又利于从村中运送农家肥、化肥等施于田间。龙脊梯田的建造完全顺应等高线，防止了水土流失。

龙脊廖家寨的梯田灌溉用水主要是山涧水，全寨有 5 条主要的灌溉水沟，还有一些细小的沟渠，这些灌溉沟渠分散于梯田之间，构成了梯田的灌溉水系。当地人民在梯田的山腰也开辟了许多的沟渠，这些水沟接住

龙脊梯田与村寨（林昉摄，星球研究所《中国有哪些很美的梯田？》）

龙脊梯田与村寨（2009年，魏建国、王颖摄）

耕田（2009年，魏建国、王颖摄）

山上流下的泉水供给村寨生活用水（2015年）

了山体和森林中渗出的泉水，然后顺着水沟由上而下注入每一层梯田。为了防止梯田沙化和碎石堆集，村民在水入田处挖一深坑以沉淀水流夹带的细沙碎石，这样便使得梯田的土壤得以常年保持地力，很好地防止了梯田的沙碱化，这种水渠引水方式不失为梯田生态水利的一个典范。

龙脊廖家寨很久以来都有着一套较为完整的梯田分水办法。一个灌溉渠流经的地方有很多的田地需要水灌溉，如果首先满足先开辟的田地用水，那么尽管后开辟的田地或支渠虽是在较接近主渠的水源地方，也不能导水灌溉，这种办法在干旱缺水时会使另一些水田干涸龟裂，这是不大合理的，当地人们意识到了这种灌溉方法的弊端，就把这种历来的积弊改掉了。目前的梯田分水有两种办法，一种办法是在新开的田地处开出灌溉的沟渠，及时地增加沟渠，这样不管是先开辟的田地，还是后开辟的田地，都能满足其灌溉用水；另一种办法是在一条主渠或支渠有许多处地方使用这条渠水，便在分水的地方安下块用平整的木块或石块做成的、上面凿有2个缺口或3个缺口作"凹""凹凹""凹凹凹"状的水平"分水门"。缺口的数量和大小由按需灌溉的田地的数量而定。这种利用分水门来分水的办法在一定程度上保障了梯田灌溉用水分配的公平性，较之前的分水办法是一个很大的进步，同时也充分体现了当地人民适应自然、改变自然的智慧，显示了其较高的水利技术水平。因为有这样一个较好的分水方法，所以龙脊廖家寨很少发生为田水而争执的事件。

据记载，在距今130年左右，龙脊廖家寨已经有了较原始的基本具有法律形式和内容的"乡约"，这是在历史上相当长的时期里人们赖以维持彼此间的关系准则。道光二十九年（1849年）"乡约"中有一条这样规定：遇旱年各田水渠，各依从前旧

山上流下的泉水带动筒车转动（2015年） 山上流下的泉水带动水碓工作（2015年） 八口分水（张洪科摄，星球研究所《中国有哪些很美的梯田》）

章，取水灌溉，不许改换取新，强塞隐夺，以致滋生讼端，天下事，利己者谁其甘之。"通龙脊洞拾叁寨会议禁约"中规定：天干年旱各田照古取水，不敢灭旧开新，如不顺从者，头甲报告，送官究治。

3.4 贵州加榜梯田

加榜梯田位于贵州省黔东南苗族侗族自治州从江县西部月亮山腹地的加榜乡东北面。加榜梯田面积万余亩，分布于乌税山一侧，绵延25千米，起于党扭、加页、加车、从开、平引、加榜及加车河对岸的摆别村，止于摆党村。加榜梯田是世世代代居住在这里的苗族同胞的杰作。

黔东南苗族侗族自治州境内开发较早的思州、古州、珍州（系现在自治州北部、东部、西北部）等地大部分低山、丘陵、河谷地区，以及邻近山区，早在隋唐时期，农业开发已具备相当基础，随后在唐宋时期大量迁入的后期移民（绝大多数是少数民族，包括苗族、侗族等）只能退避到条件更为恶劣的高山陡坡中去。于是，在崇山峻岭中开发梯田就成了这些族群生存发展的必然选择，由此开始了"种千年高坡田，圆万年稻作梦"的历史。

《黔东南州志·农业志》记载，一直到宋代末，黔东南地区出现了很多田园、梯田和梯土。按照孔明寨王姓寨老的说法，他们王姓老祖公迁到孔明寨时加榜梯田就已经初具规模。王姓定居孔明寨至今已有40代人，按照一代20年计算，至今已有800年左右，这与《黔东南州志·农业志》中至宋代末梯田、梯土已现今天的基本格局的记载是相吻合的。明史记载当时黔东南梯田是"波耕水耨，盈盈其间"，描述当时的集市贸易是"日担负薪柴、米豆、竹木，牵逐牛豕""市如云集，朝至暮归"。说明随着田园及梯田的修建，苗侗先民较早就结束了因迁徙频繁而迫不得已的游耕方式，转而进入到了以营建家园为目的的农耕社会。

加榜梯田是建在黄泥土上的梯田，属于不折不扣的"腰带田"，据实地观察，加榜梯田自山脚至公路以下大约有140级。在加榜梯田中最长的有700多米，最短的也有150米；最宽的约10米，最窄的只有1米，这样的梯田里只能插3～4行秧；在梯田级与级的间隔上，高的有8～10米，矮的有2～3米。在空间布局上，从山脚开始，在适合开垦的坡地上逐步开垦梯田，一直开垦到山腰。

加榜梯田有完整而合理的给排水系统、林田路系统和村寨系统，山腰或山肩以上以及陡坡和深谷等处还有相对完善的水源涵养系统。这个微型的生态系统已经运行了600余年，至今仍完好无损，体现出了苗族先民高超的"生存智慧"和"生态智慧"。

就给排水系统而言，加榜梯田以水源等高确定梯田梯级的等高，避免了给水的"多寡不均"形成的矛盾。不同梯级的梯田的排水口相互错开，既解决了上一级梯田的排水问题，又解决了下一级梯田的给水问题，形成了一种良性互动和良性循环。

贵州加榜梯田（2018年，杨良强摄）

引水渠分水系统（2018年，杨良强摄）

村民穿越引水渠（2018年，杨良强摄）

93

加榜梯田与村舍（2018年，杨良强摄）

加榜梯田以垒土成埂为主，丘块形状类似于坡面等高线，窄而细长，延绵不断，形成梯田层叠密集的"腰带田"。从外观上看，村舍、牛圈、绿树、溪沟、小径与梯田相映成趣，凸显出别样的自然美和韵律美。

加榜梯田的村舍系统也独具特色。加榜梯田的村落、村舍分散在梯田中，和村舍存在一定距离的地方是牛圈，道路系统或者沟渠系统将田地之间衔接在一起。加榜梯田是一项集"水稻耕作""稻田养鱼"等耕作制度于一身的微型的山区农林生态系统。

插秧（2018年，杨良强摄）

3.5 江苏兴化垛田

兴化垛田地处里下河平原腹地，位于中国的东部沿海江苏省兴化市，该区域地势低洼，河网密布，水资源充沛。

7000多年前，里下河区域还是江淮之间的一片汪洋海湾，随着海岸线的东移，该区域逐步形成了封闭的潟湖平原。唐宋年间（7—13世纪），为防止潮水内灌，先后在此修筑海塘"常丰堰"和"范公堤"，形成长约300千米的沿海屏障，为此后平原内部的农业开发奠定了空间基础。1194—1855年，黄河南侵夺淮河下游河道入海，给里下河区域带来了频繁的水患和大量的泥沙，湖群淤垫成为沼泽。在此期间，为应对频发的洪水、满足人口增长带来的粮食需求，人们在浅水区开挖沟渠以使泄洪通道通畅，并将淤泥水草挖出堆垛，不断

兴化垛田（2018年，严建华摄）

兴化垛田（2009年，许晓峰摄）

堆叠，年复一年，形成了可以在其上种植作物的垛田，或方或圆，大小不等，四面环水，各不相连，远远望去就像一座座海上小岛。

  垛田在形成之初是靠其高度来抵御洪水灾害的，传统垛田的高度一般为5米左右，矮的也有2～3米。为进一步提高垛田的防洪能力，从清代（17世纪）开始，人们在垛田外围修筑圩堤，从小型圩堤慢慢连在一起形成大型圩堤。伴随着垛田的形成，区域性的灌排工程体系逐渐建设和完善起来。1949年后，集中建设了更大规模的圩堤工程，在圩堤上设闸门，建排涝泵站，使圩堤内的防洪能力得到提升，水位得以稳定控制，垛田也不再需要依靠自身高度抵御洪水，为方便生产及扩大耕地面积，垛田的高度降低为1米左右。

垛田四面环水，坡度陡，雨水和河水都会侵蚀田身，然而，农民在长期的劳作中探索出一套水土保持的经验。垛田水位夏秋高，冬春低。人们在冬季春季垛田水位较低的时候，通过罱泥等方式用垛田间河底的淤泥来堆叠垛田，以防备夏秋季可能发生的洪水灾害。而在夏秋季，人们把垛田中收获之后作物的其他部分投入水中，沤制成为河底富含有机质的淤泥。到了冬春季，罱泥也具备了施肥的效用。

垛田有一种独特的灌溉方式——戽水。高水位期间，人们可以行船直接为两岸垛田戽水浇灌，低水位期间，人们通过梯级戽水的方式为垛田灌溉，最高的垛田有4～5级。由于垛田地理地貌的独特性，现代化的耕作方式无法全面推广，从而保持着原有的以舟代车的劳作景象，以及戽水、罱泥、扒苲、搌水草等传统的耕作方式，只是部分灌溉形式改为船载机械式提灌。

由于充沛的水量加之高肥力的土壤，垛田自古就盛产优质的瓜果蔬菜，现在垛田生产的蔬菜已成为当地农民经济收入的主要来源之一，形成了兴化龙香芋、兴化香葱、兴化油菜三大地方特色优势农产品。兴化水产养殖业也很发达，兴化荷藕、兴化大闸蟹、兴化大青虾品质优良。

垛田地区独特的水利景观、良好的生态环境和多彩的民俗文化是旅游产业的宝贵资源。菜花垛田、水上森林、湿地公园以及渔业生态园等著名景区也为当地经济发展提供重要支撑。

垛田是里下河地区适应自然、改造自然的独特创造，它们构成区域农业灌溉和水运发展的基础，并在悠久的历史发展过程中衍生出丰富的文化内涵，至今仍为区域社会经济发展、生态安全提供基础支撑。垛田庙会、高家荡的高跷龙、垛田歌会、垛田农民画、拾破画等都有鲜活的地域特色和垛田风情。2022年10月，兴化垛田入选世界灌溉工程遗产名录。

船只行于垛田油菜花海中（2015年，许晓峰摄）

3.6 甘肃砂田

砂田是我国西北干旱、半干旱地区群众在长期适应干旱少雨及盐碱不毛之地的耕作实践中创造出来的独特抗旱耕作形式。人们在地表铺盖一层厚度为 6 ~ 15 厘米的粗砂或卵石夹粗砂,进而形成一种特殊的田地,它就是砂田,也叫"铺砂地"或"石子田",因其起源并主要分布于甘肃兰州及其周边地区,故也被称为兰州砂田、甘肃砂田。这种砂田在青海、宁夏和新疆的部分区域,山西的晋中等半干旱地区也有分布。甘肃砂田主要分布于甘肃中部干旱的兰州市和白银市的大部分县(区)及其他河西走廊的部分县(区)。砂田具有很好的蓄水保墒、压碱保温的特点。

关于砂田的起始时间无确凿依据。目前学术界倾向认为甘肃砂田起源于清康熙年间前后,受鼠洞启发而创设,距今有两三百年的历史。砂田的具体做法分两个步骤:先是在耕地土壤表层均匀地铺满细沙;然后在细沙表面铺直径适当且均匀的圆卵石。如此做一则在缺水的情况下保持土壤水分,在满灌或者雨水充沛时节,防止因排水不利造成土地盐碱化。砂田之关键在于砂子和铺田,陇中地区古代黄河冲积而成,砂子卵石资源易得,砂田以大颗粒青砂最为适宜。为避免影响农耕,铺田多在农闲的冬季和春初,深耕施肥,整平压实,而后铺田,厚度因地而异,一般厚度控制在三四寸为益。砂田寿命周期为 40 年左右,在耕种过程中如果发生砂石和耕层泥土混为一体需要重新铺砂后再耕种。

砂田由于地面有砂石覆盖,既能渗纳雨水又可以减少蒸发,从而提高土壤蓄水保墒能力和含水量;既能增温促进作物早出苗和生长发育,又可提高昼夜温差,利于提高作物产量和品质;防止土壤的风蚀和水蚀,减轻盐碱、病虫和杂草为害。

甘肃砂田

甘肃砂田里的西瓜

3.7 宁夏隆德梯田

宁夏隆德县地处宁夏南部山区六盘山西麓黄土丘陵沟壑区第三副区，地处黄土高原腹地，由于受葫芦河河流及山地大小支流倚山西注的冲击和切割，形成了山、川、塬、台、梁、峁、盆、沟、壕、坡、掌等多种地貌类型。地貌类型可划分为土石山区、黄土丘陵沟壑区和河谷川道区，海拔介于 1720～2942 米，年均气温 5.2℃，无霜期 125 天。年均降水量 520 毫米，60% 的降水量主要集中在 7 月、8 月、9 月三个月，且多以暴雨形式出现。

在宁夏各县中，隆德县海拔最高、气温最低、人口密度最大、地貌类型最复杂。水土流失严重，自然灾害频繁。长期的水土流失一方面使生态环境恶化、农林牧业衰退，大量的氮、磷、钾流失，造成土地瘠薄，地力下降，农业生产低而不稳；另一方面，流水携带的泥沙使河流含沙量增大，河床淤高，水库库容减少、寿命缩短，殃及黄河下游，造成洪涝威胁，严重恶化了当地人民群众的生产环境和农业生存环境。

隆德梯田建设始于 1952 年，进入 20 世纪 60 年代特别是 1964 年以后，随着"农业学大寨"运动的深入，以梯田建设为主的农田水利基本建设进入高潮。到 20 世纪 80 年代和 20 世纪 90 年代初期，随着国家水土保持工作力度的不断加大和"三西"建设项目的实施，梯田建设进入了第二个高潮。进入 21 世纪，随着西部大开发和退耕还林还草政策的实施，隆德梯田建设进入一个新高潮，由主要靠人修，逐步过渡为人、机结合和以机修为主，建设质量和进度也逐年提高。半个多世纪兴修水平梯田的实践和大量的实地测算证明，把坡耕地修成水平梯田，可以有效地保水、保土、保肥，增强抗旱能力，具有减少自然灾害的重要作用。

一是拦蓄径流泥沙，保水保土保肥。据测定，水平梯田可以拦蓄山地径流 92.4% 以上，控制泥流 87.6% 以上，标准水平梯田可一次拦蓄日降水 70～100 毫米。隆德县神林乡神林村北山塬是 1975 年组织基建队员修

隆德梯田（杨巨辉摄，宁夏回族自治区水利厅网站）

筑的人工水平梯田，经过了32年的时间历程，其间有十余次短时强降水过程。由于田埂上杂草丛生，杂草已将田埂固结，因而区域内水平梯田完好率达95%以上。全县其他乡（镇）在20世纪70年代修筑的水平梯田也同样完好。据黄河水利委员会对黄土高原水土流失的测定，水平梯田一般比坡耕地可减少水土流失86%～100%。全县55.2万亩基本农田，以每亩平均减少流失土壤3吨计算，每年至少减少入河土壤165.6万吨。

二是增强了抗旱能力，提高了土地产出率。据观测，水平梯田与坡耕地相比，土壤的含水率和有机质含量分别高出10%和25%。耕作时间越长，土壤肥力越强，抗旱能力越明显。经隆德县水利局对凤岭乡粮食亩产的测算，在相邻的两个山地，同样的降水条件下，修建梯田的李士村比未修梯田的河湾村平均亩产增产30%以上。1987年大旱，在全县粮食普遍减产的情况下，梯田比坡耕地增产幅度明显提高，亩均多产粮50公斤。隆德县水利局水保站经过对全县10个乡（镇）耕地的测定，在同一年份同一时段耕地，在同等条件下，梯田土壤含有水分的深度明显增多，保持墒情的时间明显延长，提高了作物抗旱的能力。据县水保站提供的资料，在一般年份，以水平梯田每亩增产50公斤计算，全县55.2万亩梯田每年可增产2760万公斤。在干旱比较严重的2002年，检测分析结果显示，当年全年降水量420毫米，降水量较上年明显减少，但由于梯田建设效益显现，全年粮食总产量不仅未减，反比上年增产1.2%。被调查减产农户中梯田占耕地比率普遍较低，平均为15%，增产农户中梯田占耕地比率平均在50%以上。

三是降低了劳动成本，增加了经济收入。截至2007年底，已建成高标准基本农田55.2万亩，占总耕地面积的85.9%，农村人均3.23亩，坡耕地梯田化率达到93.1%。完成田埂造林3万亩，田埂利用率达到65%；治理水土流失面积460平方千米，占全县水土流失总面积733.2平方千米的62.74%。实施西部大开发战略以来，全县在已建成梯田的田埂上栽种经济林草，发展田埂经济。田埂林草的栽种，固结了土壤，使肥不出田，水不下山，增强了作物抗旱能力，提高了粮食产量，同时田埂也得到了充分利用，经过8年的培植，

隆德县神林乡梯田（水土保持生态环境建设网）

凤堰梯田（视觉中国）

田埂林草又显示出强大的经济效益，在增加农民现金收入的同时，粮食产量也得到了大幅度提高。

3.8 陕西凤堰梯田

凤堰梯田位于陕西省安康市汉阴县漩涡镇的黄龙、中银、东河、堰坪、茨沟五村。是一处规模较大、自然风貌保存完好的梯田群。据考证为明清时所建，2010年被陕西省文物局列为陕西省文物考察十大重大发现之一。

凤堰古梯田依山傍水分布在海拔500～600米，连片共1.2万余亩，梯田级数均在300级左右，梯级层高0.3～1米不等，每级宽3～15米，最长处达600余米。其形态原始，阡陌纵横，线条流畅，山高水长，云雾蒸腾，集"山、水、田、村、寨、屋、庙、农"为一体，融"浑厚、雅致、奇趣、清新、壮美"于一身，是天人合一的伟大杰作。

凤堰梯田位于南北文化交汇地，是中国移民文化与农耕文化相融合的产物，是山区农业知识技术体系的集成地，是中国农耕文明的"活化石"，是人与自然和谐相处的典范，是秦巴山区农业生物和移民文化的"基因库"，其独具特色的自然与文化景观，是中国汉水流域最主要的农耕文明遗产之一。

凤堰梯田中水田、旱田同时存在（视觉中国）

凤堰梯田的开发处于清代全国人口激增、开山伐林、拓展耕田的历史背景之下：明末清初，陕南是李自成、张献忠领导的起义军与明军反复较量的主战场之一，同样是李、张起义军之间火并之所，大量的人口在战乱中消逝，百姓锐减。陕南山区"地多人少"局面，为农业开垦创造了有利条件。顺治六年（1649年），清王朝颁布了《垦荒令》，刺激着大批流民迁移到适宜耕作的深山和边疆地区。伴随着康熙五十年（1711年）实行"滋生人丁，永不加赋"的政策和雍正元年推行的"摊丁入亩"政策，在促使人口快速增加的同时，也进一步加大了传统农区中人口的生存压力和荒地开垦的压力。于是，地广人稀的陕南山区，成为流亡百姓的移民之所。嘉庆年间《汉阴厅志》："至雍正四年，邑令进士大树王公招抚湖民耕垦，田地日渐开辟"，推动了陕南地区的农业发展。

凤堰梯田作为秦巴山区目前发现的面积最大、保存最完整的清代梯田，区域内有清乾隆年间从湖南长沙移居当地的吴氏家族所开垦的1.2万余亩的古梯田以及相当数量的古堰、渠、塘、坝等古代水利设施。

古梯田依山而建，凤凰山顶处的森林十分茂密，通过庞大的根系涵养着水源，极大地避免了水土流失和梯田损毁风险；陡坡开垦土地，种植高产的玉米、甘薯，为凤堰村民提供口粮，维系生机；缓坡地利用山泉灌溉，修筑水渠，种植水稻。因地制宜，因时制宜与地形多样的陕南山区有机结合，自上而下，作物呈现阶梯状分布，充分体现了凤堰梯田农业系统所具有的农业生物多样性。

凤堰梯田稻作农业系统依据当地丰富的生物多样性，逐渐形成了独特的生态循环系统。梯田通常采取的是"水稻—油菜"或"水稻—冬小麦"的轮作制度，小田螺、小蟹、蚯蚓和各种微生物会充分利用稻田中的水源，在夏秋之际生长，它们及其排泄物为水稻的生长提供了养料，同时也改善了土壤环境，有利于水稻品质的提高和产量的提升。油菜或小麦残留的腐叶、籽粒，又为小田螺、小蟹、蚯蚓和各种微生物的生长提供了有利条件。它们形成了一个互利共生的良性循环系统。另外，主粮、杂粮、经济作物以及中药材的合理分布，在历史时期有效地避免了自然灾害发生之时饥荒的出现。

3.9 河北涉县旱作梯田

河北涉县旱作梯田位于河北省西南部，晋冀豫三省交界处，地处太行山东麓。其历史可追溯至13世纪，集中分布在涉县东南部的井店镇、更乐镇和关防乡等3个乡（镇），涵盖46个行政村，总面积204.35平方千米。"举头尽见山峰峭，着足曾无尺土平"，人们创造性地借取沟、坡、岭、峧、垴等地貌形势，世代不息垒石填土筑堰修田，不仅形成了规模庞大的梯田农耕生态多样性系统，还沉淀出了具有鲜明地域特色的农耕文化、饮食文化、石头文化、毛驴文化等多样的民俗文化，成为中国北方旱作农耕文化的突出典范。

涉县旱作梯田核心区王金庄村的梯田面积1.2万亩，分为5万余块，土层厚的不足0.5米，薄的仅0.2米，石堰长度近万华里，高低落差近500米。这里"两山夹一沟，没土光石头，路没五步平，地在半空中"，在蜿蜒陡峭的石灰岩山上分布着大小不等的石堰梯田，最小的梯田不足1平方米，土层薄的不足20厘米，石堰长度近0.5万千米，在250多米高的山坡上层层叠叠分布着150余阶梯田。山有多高，

涉县旱作梯田与村落（2018年，魏建国、王颖摄）

堰垒多高，层层而上至山顶，除去90°的悬崖峭壁，70%以上的坡面都被利用了，有的坡面治理甚至多达80%~90%。石堰高的达3米，低的1米左右，石堰平均厚度0.7米，每平方米石堰大约有140块大小不等的石头垒砌而成，每立方米石堰需要400多块大小不等的石头。

在缺土少雨的石灰岩山区，当地人在适应自然、改造自然的过程中围绕粮食生产和生计安全，通过保土、保水、蓄水和用水实现了对土壤和雨水的有效利用，创造了独特的山地雨养农业生产方式，形成了完整的生产技术体系及与之相适应的传统农器具。一是以库、坝、塘、窖拦蓄雨水以及梯田花椒生物埂建设等为主体的水土保持工程技术体系；二是以精耕细作、蓄雨保墒为主体的耕作技术体系；三是以节水抗旱的作物种类、品种选育及其轮作倒茬、错季适应栽培为主体的作物管理技术体系。独特的生产系统使山区坡地农业生产达到"田尽而地，地尽而山"。

俯瞰石堰梯田（2018年，魏建国、王颖摄）

梯田中的石堰（2018年，魏建国、王颖摄）

石堰台阶（2018年，魏建国、王颖摄）

当地居民骑着毛驴穿过石堰（2018年，魏建国、王颖摄）

尤溪县连云村梯田（2018年，刘礼文摄）

3.10 福建尤溪联合梯田

联合梯田位于福建省尤溪县联合乡，涉及8个行政村，面积达10700多亩。自宋朝以来，联合村民使用木犁、锄头等工具开垦梯田、种植水稻，在险峻的金鸡山中创造了神奇壮丽的梯田，成为村民几百年来的主要生存方式。

联合梯田通过山顶竹林截留、储存天然降水，再以溪流流入村庄和梯田，形成特有的"竹林—村庄—梯田—水流"山地农业体系。春天，农民给田里灌水浸烂田泥；春耕时，小孩们下田摸田螺、捉泥鳅；到插秧时，农民种上田埂豆、放些鱼苗，鲤鱼能减少田中杂草生长和虫害的发生，田埂豆发达的根系能保护田埂；收获时，再放干田里的水，收鱼、收水稻、收黄豆。收获后，鸭子、山羊等被赶入田中，觅食遗撒的谷粒和新长出的杂草。动物粪便、作物秸秆和豆类的固氮功能，则使土壤肥力不断提升。梯田垂直落差600多米，绵延数十里，田在山中，群山环抱，土墙灰瓦的村落散落其间。

随着生产的发展，梯田正面临被破坏、被抛弃的危险，传统的农耕方式面临严峻挑战。目前，尤溪县政府按照农业部中国重要农业文化遗产保护工作要求，制定了梯田保护与发展专项规划和管理办法，通过生物多

尤溪联合梯田与村落（2018年，刘礼文摄）

样性的恢复、传统农耕文化的传承，以及与休闲农业的结合，从根本上解决农民增收、农业可持续发展和文化遗产保护问题。

3.11 江西崇义客家梯田

崇义客家梯田位于江西省崇义县，坐落在海拔2061.3米的赣南第一高峰齐云山山脉之中，总面积达3万亩。梯田最高海拔1260米，最低280米，垂直落差近千米，最高达62梯层，且大多数为只能种一二行禾的"带子丘"和"青蛙一跳三块田"的碎田块。

崇义客家梯田始建于元朝，完工于清初，距今已有700多年的历史。关于梯田的记载，最早见于明代理学家、明都御史王守仁撰写的《立崇义县治疏》，从广东迁入的客家先民来到这荒山野岭，为了维持生计，便依山建房，开山凿田。崇义客家梯田的历史起源与演变，伴随着客家先民的迁徙和与当地土著居民的人文融合。

崇义客家梯田系统主体位于齐云山南部，其中山地占47.7%、高丘占45.1%，梯田最高海拔1260米，最低280米，立体垂直落差980米。梯田如链似带，从山脚盘绕到山顶，小山如螺，大山似塔，层层叠叠，高低错落，立体分布。其主要梯田群位于南流、良和、赤水三带，梯层最高达百层，立体壮观。

崇义县森林覆盖率高，耕地污染少，生物多样性丰富。上堡客家梯田周边都留有一定面积的植被，用以涵养水土，构成了整个梯田生态系统不可或缺的一部分，蓄水、保土、增产三位一体，是治理坡耕地水土流失的有效措施。

沟渠及跨渠竹笕（2018年，刘礼文摄）

初春时的崇义上堡梯田（陈彦摄，星球研究所《中国有哪些很美的梯田？》）

在长期耕作过程中，客家人逐渐形成不同于其他农区的文化习俗，处处渗透出梯田文化的精神，成为客家农耕文明的一道奇观。其中最具代表性的是"舞春牛"。在客家人的心目中，千百年来和他们一道辛勤耕耘这片土地的牛就是神。"舞春牛"先后被列入江西省市级、省级非物质文化遗产保护项目。其他诸如"田埂文化""猎酒文化""饮食文化""农耕谚语"等，也都体现了客家人热情好客、勤劳朴实以及重义轻利的纯朴品性与丰富的文化多样性。

崇义梯田系统中的森林、村落和梯田（陈彦摄，星球研究所《中国有哪些很美的梯田？》）

4

水 利 景 观 工 程

水是园林景观的灵魂。中国古代的传统园林营建，都非常重视对水体的运用，几乎"无园不水"。除了依托水体营建各式水景观外，古人还为满足园林用水和防洪需求修建了众多水源工程和排水工程。

4.1 北京颐和园

北京曾为辽、金、元、明、清五个朝代的都城，其中辽、金、元三个朝代都将其作为军事陪都，明清时期则将其作为统治中心。清代利用北京西北郊海淀镇至西山一带泉池丰盈、湖沼棋布、层峦叠嶂的自然条件，大力营建皇家园林，在方圆数十里内形成"举目所见皆为园林飞阁，连绵隐现于烟云树杪之间"的优美景色。在这些著名的园林中，以今颐和园最为知名，它是中国现存规模最大、保存最为完整的皇家园林，并于1998年被列入《世界遗产名录》。

北京苑囿总图（1802年，《唐土名胜图会》）

1. 北京西北郊园林开发

北京西北郊泉眼众多，潴而为湖为沼，加之山峦秀美，早在辽代就在玉泉山营建行宫。12世纪末，金章宗在西山建成"芙蓉殿"，作为其在西山一带的游憩之所。元代兴建大都（今北京）城后，开始在玉泉山以南的山前低地（今海淀镇一带）开发兴建园林。

海淀镇一带园林的开发与其有利而独特的地理条件密不可分。距今约7000年前，永定河流出西山后，在石景山一带折向东北流，经今西苑、清河镇汇入温榆河，今海淀镇以西至万寿山、玉泉山一带都属于其流经范围。到了距今4000～5000年前，因受地质构造变化的影响，永定河的主流转而东南，原河道逐渐形成一片低地，今海淀镇西、北两面平坦低缓的地形展现的就是当年古河道的地貌特点。当时这一带湖泊棋布、溪流纵横，数里外有万寿山、玉泉山平地而起，其后更有西山蜿蜒如屏，山前低地则田塍错列、水波潋滟，是营建园林的理想之地。

明代玉泉山及其泉流（《天下奇观》）

元代时，海淀一带的湖泊已成为大都（今北京）文人流连忘返、歌咏赞叹的景区，并拥有一个典雅的名称"丹棱沜"，当地人则俗称"海淀"。海淀湖的形成一方面与永定河古河道的低洼地形有关，另一方面则源于今海淀镇以西万泉庄一带丰沛的泉水。万泉庄恰好处于永定河古冲积洪积扇的前缘，有丰富的地下泉水溢出。据《长安客话》记载，这一带"平地有泉，水彪洒四出，水宗泊草木之间，潴为小溪，凡数十处"。自此流出的泉水北流，在今海淀镇以北的低洼地带汇成天然湖泊，即海淀湖。至明中叶后，由于当地人不断地在湖区植荷种稻，这片湖泊逐渐被分割为南北两个小湖，分别称"南海淀"和"北海淀"。随着人口的日益增多，在海淀湖一带逐渐形成较大的村落，这就是海淀镇原始聚落的由来。作为湖泊的"海淀"今已消失，但作为聚落的"海淀"得以保留，并发展成为今北京西北郊的重要组成部分。

海淀一带园林的构筑始于明代，当时曾在此营建多处带有园林的寺庙和私家宅邸，最著名的就是万历皇帝的外祖父武清侯李伟的清华园（清代改为畅春园，与今清华园同名异地）。李伟充分利用海淀的天然水面和泉水丰富的自然优势，在海淀镇以北的低地中营建清华园。该园半跨北海淀湖，周围长10里。据《燕都游览志》记载："清华园，广十里，园中牡丹多异种，以绿蝴蝶为最，开时足称花海。西北水中起高楼五楹，楼上复起一台，俯瞰玉泉诸山。"又据《泽农吟稿》记载："惟武清侯海淀别业，引西山之泉汇为巨浸，缭垣约十里，水居其半。叠石为山，岩洞幽。渠可运舟，跨以双桥。堤旁俱植花果，牡丹以千计，芍药以万计，京国第一名园也。"

明代建于此的另一著名私家园林为勺园，与清华园齐名，且仅一水之隔，由当时的书法家米万钟所建，位于清华园引水的下游，取"海淀一勺"之意。该园面积虽仅百亩，但园内以水为主，碧波萦回，以水景取胜。据《春明梦余录》记载，"园仅百亩，一望尽水，长堤大桥，幽亭曲榭，路穷则舟，舟穷则廊，高柳掩之，一望弥际"。时人袁中道也描述道："到门唯见水，入室尽疑舟。"

清代开始在北京西北郊大规模地兴建离宫别馆，历经康熙、雍正和乾隆三代，海淀镇北的湖田低地几乎被开发殆尽，这是西北郊园林建设的鼎盛时期。

清康熙十九年（1680年），将玉泉山南麓改为行宫，名为"澄心园"，并在香山寺旁建行宫。康熙二十三年（1684年），在明代清华园旧址上修建畅春园，成为清代在北京西郊第一处常年居住的离宫。与此同时，在畅春园周围修建庭园赐给皇子和宠臣，较为著名的有圆明园、自得园和水村园。

清雍正三年（1725年），将圆明园升为离宫，开始大规模扩建，面积由300亩扩展至约3000亩，并命名"圆明园二十八景"。

清乾隆时期，开始大规模营建皇家园林。乾隆二年（1737年），将圆明园二十八景扩建为四十景；乾隆十年（1745年），在其东侧修建长春园，在香山修建静宜园，建成二十八景；乾隆十四年（1749年），乾隆帝为庆祝其母六十寿辰，在瓮山（改名万寿山）兴建清漪园（今颐和园），同时对太后居住的畅春园进行大修，在其西部增建西花园，辟为皇子读书居住之所；乾隆十五年（1750年），扩建玉泉山静明园（1692年由澄心园改名），将玉泉山全部圈占，并修建静明园十六景；乾隆二十五年（1760年），长春园北部西洋楼景区竣工；乾隆三十四年（1769年），将圆明园东南若干皇子和公主赐园收回，并为绮春园。至此，"三山五园"工程基本完成。在园林建设的全盛时期，北京西北郊自海淀镇至香山一带分布着90余处皇家离宫御苑，连绵20余里，蔚为壮观。

2. 颐和园营建历程

颐和园是三山五园中最后兴建但规模最大的一座园林，其以翁山和瓮山泊为基址建成。

翁山即今万寿山，来自玉泉山的泉水东流二里，逐渐在瓮山山前一带汇为湖泊，形成瓮山泊，即今昆明湖的前身。因该湖地处北京西北郊，又称西湖或西湖景，又因它最初的周长仅有7里而称七里泊。这一带原为荒凉之地，后经历代开发经营，在湖中种植菱芡莲菰，将湖畔低地开发为水田，使其景色日渐优美，尤其是瓮山泊，望之一泓碧波，在瓮山及其远近诸峰的映衬下，恬静辽阔，意境悠远，成为营建园林的极佳之地。

明弘治七年（1494年），在瓮山泊修建园静寺，其故址即今万寿山排云殿所在。当时从寺前向南筑有一道大堤，经由今昆明湖中的龙王庙直趋蓝靛厂，大堤通称西堤。紧靠西堤开挖一条水渠，将汇集在瓮山泊中的水引入北京城，这就是今长河的前身。清代以前，京城游人出西直门后，大多沿着这条水渠经由今高粱河、白石桥和万寿寺，然后步上西堤，过龙王

20世纪20年代玉泉山下的水田（FOTOE）

庙，直抵瓮山脚下的园静寺。大堤北端以西就是瓮山泊，大堤以东则水田棋布，与今颐和园内玉澜堂前波浪汹涌的情景迥然不同。

清咸丰十年（1860年），英法联军入侵北京，清漪园遭到严重破坏。光绪十二年（1886年），慈禧太后挪用海军经费修复清漪园，作为其"归政"后的游憩场所，并将其改名为颐和园。光绪二十六年（1900年），颐和园又遭到八国联军的野蛮洗劫，园中建筑被焚烧，珍贵文物被抢劫。次年，慈禧太后再次动用巨款对其进行修复。修复后的颐和园成为一座揽湖山之胜、兼有庭园特色的皇家园林，规模宏大，布局精巧。它巧妙地借用天然地势，使园中不同风格的建筑群既自成一格，又有机结合，同时与西北的玉泉山和西山诸峰和谐地融为一体，人工建筑与自然景色巧妙地结合，有着"虽由人作，宛自天开"的艺术效果。

3. 颐和园水源工程

清代对海淀一带园林的大规模开发导致对水源的需求日益增加，为了缓解园林用水需求，曾大规模地疏浚整理附近的湖、泉、河道，以进一步扩大水源。

颐和园的水源主要来自玉泉山和西山的泉水。来自玉泉山麓的泉水东流二里，至瓮山山前汇集而成瓮山泊。据《元一统志》记载，金代时瓮山泊已有相当大的水面，当时人曾描述它"泓澄百顷，鉴形万象"。元代开始修建工程引诸泉水入瓮山泊，并在瓮山泊局部修建湖堤以增大其蓄水量和供水能力，同时在白浮瓮山河进入瓮山泊前的青龙桥下设有水闸节制，明代将该闸改为湖区向北泄洪的排洪闸。明代还曾多次疏浚湖区和修筑堤岸，并增建水闸，以更好地控制湖区的蓄水泄洪能力。

清末玉泉山及玉泉趵突景象（《王朝的残照》）

近代玉泉山下的溪流（FOTOE）

清乾隆十四年（1749年），为进一步满足规模日益宏大的北京西北郊园林用水，并积极解决北京漕运和城内居民用水，乾隆帝命大量人力在西北郊山麓一带开展了大规模的水源整治工程，其核心任务是瓮山泊的扩湖工程，工程内容主要包括四个方面：一是将元、明两代所建的瓮山泊由龙王庙至排云殿西岸长堤向东移至今知春亭一线，以增加其汇水面积，由于瓮山泊湖底的自然坡度是向东方倾斜的，其湖水的深度也随之向东岸逐渐增加，因而新筑的东岸大堤相当于一道拦水大坝，全部用三合土夯筑而成，外加石条护岸，十分坚固，用于拦蓄玉泉山东流之水，使其形成一片汪洋水面；二是建西堤，以防止汛期湖水泛溢；三是将控制湖水南引的响水一闸南移至今绣漪桥下；四是沿湖水向东扩展，原来建在瓮山泊东堤上的龙王庙逐渐变成湖中的一座孤立小岛，于是修建了十七孔桥，使其与东岸相互连通。经过这次扩建，瓮山泊湖区周长达到30余里，面积扩大两倍多。扩建后，乾隆帝将瓮山改名万寿山，将瓮山泊改名昆明湖。

为扩充昆明湖的水源，清乾隆时期还通过修建石槽的方式，把西山碧云寺和卧佛寺附近的泉水进行导流，经由玉泉山汇入瓮山泊。在瓮山泊的东岸和南北两端各建水闸一处，提南闸可输水入北京城，提东闸可供给海淀附近园林和稻田用水。汛期遇到暴雨集中、湖水猛涨时，则提北闸以排洪水入清河。如此，昆明湖成为北京郊区最早的一座人工水库，西北郊一带园林的水源问题也随之得到解决。

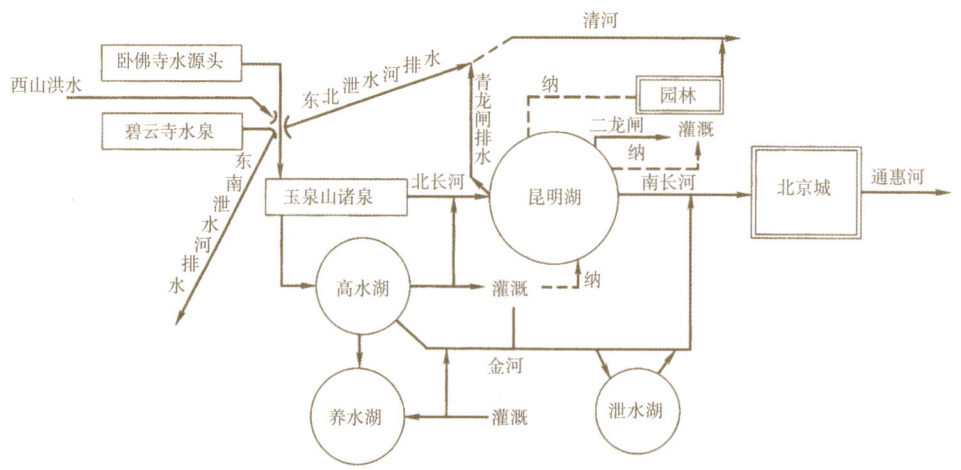

清代昆明湖水源工程蓄水泄洪关系示意图

昆明湖及其东堤俯瞰图（《航拍中国1945》）

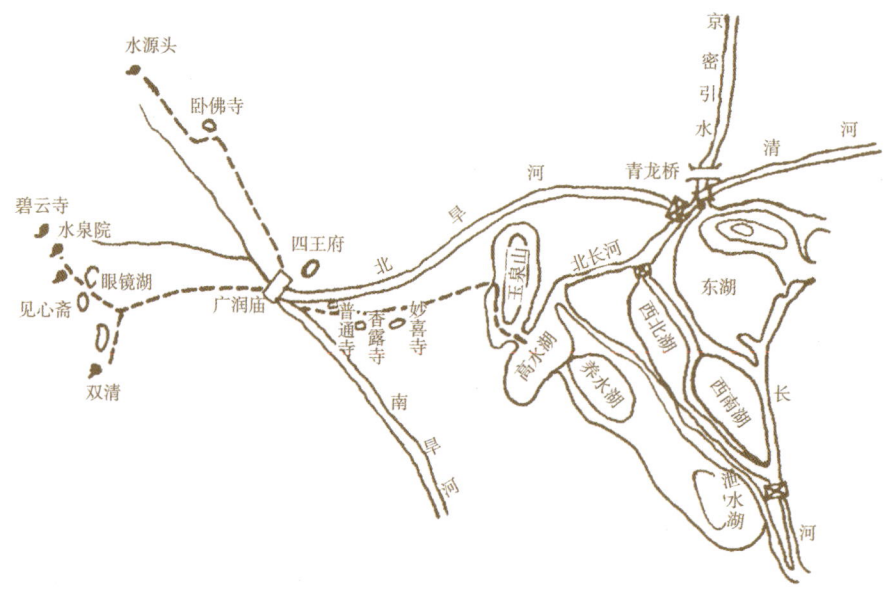

西山引水石槽示意图

4. 颐和园水景观

清乾隆帝在组织扩建瓮山泊的同时，还以万寿山和昆明湖为主题大兴土木，营建水景观，基本形成了今天颐和园的空间布局与规模。

万寿山的前山正对着碧波荡漾的昆明湖，山势陡然上升，依山建有众多气势雄伟、金碧辉煌的宫殿楼阁。从湖滨向上依次建有大牌坊、排云门、排云殿、德辉殿；其后则是用巨石叠筑的石台，石台高达38米，上面

清代颐和园风景图（北京故宫博物院藏）

清末颐和园（英国《中国游记水彩画集》）

巍然屹立着仿照武昌黄鹤楼建成的佛香阁；再上为不施寸木而全由砖石筑成的智慧海，雄踞于万寿山之巅。这一组建筑地位突出，色彩瑰丽，构成颐和园全园的中心。在其左右以及前山脚下还布置有式样各异、用途不同的较小规模建筑，在山石林木之间则点缀着各种殿亭楼阁。

万寿山后山和前山的格调迥然不同，这一带小径通幽，清溪蜿蜒，古树参天，别有一番山林野趣。山下后湖沿岸开辟的一条颇具江南风格的临街市，称为苏州街。

万寿山东麓还有一座小巧玲珑的谐趣园，这里以水面为中心，绕以变化多端的亭台楼榭，联以迂回曲折的游廊、小桥，间以竹林绿树，十分宁静。

昆明湖是颐和园内面积最大的区域，占全园总面积的四分之三，位于园区的南部。它的西部以一道长堤将湖面一分为二，长堤称西堤，基本上是此前瓮山泊东岸的位置。西堤东侧较大的湖面称南湖，西侧较小的湖面称西湖；西湖又以一道小堤分成南、北两部分，因而整个昆明湖从空中俯视会呈现出三部分，每一部分中间都有岛屿，据传这是模仿神话中的海上蓬莱、方丈、瀛洲三山。西堤上建有6座形式各异的石桥，即界湖桥、豳风桥、玉带桥、镜桥、练桥、柳桥；与西堤遥遥相望的东堤上则建有知春亭、龙王庙、鉴运堂、铜牛、十七孔桥和凤凰墩等。其中十七孔桥全长150米，造型优美；铜牛铸造于清乾隆二十年（1755年），至今已有200多年历史。

在昆明湖中的长廊西尽头，还有一条别具一格的石船，名叫清晏舫。这里原是明代园静寺放生台的旧址，乾隆时改建成船只模样。光绪十九年（1893年）又在石舫上加盖了一层洋式舱楼。

经过这次大规模的人工改造，万寿山和昆明湖基本形成了今日的规模，成为一处独具山水之胜的大型皇家园林，当时总称清漪园，乾隆帝经常在此避暑理政。清光绪年间，慈禧太后和光绪帝每年都有大量时间居住在颐和园中。为处理朝政、接见大臣，特在东宫门和万寿山东部辟出一块以仁寿殿为中心的政治活动区，建有帝后处理朝政的仁寿殿、殿前两侧的南北配殿、仁寿门外的南北九卿房以及东宫门外的南北朝房，该组建筑布局严谨，与园内其他部分迥然不同。此外，园内慈禧住所乐寿堂、帝后看戏之地德和园和大戏楼以及玉澜堂、宜芸院等则是专供帝后居住玩乐的生活区，该组建筑群布局活泼明朗，陈设极尽奢华。乐寿堂与昆明湖仅一墙之隔，围廊外墙辟有式样别致的什锦灯窗，夜间水影灯光相互映衬，别有情趣。

颐和园铜牛（[英]托马斯·查尔德摄《西方的中国影像1793—1949》）

颐和园石舫（《北京名胜》）

4.2 承德避暑山庄

避暑山庄又名热河行宫、承德离宫,位于河北省承德市,是清代最大的离宫苑囿,其形成于康熙至乾隆年间。它是清政府为实施木兰秋狝、练兵习武、团结北方少数民族、警备外族侵扰而建,兼有京师陪都和第二政治中心的设想。1994 年,承德避暑山庄被列入《世界遗产名录》。

1. 营建历程

清康熙二十年(1681 年),为加强对蒙古的管理,巩固北部边防,清政府在距北京 350 多千米的蒙古草原建立木兰围场。每年秋季,皇帝带领王公大臣、八旗军队以及后宫妃嫔、皇族子孙等数万人前往行围狩猎,以达到训练军队、固边守防的目的。为解决皇帝一行的沿途吃住问题,在北京至木兰围场之间相继修建行宫 21 座,避暑山庄即为其中之一。

避暑山庄图(清　冷枚绘,北京故宫博物院藏)
该图采用乌瞰的构图方式描绘避暑山庄景致,画面下部为宫殿区,中部为具有江南园林风格的湖沼区建筑,上部是高耸起伏的山峦,右部山庄外为棒锤峰。

秋狝之典上的蒙古大力士(文化传播/FOTOE)
1909 年 8 月,河北承德围场秋狝之典上的蒙古大力士。木兰在承德市北 200 千米处,今围场境内。该地林木葱郁,水草茂盛,群兽丛聚。康熙时定为行围狩猎之区,每年秋天,在此举行盛大的围猎活动,除八旗亲军外,蒙古、科尔沁等藩王都参加。行围、合围皆有定制,带有典礼性质,称"木兰秋狝"。

行围图(FOTOE)

万树园赐宴图（清 郎世宁等绘/FOTOE）

该图所绘为乾隆十九年（1754）五月，乾隆帝在承德避暑山庄接见归顺的杜尔伯特部首领，并在万树园举行盛大宴会的场景。

清乾隆帝在承德万树园接见英国大使马戛尔尼（[英]威廉·亚历山大/FOTOE）

清乾隆五十八年（1793年）九月四日，乾隆帝前往承德万树园接见英国大使马戛尔尼。该图为马戛尔尼使团随团画家威廉·亚历山大所绘水彩画。

避暑山庄的修建大致可分为两个阶段：清康熙四十二年至五十年（1703—1711年）为第一阶段，主要是开拓湖区、修筑洲岛和堤岸，营建宫殿亭榭和宫墙，完成康熙帝以四字为名所题写的"三十六景"，山庄初具规模；乾隆六年至乾隆五十年（1741—1785年）为第二阶段，乾隆帝对山庄进行大规模扩建，主要包括完善宫殿区的建造，在湖沼区和山峦区增建游幸山居之所，增加祠庙等宗教建筑，完成乾隆以三字为名所题的"三十六景"，园林景观更加富丽宏伟。

避暑山庄建成后，康熙、乾隆每年约有半年在承德度过，许多有关政治、军事、民族和外交的要务都在这里处理，承德由此成为北京的陪都和第二政治中心。乾隆曾在此接见过厄鲁特蒙古杜尔伯特台吉三车凌、土尔扈特台吉渥巴锡、西藏政教首领六世班禅和以马戛尔尼为首的英国访华使团。1860年，英法联军进攻北京，咸丰帝逃到避暑山庄避难，在此批准《中俄北京条约》等不平等条约。随着清王朝的衰落，避暑山庄日渐败落。

2. 水源工程

清康熙与乾隆帝所建避暑山庄"七十二景"大多与水有关，或远或近，或实或虚，或借或衬，它们相依为水，相映以水，相存与水。可以说，水是山庄之脉，是山庄之魂。

避暑山庄的水源主要有三处：一是山庄内的泉水；二是山泉汇入和地面径流；三是武烈河水的引入。由于泉水和地面径流随丰枯年份而变化，来水量极不稳定，加之湖水与武烈河易形成地下渗透，武烈河水的大小直接影响到山庄湖水的水位。

避暑山庄水系示意图

据考证，避暑山庄修建前，武烈河水上自二道河子、狮子沟而来，下沿山庄西山至喇嘛寺山间漫流，山庄的湖沼区原为武烈河水道或河水滞留所形成的沼泽地。康熙兴建避暑山庄时，无论是理水开湖，还是顺水拓路，"芝径云堤"是最早的工程之一。为此，康熙帝特意写下七言古诗以记其事。诗序曰："爽水为堤，逶迤曲折，径分三枝，列大小三州，形若芝英"。诗文曰："自然天成就地势，不待人力假虚设"。

为避免山庄遭受洪水威胁，并确保庄内河湖水系的通连与顺畅，在康熙年间兴建山庄时，修建防洪引水条石堤防，并在北兴隆街小龙王庙大堤处建闸一座，引武烈河水入山庄湖区。武烈河水自龙王庙处水闸入园，流经"暖流宣波"之景，至山脚折向南，汇入泉源石壁瀑布，形成半月湖，泥沙在此沉淀后，再沿山脚向西行，在文津阁分为两条，一条沿山脚向南汇入山泉，形成内湖；另一条沿文津阁东侧与如意湖、澄湖及其他湖泊相连，通过水心榭下八孔闸入银湖，再通过德汇门东五孔闸泄出，最后入武烈河。该引水工程全长约5千米，沿途设大小水闸20余座，在工程规划上师法自然，与周围环境浑然一体，成为山庄景观的重要组成。

避暑山庄有多处泉水涌出，唯"热河泉"是湖中水源之首。当年山庄种植的瓜果用"热河泉"水浇灌，格外香甜。康熙由此赞曰："土厚登百谷，泉甘割翠瓜"。由于"热河泉"盛夏水凉刺骨，严冬云蒸霞蔚，康熙又赞该泉"名泉亦多览，未若此为首"。

3. 水景观

避暑山庄位于武烈河西岸，山庄地形变化复杂，包括起伏的山岭、峡谷、溪流；广阔的平原、草地和岛屿分布的湖沼。山庄包括宫殿区、湖沼区、平原区和山峦区。其中以湖沼区的水景观最为典型。

湖沼区位于宫殿区北部，占地约43平方千米，洲岛错落，被长堤和洲岛分割成8个湖，即如意湖、澄湖、上湖、下湖、镜湖、银湖、长湖、半月湖，形成如意洲、青莲岛、金山、月色江声岛等较大岛屿。各湖和各岛之间以长堤、桥梁串连，急湍漫流，动静各异，构成以水景为主的景区。由于康熙、乾隆都曾六下江南，览遍名山胜水，对其写意型山水园林极为赞赏，湖区建筑大多仿江南名胜建造，如青莲岛"烟雨楼"仿嘉兴南湖烟雨楼、沧浪屿仿苏州沧浪亭、文园狮子林仿苏州狮子林、金山岛仿镇江金山等。湖水自银湖经五孔闸将多余之水排入武烈河，形成了上进下排的自然活水流势。

承德避暑山庄烟雨楼（GUOPING/FOTOE）

避暑山庄小金山（2011年9月，阎建华/FOTOE）

承德避暑山庄（[英]托马斯·阿罗姆绘《大清帝国城市印象——19世纪英国铜版画》）

避暑山庄水心榭（[德]恩斯特·柏石曼《西洋镜：一个德国建筑师眼中的中国1906—1909》）

水心榭建于清康熙四十八年（1709年），是山庄水景观中最为别致的一张名片，其为"隐闸为榭"的一组跨水亭榭，凝聚了设计者和匠人的巧思和才智。当时避暑山庄的修建首先从理水开始，围堤造湖，开挖水道，将五烈河水引入园中，以保证湖水的充盈。当大大小小的湖泊初具规模后，为调节下湖与银湖之间的水位，修建了一座八孔水闸。为避免水闸突兀地立于湖面上，设计者因势利导，在水闸上架石为桥，桥上筑三座亭榭，形成水心榭影与湖光相互映衬优美景观。康熙帝欣喜之余，亲笔题名"水心榭"。乾隆帝在《水心榭诗序》中赞叹道："界水为堤，跨堤为榭。弥望空碧，仿佛笠泽垂虹。景色明湖，苏白未得专美。"在乾隆帝看来，建在跨水石堤上的水心榭很像太湖垂虹桥，并赋诗一首"一缕堤分内外湖，上头轩榭水中图。因心秋意萧而淡，入目烟光有若无。"极赞水心榭"凭水借影"而形成的优美画卷。

4.3 杭州西湖

杭州西湖文化景观古称钱塘湖，又名西子湖，肇始于9世纪，成形于13世纪，兴盛于18世纪，传承发展至今，以其"淡妆浓抹总相宜"的湖光山色和众多名胜古迹而闻名中外，2011年被列入《世界遗产名录》。

西湖本来原为天然潟湖，南、西、北三面环山，东面为冲积平原。随着平原向东扩展及杭州城的发展，为解决城市用水问题，唐宋时期开始通过修建工程而将其改造为人工控制蓄水泄洪的湖泊。唐代李泌、白居易和宋代苏轼曾先后对西湖进行过整修，并对其水资源进行了全面的开发利用。这一时期建成的西湖工程主要由湖堤、涵洞、管道、渠道和溢洪道等组成。

湖堤是西湖蓄水的主体工程。早在东汉初期，为隔断咸潮，已筑有从今清波门至钱塘门的湖堤，以后又向南北延伸。唐代，由于西湖的水源来自湖西武林诸山水和泉水，水量较为丰富，杭州刺史白居易曾对湖堤进行过增高培厚，同时修筑下湖堤，由石涵桥北至余杭门（今武林门），形成知名的"白公堤"。由于西湖三面环山，仅东侧地势低平，所以湖堤虽增高不多，但蓄水量有明显增加，当时的湖面面积大于今日。

涵洞又称"石函"。根据文献记载，西湖"北有石函，南有笕"，都是引水设施。石函位于湖的北面，用条石砌筑，有闸门控制启闭。湖水通过石函引入上塘河。上塘河为钱塘湖灌区的输水主干渠，下有支渠灌溉今杭州市、海宁市盐官镇等的农田千余顷。

管道和阴窦。管道当时称"笕",是用毛竹去节联结而成的地下输水管道,布设于西湖的南侧,引湖水入城内六井;又沿湖作六穴,穴即阴窦,作为引水口,下与笕相连,引水入城内六井。"六井"就是唐代杭州刺史李泌所开小方井、白龟池、方井、金牛池、相国井和西井。北宋元祐五年(1090年),杭州知府苏轼见引水管道"以竹为管,易改废坏",于是改用瓦筒盛以石槽,再用砖石砌护,使其"底盖坚厚,锢捍周密,水既足用,永无坏理"。将竹管改为瓦管,并修以砖石支座,如此引水管道不易朽坏,这在技术上是较大的进步。

溢洪道当时称"缺岸",在笕之南,以排泄暴雨涨水。缺岸高度的设置,当湖水高于石函口一尺时,缺岸开始泄洪;当洪水过大、缺岸排泄不及时,打开石函、竹笕口闸门,共同泄洪,以防湖堤溃决。由于西湖的地势西南一带为山丘环抱,东北地势平坦,汛期山地径流自西南向东北流注,所以"缺岸"布设在湖的南侧。如此布置的原因有二:一是缺岸靠近丘陵,地质条件好,不易被冲毁;二是山地来水一进入湖内,很快便会泄出,避免奔泻东北,冲啮湖堤。

自唐长庆年间白居易对西湖进行改造,修建一系列的工程后,西湖已能做到蓄、泄、引、灌调控自如,效能大为提高,不仅满足了杭州城居民用水的需求,还增加了灌溉的效能。"凡放水溉田,每减一寸可溉十五余顷;每一复时(一昼夜),可溉五十余顷"。如若及时放水溉田,湖下千顷农田可无凶年。钱塘湖还与北面的下湖、盐官临平湖联合运行,如天气干旱,"脱或不足,即更决临平湖添注官河,又有余矣",灌溉保证率得以提高。

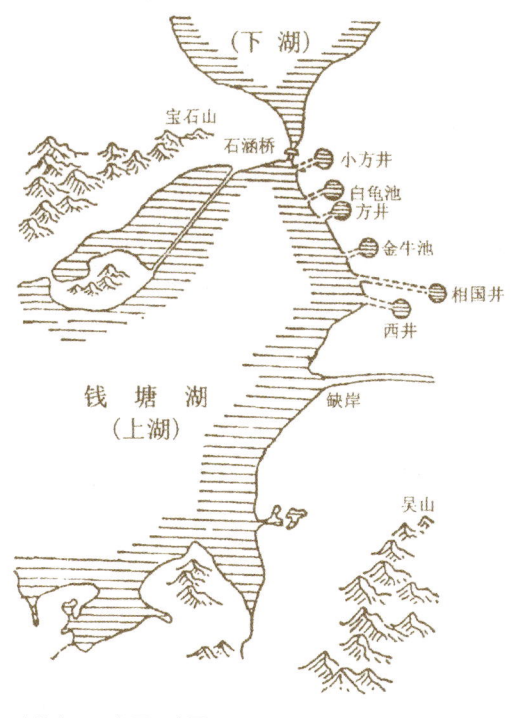

唐代湖工程布置示意图

另外,唐代江南运河水源虽取自钱塘江,但当水源不足时,则"以湖水添注"。由于运河"月纳潮水,沙泥浑浊,一汛一淤",极易淤塞,为解决运河淤塞问题,五代时,钱镠曾在钱塘江运口设置二堰,以隔绝江水,不使入城,城中诸河则专用西湖之水。北宋前期因疏于浚治,西湖淤浅严重,水量不足,江南运河再次以钱塘江潮水为源,造成杭州城运河淤积严重。元祐年间,杭州知府苏轼主持实施了西湖的清淤除葑,使其又恢复了济运的功效。

元、明、清时期曾多次对西湖进行维修疏浚,但由于环湖诸山泥沙入湖沉积,加上围垦挤占,西湖湖面逐渐萎缩。清同治十二年(1873年),曾对西湖面积进行过丈量,"通计积湖面五十四万三百八十九丈方",大致为今日西湖的规模。新中国成立后,经过全面整治,西湖综合功能日益明显,并成为闻名中外的游览胜地。

5

水 利 机 械

中国古代水利机械大体可分为提水机械和水能机械两类。它们的出现是古代水利机械设备进一步发展的结果，也是古人对水利资源的认识和利用不断深入的标志。中国古代水利机械经历了从人力、畜力等动物能到水能、风能等自然能的应用两个发展阶段。尤其是水力提水机械和水能加工机械的发明与推广，代表了中国古代水能利用技术的最高水平。其中，水轮的发明使提水灌溉、鼓风冶金等多种生产活动首次建立在非动物能的基础上，对当时的生产生活产生了深远的影响，堪称中国历史上的一次能源革命。

水利提水机械中最先发明的是桔槔，至今已有3700多年的历史。东汉灵帝时，毕岚发明翻车，又称龙骨水车，使农田灌溉面积大为增加。三国时，马钧对翻车作进一步改进并加以推广，对浅丘地区农田作用显著。至唐代，出现水转筒车，以水能为动力，自动提水灌溉，这与翻车相比又是一大进步。

水力加工机械出现稍晚。西汉时开始使用水碓，东汉杜诗发明水排。至南北朝时期，水碾已普遍使用。唐代，仅郑白渠上就有王公贵族的水碾百余所。宋元时期，水转大纺车问世。明清时期，水利加工机械几乎遍及各个灌区。

中国古代水利机械中，普遍使用的至少有二十余种。《农书》《农政全书》《授时通考》等文献都有较为详细的记载。这些机械就其工作原理、使用性能看，大体有以下特点：水碓、水碾、水转筒车、水转纺车、水磨等水力机械都是直接利用水流的冲击力驱动水轮，再带动其他机械部分运动。它们都有较科学的传动装置，如齿轮传动、凸轮传动等，有的装置还比较复杂，但由于多属木制而强度有限，使这些机械的功率受到限制。从地区分布上看，这些机械的使用虽较普遍，但多为地区豪强所有。在唐宋时期，由于王公贵族和大户人家强占水源，任意筑堰修碾、硙，一度对灌溉用水造成严重影响，以至于朝廷不得不多次下令毁硙。

近代以来，随着西方科学技术的引进与发展，这些水力机械提供的动力无法满足工农业的进一步需求，加之使用燃油的内燃机和使用电能的电动机的广泛使用，使得它们在人们的生产生活中逐渐隐退。但在一些边远山区和农村地区，古老的水力机械至今仍在发挥作用，成为"活的"水文化遗产。

5.1 提水机械

考古发现，距今7000多年前，我国已开始人工灌溉。最早的提水灌溉工具是陶罐，人们用它从河里一罐一罐地把水抱到田里。距今3700多年前，发明具有杠杆原理构造的人力提水机械——桔槔。此后，有垂直传动装置的辘轳、有平行传动装置的翻车相继发明。这些机械不仅使提水灌溉效率大幅提高，而且展现了中国古代机械制造技术的先进水平。

5.1.1 戽斗

戽斗是最原始也是使用时间最长的提水灌排工具，出现于3000多年前，至今仍可在田间地头见到其踪影。

戽斗是一个两边系绳的小桶，只要两个人分别拉着拴在小桶上的绳子两头，就能把低处的水甩到高处。所用小桶在南方大多用木制作，在北方则用柳条编成。

戽斗虽提水效率有限，但灵活、方便，因而长期以来颇受青睐，在那些地狭水浅不宜使用水车、水泵且浇水量不大的地区，戽斗至今仍在使用。

戽斗（清乾隆《钦定授时通考》）

戽斗（清 焦秉贞绘《耕织图》）

至今仍在使用的戽斗

5.1.2 桔槔

桔槔的发明距今已有 3700 多年的历史。据《农政全书》记载，"汤旱，伊尹教民田头凿井以溉田，今之桔槔是也"。可知，早在商周时期，已发明有桔槔。

有关桔槔结构与工作原理的文献记载最早见于《庄子》："凿木为机，后重前轻，挈水若抽，数如泆汤，其名为槔。"根据上述记载，桔槔是一种利用杠杆原理制成的简单取水机械，具体结构与操作程序是：将一横长杆在中心点或附近悬挂起来，犹如天平梁，一端挂一石块等重物，另一端用绳子或竹竿吊一水桶。不提水时，重物一端下沉，水桶一端上抬。提水时，用力向下拉，重物上抬，水桶进入水中，待装满水后，再向上猛提，借助另一端的重物，就能轻松把装满水的水桶提拉至所需的位置。

桔槔（明 宋应星《天工开物》）
井旁树立两根竹竿，两竹竿间横架一短竿，横竿上安一长竿，一端坠石，另一端用竹竿吊挂水桶。

桔槔取水灌溉图（清 陈枚《耕织图》）
河边树立一根有叉的木杆，两叉间安一横长杆，一端坠大石，一端用绳子吊挂水桶。一人正在河边用桔槔从河中取水灌溉河边高处农田。

山东嘉祥东汉画像石上的桔槔取水图

桔槔图像常现于汉代墓葬有关的"庖厨"的画像石中，一般与大户人家的厨房、屠宰场等场景一同出现。

内蒙古河套灌区至今仍在使用的桔槔

敦煌石窟中的汲井引水图（谭婵雪《敦煌石窟全集》第25册《民俗画卷》）

该图位于莫高窟第302窟中，为隋代所绘。图中井旁树立一根有叉的木杆，两叉间安一横长杆，一端坠大石，一端吊挂水桶。井边有一水槽，一匹马正埋头痛饮。右下角有一人正抱着水罐给索水的人倒水。水井四周有围栏，似乎为防止风沙入侵而设。画面形象地描绘了甘肃地区古道边行人偶遇水井的愉悦场景。

应用桔槔的汲水过程主要是借助人的体重向下用力，因而大大减轻了人们提水的疲劳感。桔槔作为汲水工具虽然简单却使人们的劳动强度得以降低，因而是古代中国主要提水工具之一。在我国北方地区，桔槔至今仍在广泛使用。

5.1.3 辘轳

桔槔只能提取较浅水井中的水，而且需要人向下用力。辘轳则是利用轮轴原理制作的机械，可提取深井中的水，而且改变了用力方式，更加方便省力。

据《物原》记载："史佚始作辘轳。"史佚是周代初期的史官，即距今2200多年前已出现辘轳。至春秋时期，辘轳已经流行，如在湖北大冶铜绿山发掘出土的春秋战国时期古矿井中，曾发现两具木辘轳。

汉代陶井模型（阎建华／FOTOE，现藏山东博物馆）

陕西绥德汉画像石中的辘轳提水

最初的辘轳（或称滑车）是在井口树立辘轳架，架上安装轮轴，以便把绳子绕在上面。这种形制的辘轳常见于汉墓中的陶井模型和画像石中。

后来，辘轳进一步发展为"双辘轳"，又称"花辘轳"，即在轴上反向缠绕两根绳子，各系一盛水器。当一个盛水器汲满水上提时，另一个空盛水器则被放下。如此交替汲水，既可省时，又可省力，灌溉效率大为提高。

结合轮轴原理和杠杆原理，人们发明了采用鼓轮的辘轳，鼓轮用曲柄转动。具体构造是在井上搭一架子，架上横一轴，轴上套一鼓轮，轮上绕一长绳，绳的末端挂一水桶，鼓轮头上装一曲柄，摇动曲柄，绳就会在轮上缠绕或松开，绳端的水桶就会随之吊上或放下。比起用手上提，采用这种方式从井里打水省力多了。

四川成都汉画像石中的辘轳提水

东汉双辘轳陶井模型（阎建华／FOTOE，现藏洛阳博物馆）

20世纪40年代广西壮族自治区使用辘轳汲水
（文化传播/FOTOE）

辘轳提水灌溉（清乾隆朝《钦定授时通考》）

辘轳的主要特点是将轮轴和杠杆巧妙地结合在一起，将桔槔的单向用力方式改为循环往复的用力方式，并由于其动力臂大于阻力臂而省力。辘轳的发明是人们对机械原理巧妙应用的体现，表现出人们对轮轴原理的早期应用，也蕴含人们对杠杆原理的变通性应用。辘轳与井构成中国传统文化中汲水文化的象征。园圃中，人们用辘轳汲水灌溉；村舍里，人们围在架设辘轳的水井边洗菜、洗衣，是中国传统田园生活的典型场景。

至隋唐时期，由辘轳逐渐发展出一种称为"井车"的机械。据《太平广记》记载，"唐邓玄挺入寺行香，与诸僧诣园，观植蔬，见水车以木桶相连，汲于井中"。井车在北方地区主要用于自深井不断地垂直取水，在西南地区主要用于自盐井取盐水。

井车是以绳链将许多木制水斗连接成串，套在井上一大轮上；在大轮轴侧装一立齿轮，与上部卧齿轮相咬合，卧齿轮上装一套杆。用畜力或人力拉动套杆，卧齿轮就会转动，从而立齿轮及大轮随之而转，带动盛水水斗连续上升，绕过大轮顶端，倾泻于水簸箕内，再流入农田中，空水斗则由大轮另一边下降，如此周而复始，即可将井水不断地提上来，提水深度可达数十米。井车的主要特点是大轮旋转时带动绳链上的水斗随之起落以取水。时至今日，华北平原仍在使用此类井车将水从深井中提取上来。

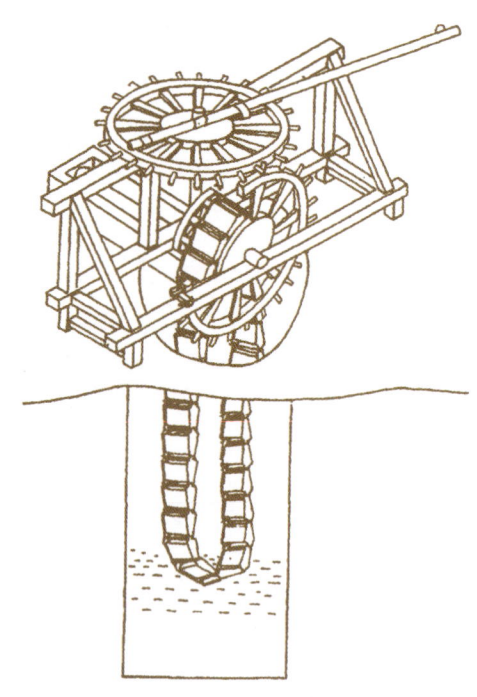

井车结构示意图

1910年北京附近正在玩井车的孩子们（[美]C.E.雷尼诺恩/FOTOE）

1935—1937年甘肃省兰州市临夏唐汪川的井车（庄学本/FOTOE）

20世纪30年代河北省井陉县马拉井车汲水灌溉的场景（文化传播/FOTOE）

1931年河北省定县的井车（Sidney Gamble/FOTOE）

5.1.4 刮车

刮车是一种轮式手摇水车，创制于元代，它只对较小的提升高度有效，因而多用于塘岸较浅的水乡地区。

据《农书》记载："刮车，上水轮也。其轮高可五尺，辐头阔至六寸，如水颇下田，可用此。先于岸侧掘成峻槽，与车辐同阔。然后立架安轮，轮幅半在槽内。其轮轴一端，摆以铁钩木拐，一夫执而掉之，车轮随转，则众辐循槽，刮水上岸溉田，便于车戽。"该文献又强调指出，该机械"必水与岸相去至一二尺，方可用。若岁潦，用以出水圩外，尤便。若并流水，便可激轮出入，则不烦人畜，其利甚博也"。

刮车比戽斗省力，但结构相对复杂，效率不及龙骨水车，所以未能广泛普及。

5.1.5 翻车

翻车至迟出现于汉代，明清以来称龙骨车，是最具中国特色的提水机械。翻车主要用于将溪流中的水连续不断地提至高处田地进行灌溉，或用来排出低洼地区的积水。翻车出现前，戽斗、桔槔和辘轳只能用于范

刮车（清乾朝《钦定授时通考》）

翻车提水灌溉（明 宋应星《天工开物》）

该图中的翻车称脚踏翻车，两人在遮阴的凉亭下用脚踏着翻车，提水至高地灌溉农田。

围较小的园圃的灌溉，大田灌溉需有河渠自流灌溉体系，但如田面高于渠面或河面，即使有水也无法用于灌溉。水车尤其是翻车和筒车出现后，不仅可将水从低处提至高处，使灌溉面积大为增加，而且是抗旱和排涝的有力工具。

据王充《论衡·率性篇》记载，约自公元 1 世纪便开始使用翻车，除灌溉外，还用于城市和宫廷供水。当时"雒阳城中之道无水，水工激上洛中之水，日夜驰流，水工之功也"。大意是洛阳城中街道缺水，水工们便

翻车排除积水（缘紫舞提供 / FOTOE）

1931 年，长江大洪水期间，湖北武汉遭遇大水灾。该图中，武汉居民正在用翻车把低处积水排除出来。

日夜不停地从洛河向上汲水，而能使水流如此连续不断流动的提水机械可能便是翻车。约1个世纪后，《后汉书·张让传》明确记载了翻车的使用情况。根据记载，186年，宦官张让命掖庭令毕岚作翻车和渴乌，设于洛阳平门外桥西，"用洒南北郊路，以省百姓洒道之费"。这是翻车首次见诸文献记载，据此推算，翻车至少已有1800多年的历史。

三国时，魏国发明家马均曾对翻车加以改进。时魏国都城洛阳城内有一片坡地可开垦为园地，但由于地势较高、无法引水灌溉而一直荒废。马均深感可惜，便设计制造出一种新式翻车。据说，该翻车省力高效，连孩童都可转动，即"令儿童转之，而溉水自覆，更入更出"。可见翻车结构之精巧，遗憾的是，该文献未能留下有关其具体结构的记载。

唐宋后，翻车已广泛使用，主要表现在以下三个方面：一是在乡村地区广泛使用，且开始出现转轴、轴承、传动链等基本机械部件。唐代，在大量制造翻车的过程中，产生了有关翻车的规格标准。据《旧唐书》记载，太和二年（828年）闰三月，朝廷颁布"水车样，令京兆府造车，散给缘郑白渠百姓，以溉水田"。二是广泛应用于唐代长安的城市和宫廷供水系统，且可能一年四季都在工作。诗人李贺在《同沈驸马赋得御沟水》中记载道："入苑白泱泱，宫人正靥黄。绕堤龙骨冷，拂岸鸭头香。"大意为内苑中的水是利用绕堤而设的龙骨水车将御沟水提升而来的，水从龙骨车中翻出时，由于流速较快、水层较薄，在光线下呈白色，故称"白泱泱"。三是创造性应用于宫廷贵族的夏季消暑去热。五代后蜀主孟昶的妃子花蕊夫人曾在一首宫词中记载道：

脚踏翻车（南宋 楼璹《耕织图》）

楼璹（shú）为翻车赋诗一首："揠苗鄙宋人，抱瓮惭蒙庄。何如衔尾鸦，倒流竭池塘。稏稏舞翠浪，蓬篠生昼凉。斜阳耿疏柳，笑歌闻女郎。"

桔槔与脚踏翻车（清　焦秉贞《耕织图》）
该图赋诗三首，对抱瓮汲水、戽斗、桔槔和翻车的工作效率进行了对比："塍田六月水泉微，引溜通渠迅若飞。转尽桔槔筋力瘁，斜阳西下未言归"。"艺夺天工巧，人勤地力加。桔槔声振鼓，戽斗疾翻车。灌注畦旋满，呕哑日欲斜。况兼风露美，倩倩吐新华"。"抱瓮终输力气微，桔槔轮转迅如飞。池塘水满新禾润，树下乘凉待月归"。

"水车踏水上宫城，寝殿檐头滴滴鸣。助得圣人高枕兴，夜凉长作远滩声。"大意是利用翻车等提水机械把水提升到宫城寝殿的房顶上，再沿屋檐不断徐徐下流，形成"积水飞帘"的效果，起到消暑的作用。

翻车是一种刮板式连续提水机械，可用手摇、脚踏、牛转，或水转、风转。龙骨叶板用作链条，卧于矩形长槽中，车身斜置河边或池塘边。下链轮和车身一部分没入水中。驱动链轮，叶板就沿长槽刮水上升，至长槽上端，将水送出。如此循环，可连续取水，并把水输送到所需之处，不仅效率大为提高，且操作搬运方便，可及时转移取水点，既可灌溉，又可排涝。可以说，中国古代链传动最早应用于翻车上，这是提水灌溉机械的一项重大改进。

按其动力，翻车可分为以下五种。

（1）拔车。

即用手摇动的翻车，发明于东汉三国时期。据明代宋应星所编《天工开物》记载："其浅池、小浍，不载长车者，则数尺之车，一人两手疾转，竟日之功，可灌二亩而已。"其中，"数尺之车"即拔车。

拔车的提水机械结构与脚踏翻车相同，只是将脚踏装置改成手摇曲柄。工作时，由一二人用手摇转动曲柄，使轮轴旋转，带有龙骨板叶的木链随之沿长木槽上移，龙骨板叶就会不断刮水上岸。南方部分地区至今仍在使用该类机械。

拔车（明 宋应星《天工开物》）

1926—1927年，湖北武昌郊外手摇翻车（佚名/FOTOE）

1912年，南京城郊一对父子正使用手摇翻车提水灌溉菜地。
（[美]路得·那爱德摄/FOTOE）

1965年，安徽南陵县农民正在使用手摇翻车灌溉农田。
（黄欣/FOTOE）

（2）脚踏翻车。

出现于唐代。据《农书》记载，翻车的车身用板做槽，长可二丈，阔则不等，四寸至七寸，高约一尺。槽中架行道板一条，随槽阔狭，比槽板两头俱短一尺，用置大小轮轴，同行道板上下，通周以龙骨板叶。其在上大轴两端各带拐木四茎，置于岸上木架之间。人凭架上踏动拐木，则龙骨板随转，循环行道板刮水上岸。这是利用齿轮原理，以上端齿轮作为主要机件，立齿轮的轮轴向两侧伸出，通过人踏动拐木带动木链条，利用木链条上的一个个刮板把水刮到车槽中，水顺着车槽从低处升到高处。如此连续循环，把水输送到需要之处，可连续取水，功效大大提高，操作搬运方便，还可及时转移取水点，既可灌溉，又可排涝。

脚踏翻车的动力比手摇翻车大，提取的水量也多，提水高程可达数丈之高，因而这一机械在中国乡村中使用最为普遍。

18世纪西洋画中的一人脚踏翻车工作场景（[英]托马斯·阿罗姆绘《大清帝国城市印象》）

18世纪西洋画中的二人脚踏翻车工作场景（[英]托马斯·阿罗姆绘《大清帝国城市印象》）

二人脚踏翻车（明 宋应星《天工开物》）

三人脚踏翻车（明《便民图纂》）

该图中配有竹枝词《车戽》："脚痛腰酸晓夜忙，田头车戽音浪浪。高田车进低田出，只愿高低不做荒"。该词形象地描写了踏车人的辛劳，也明白地阐述了当时人们不仅用翻车取水灌溉高处田地，而且用于排出低处的洪涝积水。

18世纪西洋画中的三人脚踏翻车工作场景（[英]托马斯·阿罗姆绘《大清帝国城市印象》）

（3）畜力翻车。

关于畜力翻车的早期记载出现于南宋诗人陆游的《入蜀记》中，"抵秀州……运河水泛溢，高于近村地至数尺，两岸皆车出积水，妇人儿童竭作，亦或用牛"。陆游所见翻车正在排除积水。这类机械在宋代绘画中也有展现。

其提水结构与脚踏翻车相同，只是传动结构有所变化，即在翻车上轮的横轴上装一个立齿轮，旁边另外安置大立轴，立轴上再装一个卧齿轮，与立齿轮的齿相咬合。立轴上装一个横杆，当牲畜拉着横杆转动时，通过两个大齿轮的传动带动翻车转动，向上提水。

三人脚踏翻车（郑光华/FOTOE）

摄于1958年上海，被下放到农村的演员上官云珠（左）、王丹凤（中）和张乾（右）在田间踩水车。

翻车排水（韩学章/FOTOE）

1953年2月，为治理淮河水患，人们在淮河支流洪河上修建分洪道。照片中场景为当时的人们正在使用脚踏翻车排出分洪道中的积水。

牛转翻车（清乾隆朝《钦定授时通考》）

牛转翻车（文化传播/FOTOE）

龙骨车图（南宋 李嵩绘）

该图所绘机械仍是牛转翻车，一孩童骑在牛背上挥鞭驱牛，旁边一头小牛犊正在俯身吃草。该图对翻车的描绘非常清晰准确。

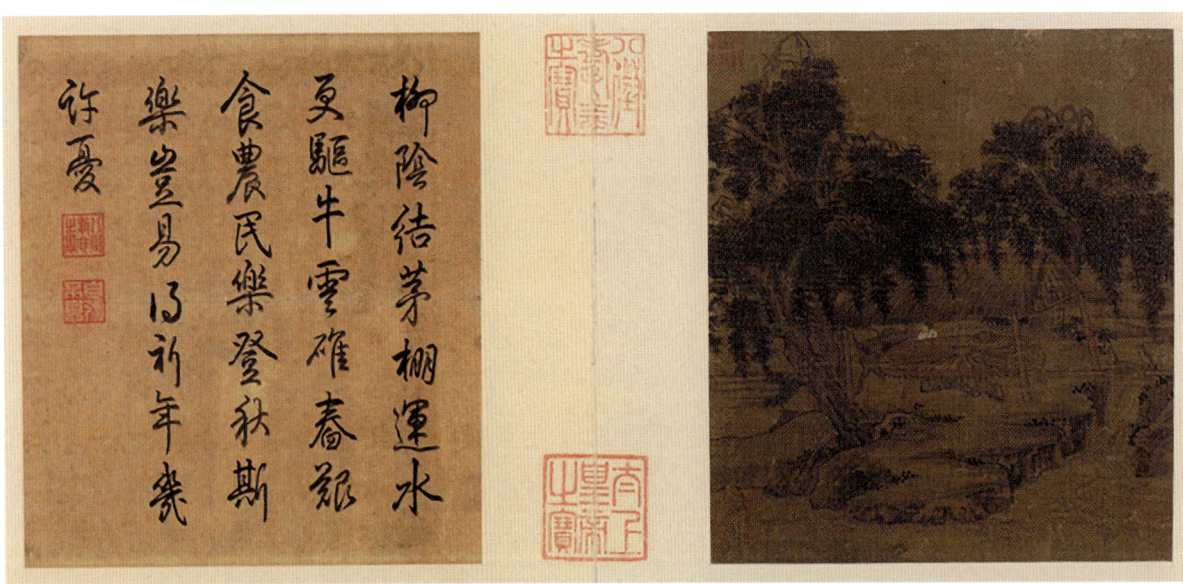

《柳荫云碓图》中的牛转翻车（南宋 马远绘，清乾隆题诗）

该图中，在三棵柳树下有一头牛，正绕一大木轮逆时针旋转，木轮外侧有齿，通过卧轴左侧的小齿轮驱动右侧的龙骨水车进行灌溉。牛身后，一人正挥鞭驱牛。

（4）风力翻车。

风力翻车是以风车作为翻车动力的提水机械，最早见诸南宋刘一止《苕溪集》的记载。"老龙下饮骨节瘦，引水上沂声呷呀。初疑整踏动地轴，风轮共转相钩加……残年我亦冀一饱，谓此鼓吹胜闻蛙"。"风轮"当指风车的风轮，"钩加"指风车与翻车间的传动。又据明徐光启《农政全书》记载，河南及真定诸府"大作井以灌田""高山旷野或用风轮也"。《天工开物》则记载了扬州一带"以风帆数扇，俟风转车，风息则止"，即以风车驱动翻车，排干沼泽水以便栽种的场景。

立轴式风车（公元传播/FOTOE）

该图为1924—1926年辽东半岛关东州盐田上的汲水风车，风车带动水车将水提到盐田中。

河北大沽盐田中正在汲水的风车（李约瑟《中国科学技术史》第四卷第二分册机械工程）　　卧轴式风车

风车主要有立轴式和卧轴式两种类型。

清周庆云在《盐法通志》中描述了安凤官滩一带的立轴式风车的构造原理。立轴式风车的巧妙之处在于运转过程中可自动调节风帆方向。当风帆转到顺风一边时，就会自动趋于与风向垂直，所受风力最大；当转到逆风一边时，就会自动与风向平行，所受阻力最小。这使得风车不会受到风向变化的影响，从而不会改变旋转方向。

明末清初学者方以智在《物理小识》中描述了卧轴式风车的构造原理，与立轴式风车相比，卧轴式风车具有构造简单、使用简便、占地面积小等优点，但不能自动适应风向变化。

（5）水转翻车。

水转翻车提水的机械结构与脚踏翻车相同，但翻转动力则来源于靠水流冲击力驱动的主动水轮，主动水轮通过齿轮传动装置带动翻车转动。

据明徐光启《农政全书》记载，水转翻车是先在河流岸边挖一沟渠，把翻车置于其中。然后把翻车的踏轴延伸，做一立式小水轮，水轮旁另外搭木设轴，轴上安装上下两个卧式水轮。上卧轮和立式小水轮是车头轮（即轮齿向外凸出），且二者的轮齿相间咬合。当水流推动下卧轮时，上卧轮也一起转动，并带动和上卧轮啮合的竖轮，如此利用齿轮传动原理，转动一旁沟渠中的翻车，水便被输送上岸。

5.1.6 筒车

筒车又称"天车""竹车""水轮""水车"，是提水灌溉工具。据《天工开物》记载，筒车的水轮直立于河畔水中，轮周斜装若干竹制或木制小筒。"堰陂障流，绕于车下，激轮使转，挽水入筒，——倾于枧内，流入亩中"，即利用水流推动水轮，轮周小筒次序入水舀满，至顶倾泻而出，接以木槽，导入渠田。"不用水时，塞木障止，使轮不转动"。

有关筒车的最早记载见于唐代，宋以后逐渐推广。按动力，筒车可分为水转筒车、驴转筒车和高转筒车。

（1）水转筒车。水转筒车在北宋时已很盛行。它不同于翻车，没有链，水筒安装在水轮四周边缘，在底部取水，在顶部排出，因有"筒车"之名。元代王祯《农书》对其结构和特点进行了详细描述。

筒车（明 宋应星《天工开物》）　　　　　　　　　　　　　　　　筒车（清乾隆朝《钦定授时通考》）

民国时期广西的水转筒车灌溉（文化传播/FOTOE）

重庆市巫溪县水转筒车（Wilson Ernest Henry/FOTOE）

该图摄于1910年6月28日，水流冲击筒车转动，竹筒自底部汲水后依次转到顶部，将水源源不断地倾倒入掌盘内，再入水槽，引流灌溉高处的田地。

　　水转筒车安装在河边，由支架、立式水轮和水筒组成。立式水轮固定在支架上，水筒固定在水轮外缘四周。水轮的大小视河岸高低而定，轮的上端须高出河岸，下端须没于水中，如此才能保证既可汲水，又能将水引入田中。为确保水转筒车能稳定地工作，需"自上流排作石仓，斜擗水势，急凑筒轮"，即修筑导流工程。在岸上需架设水槽，以便"激转轮，众筒兜水，次第倾于岸上所横木槽，谓之天池，以灌稻田"。如果水力稍缓，可于上游用木石等做成木栅，横截河流，使之旁出湍急。当湍急的水流推动水轮不停地转动时，水筒就会随着水轮先后上升，依次倾倒于通向岸边的木槽中，再流入农田灌溉。

　　（2）驴转筒车。与用于水流湍急的水转筒车相较，驴转筒车（或以人力、其他畜力驱动）主要用于没有流水之处，如深井或积水深渊、深潭等处的提水。它是在筒车水轮外端别造一竖齿轮，竖齿轮之侧，岸上置一

兰州黄河水转筒车（李全举/FOTOE）

兰州水车，又名"天车""翻车""老虎车"，利用水流推动挂水板，驱使水车徐徐转动，水斗依次舀满水，缓缓上升，至上方时，水斗口朝下，将水倾倒掌盘，再入水槽，引流水渠。

驴转筒车（明 徐光启《农政全书》）

驴转筒车（清乾隆朝《钦定授时通考》）

在筒车转轴外端，另造竖轮，竖轮之侧岸上复置卧轮。驴驱动卧轮，卧轮带动竖轮，竖轮带动筒车转动，便可汲水灌溉。

卧齿轮。卧齿轮立轴上装一个横杆，当驴拉着横杆转动时，通过两个齿轮的啮合传动带动筒车转动，向上提水。与翻车相比，除翻车是利用叶板沿长槽刮水上岸，而筒车则利用轮侧小桶舀水上岸外，驴转筒车的形制与工作原理与牛转翻车基本相同。

（3）高转筒车。提水高度较一般筒车要大，须借助湍急河水产生的冲击力驱动。高转筒车在唐代已广泛使用。据《农政全书》记载，高转筒车高以十丈为准，由上下轮、筒索和支架等部件组成。岸上岸下各设一支架，支架上各装一立式水轮，下轮半浸水中。两轮用竹索相连，竹索上装有竹筒。水轮周围两边高起，中间凹下，用于承受竹索。竹索与竹筒之下，用木架及木板托住，以承受竹筒盛满水后的重量。上轮需用人力或畜力转动，当上轮转动时，竹索及下轮都随着转动，竹筒也随竹索上下。当竹筒下行到水中时，就兜满水，而后随竹索上行，到达上轮高处时，将水倾倒入水槽中，如此循环不已，可把低处之水提到高处灌溉农田。

5.2 水能机械

隋唐时期，灌排机具逐渐由人力提水发展为利用水力、畜力和风力等提水，从而使当时中国的灌排机具处于世界领先水平。中国古代水力提水机械，如水转翻车、水转筒车和高转筒车等，都是利用水流的动能作为提水机械的动力来源，从而取代人力和畜力，这是提水机械的巨大进步。

水力提水机械的发展促进了水能机械在生活、生产中的广泛应用，如舂米、磨面、碾米、筛米等农产品加工以及冶铁、纺织、制陶等生产性活动中，皆有相应的水能机械使用。该类水机械发明早，种类多，运用广，有些直到20世纪50年代仍在使用。

高转筒车（清乾隆朝《钦定授时通考》）

5.2.1 水碓

水碓又称水捣器、翻车碓、斗碓、鼓碓、机碓等，是一种利用水流力量实现捣杵动作，去掉谷、麦等皮壳的水力加工机械，也可用来加工矿石、竹篾、纸浆、医药等需要捣碎的物品。古代水碓主要有两种类型：一为由水流驱动水轮进而转动轮轴，轮轴上的拨杆拨动碓杆而工作；二为直接利用水的自重，通过杠杆上下运动

水碓（清乾隆朝《钦定授时通考》）

水碓（18世纪，日本中川忠英《清俗纪闻》）

清代连机水碓（文化传播 / FOTOE）
该图为清代西洋画，图中通过河边装有一巨大的立式大水轮和两个小轮，在水流推动下，带动水碓舂米。

清末乡间舂米用的水碓（文化传播 / FOTOE）

水碓舂练陶泥图（《古代造瓷工艺图集》）
两图形象地描绘了中国古代陶瓷制作流程中利用水碓舂练陶泥的场景，为清代外销画。

139

而工作，又名槽碓。前者工作效率高；后者效率较低，多引山溪或泉水。

水碓至迟在西汉时已出现。据桓谭《新论》记载，"伏羲之制杵臼之利，万民以济。及后世加巧，延力借身重以践碓，而利十倍。又复设机关，用驴骡、牛马及役水而舂，其利百倍"。桓谭的记录中列举了两种令杵舂运动的动力，即畜力和水力。其中，"役水而舂"的机械即水碓。该水碓上装有一个大的立式水轮，轮上有叶片，当水流推动水轮转动时，会带动拨板，拨板再带动碓杆，使碓头一起一落地舂米。

水碓碎石（文化传播/FOTOE）
该图绘于1770—1790年，生动地描绘了清代广州的制瓷工人利用水碓击碎瓷石的情景。

也就是说，水碓是由水流驱动水轮，通过动力轴拨动碓杆而工作，是人们综合利用水力驱动、凸轮运动和杠杆原理实现自动杵舂运动的机械。

东汉时已有将水碓用于供粮和军垦的记载。据《后汉书》西羌传记载，汉顺帝永建四年（129年），尚书仆射虞诩上疏指出，"雍州之域……因渠以溉，水舂河漕，用功省少而军粮饶足"。曹操时，曾移民军屯于河北、陇西、天水等地，民心浮动，后来"为将吏者休课，使治屋宅，作水碓，民心遂安"。西晋时，使用水碓一度成为达官贵人的特权。尚书王浑（223—297年）曾上书指出，洛阳百余里内，严禁百姓修建水碓，但却允许皇族大量使用。刘颂为河内太守时，汉公主在其境内所建水碓达30余处。司徒王戎"既贵且富，区宅、僮牧、膏田、水碓之属，洛下无比"，拥有的水碓达40余处。

西晋时开始出现并广泛使用连机碓。与单机碓相比，连机碓机械结构无大的变化，但动力轴加长，即一个水轮同时驱动数个碓头，轮上分布若干拨板，一个拨板与一套碓具相配，工作效率大为提高。据《农政全

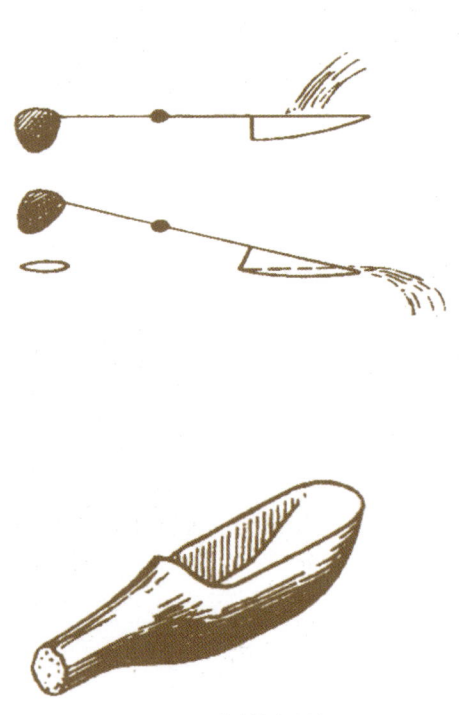

槽碓工作原理示意图及槽碓斜底水槽

槽碓（元 王祯《农书》）

槽碓（清乾隆朝《钦定授时通考》）

书》记载，连机碓由杜预发明制造。"今人造作水轮，轮轴长可数尺，列贯横木，相交如滚轮之制。水激轮转，则轴间、横木间打所排碓梢，一起一落舂之，即连机碓也"。

此后又出现槽碓，又称勺碓，即直接利用水的自重，通过杠杆的上下运动而工作。该机械与桔槔的装置恰好相反，桔槔利用一端的平衡重帮助另一端的水桶提水，而槽碓则将平衡重改为锤或杵，另一端做成斜底水槽，引水入水槽内，通过水槽的下降或上升，帮助锤或杵舂捣。据《农书》记载，"碓梢作槽，受水以为舂也"。如所居之地有泉，流较细，可在低处设置槽碓。与单碓不同之处在于，该碓前头减细，后梢深阔为槽，可储水斗余。自上流用竹筒，引水下注于槽，水满则后重而前起，水泄则后轻而前落，即为一舂。

5.2.2 水磨

水磨是中国民间用水力驱动的石磨，是用来将米、麦等颗粒粮食磨成粉末的水力机械。至迟在南北朝时期，水磨已开始推广使用，流行于中国大部分地区农村。

在中国农耕文明的历史长河中，河流上游沿岸的村庄里，都有一渠清水沿田埂、绕村舍款款奔来，临近水磨坊处水流加急，驱动水轮带动石磨昼夜不停运转，散发出粮食的芳香。

水磨主要由上下扇磨盘、转轴、水轮、支架等构成。上磨盘或下磨盘安装在转轴上，转轴另一端装有水轮，以水的冲击力驱动水轮，从而带动下磨盘或上磨盘转动。磨盘多用坚硬的石块制作，上下磨盘上刻有齿槽，通过上磨盘或下磨盘的转动摩擦，达到粉碎谷物的目的。

《农书》对水磨的结构、工作原理及其种类进行了详细记载："欲置此磨，必当选择用水地所，先尽并岸掰水激转。或别引沟渠，掘地栈木，栈上置磨，以轴转磨，中下彻栈底，就作卧轮，

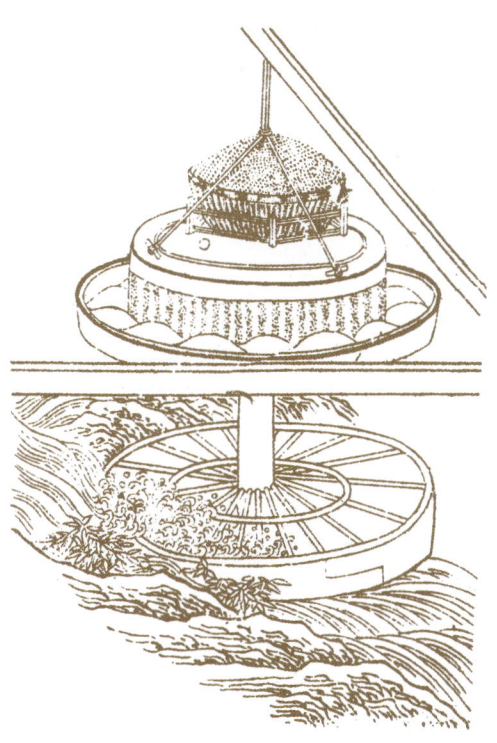

卧轮水磨（明 宋应星《天工开物》）

《闸口盘车图》中的卧轮水磨（五代宋初 卫贤绘）

以水激之，磨随轮转。比之陆磨，功力数倍。此卧轮磨也。"从上述记载可知，水磨主要包括五大部分：主动水轮、传动大轴、上下扇石磨盘、支承架、引水槽。上磨盘悬吊于支架上，下磨盘与主动水轮都固定在同一根传动大轴上，构成一水磨机组。整个机组又固定在牢实的支承架上，引水槽引水冲击主动水轮转动，石磨则随之转动。

中国现存最早的水磨图像是现藏上海博物馆的《闸口盘车图》。该画呈现的是一个水磨作坊加工粮食的场景，也呈现了水磨的历史模样。仔细观察此画，会发现水磨的上磨盘与粮斗是悬挂在屋顶上的，这表明上磨盘不动，水轮通过轮轴带动的是下磨盘。如今这种形式的水磨在我国河北、青海和甘肃等地仍有应用。

从画中还可清楚地看到水磨的动力部分是一个带有双层辋轮的卧式水轮。这种卧轮水磨适合于安装在水冲击力比较大的地方。假如水的冲击力比较小，但是水量比较大，可以安装另外一种形式的水磨：立轮水磨。立轮水磨轮轴的一端是立式水轮，另一端安装齿轮，并与磨盘转轴下部的卧式齿轮相啮合。如此，水轮通过正交齿轮的传动而使磨盘转动，如宋王希孟《千里江山图》中的水磨。

《千里江山图》中的水磨（宋 王希孟）

北宋王希孟于1113年完成的《千里江山图》，现藏北京故宫博物院。此画规制宏大，纵51.5厘米，横向竟有近12米。在画面不起眼的一处绘有一部立式水轮驱动的水磨。磨盘的结构与《闸口盘车图》一样，也是上磨盘悬吊的方式，从而说明这种形式的水磨在我国宋代比较常见。

甘肃洋布村水磨房群（杨生/FOTOE）

甘肃省甘南藏族自治州迭部县多儿乡洋布村水磨群拥有悠久的历史，是目前保存较为完整、数量较多且至今仍在使用的水磨群。

连二水磨（元 王祯《农书》）

九转连磨

魏晋南北朝时期，水磨得以推广，主要用于磨面等粮食加工，又称水硙。公元 6 世纪初，仅洛阳谷水上就有水碓磨数十座。唐宋时，水磨已很发达，除磨面外，还用来磨茶。北宋中央政府专设水磨务，隶属司农寺。

5.2.3 水碾

水碾是古代用来把谷类轧碎以去皮壳的工具。水磨靠上下磨盘及其齿槽的挤压使粮食变成粉末，水碓靠碓头的冲击力量使粮食被捣碎，而水碾则是靠碾石将粮食碾碎，三者各有其用场。

水碾（明　宋应星《天工开物》）

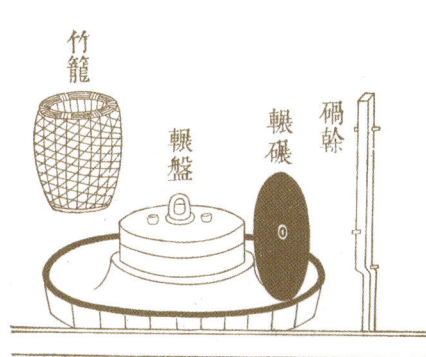

水碾三事（明　徐光启《农政全书》）

贵州省黄平县重安江上正在工作的水碾磨坊
（人民图片 / FOTOE）

贵州黄平县重安江上的水碾坊群（左乃军 / FOTOE）

至迟在晋朝，水碾已开始普及推广。据《后魏书》记载，北魏吏部尚书崔亮奏请在方张桥东，"堰谷水，造水碾数十区"。《农书》对水碾的结构进行了详细记载。水碾上部与陆碾相同，"但下作卧轮或立轮，如水磨之法。轮轴上端，穿其碾干。水激则碾随轮转，循槽轹谷，疾如风雨。日所毁米，比于陆碾，功利过倍"。水碾与水磨的工作原理相同，但上部结构各异，水碾无上下磨盘，而只有碾盘和碢（即碾石）。

为提高效率，人们在使用过程中将碾、砻、磨合为一轴，称"水碾三事"。即以同一个主动水轮，通过在其传动轴端分别配置碾盘、砻盘或磨盘，可达到一机三用的目的。"砻"也是一种轧米的水力机具，可以将谷壳破碎，以便去皮。

5.2.4　水打罗

水打罗是一种利用水力来筛面筛米的机具，又称"水击面罗"。其结构与水排大致相同，即通过一套传动机构，把主动水轮的旋转运动变为筛网的直线往复运动。"罗因水力，互击桩柱，筛面甚速，倍于人力"。

5.2.5　水排

水排是以水轮为动力的冶炼鼓风设备。东汉建武七年（31年）由南阳太守杜诗发明。

中国冶铸技术起源很早，商代已有冶铜技术，最迟在战国已有炼铁技术。冶炼铸造需鼓风设备，以使冶炉获得高温。最初靠人力鼓风，后发明"马排"，即畜力鼓风。

冶铁时，须利用鼓风设备向炉内压送空气以提高温度。最早的鼓风设备是牛皮袋，后发明以活塞压送空气的风箱，这些设备需用人力鼓动，称"人排"。再后来采用畜力鼓动，因多用马，又称马排。东汉杜诗改用水力鼓动，因又称"水排"。水排代替人排、马排，工作效率大为提高。据《三国志》记载，每冶炼1石熟铁，如利用马力推动鼓风设备，需100匹马工作；用"人排"，则更费功力；"因长流为水排，计其利益，三倍于前"。

水打罗（元　王祯《农书》）　　　　水排（明　徐光启《农政全书》）

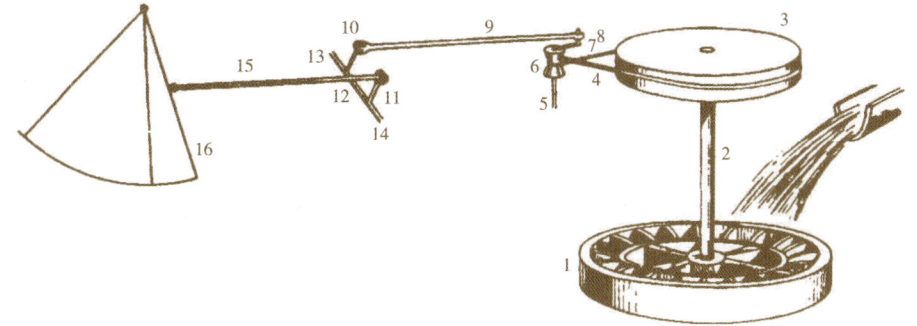

水排的卧式水力往复运动装置示意图
1—卧式水轮；2—立轴；3—主动轮；4—传动轮；5—辅助轴；6—小轮或滑轮；7—偏心杆或曲柄；8—曲柄接头与销子；9—连杆；10、11—摇臂直角杠杆（攀耳）；12—摇臂辊（卧轴）；13、14—轴承；15—活塞杆（直木）；16—扇式鼓风器（木扇）

根据《农政全书》记载，水排基本结构有五部分，即主动水轮及轮轴、传动轮、受力转换机构、风箱、支架，此外还应有适当的导流设施。当水流冲击水轮转动时，随水轮转动的主轴带动上端的传动轮转动，然后运动转换机构将传动轮的圆周运动转换为风箱拉杆的往复直线运动。按照这一基本原理，一个主动水轮还可带动多个鼓风设施工作。

水排巧妙地把旋转运动转变为往复运动，被西方学者看作是曲柄连杆机构的最早发明。

5.2.6 水转纺车

水转纺车最早记载见于元代王祯《农书》，但有关纺织史的研究表明，水力纺车早在宋代即已出现。

水转纺车图（元　王祯《农书》）

水力纺机体积硕大，主要用于纺麻。水转大纺车的基本原理仍然是利用水力冲动水轮，然后通过一套传动装置带动纺车转动。《农政全书》记载水转大纺车说"此车之制，但加所转水轮，与水转碾磨之法俱同"。从上述记载看，水转大纺车的主动水轮要比一般水力机械多一个，这大概是因为带动纺织机转动需输入更大的功率。根据王祯的记载，水力大纺车一昼夜可纺麻百斤。元代，成都平原都江堰灌区的水力纺车数以万计。

元代，水转大纺车得到推广应用，不仅"中原麻苎之乡，凡临流处所多置之"，即便在当时属于偏远地区的四川都江堰一带，也出现"缘渠所置雄、硝、纺绩之处以万数"的欣欣向荣局面。

5.2.7 水能仪器

在中国古代，水能不仅用于生活、生产，也用于仪器制作。如汉代的水运浑天仪、宋代的水运仪象台等能模仿天体运行并测定时间的复杂仪器，都是依靠水力而实现自动运转的。

1. 水运浑天仪

据《晋书·天文志》记载，东汉时期，著名天文学家张衡（78—139年）发明制造用漏水驱动的浑天仪，该仪器能够指示星辰的出没时间。这是有明确记载的世界上第一架用水力驱动的天文仪器。该浑天仪的传动系统十分精巧复杂，遗憾的是，这套复杂的传动系统未能流传下来，今人仅可见到张衡浑天仪的复原模型。

据《新唐书·天文志》记载，唐开元十三年（725年），僧一行和梁令瓒发明设计"水运浑天仪"。该仪器上装有日、月两个轮环，由水轮驱动浑象，使其与天球同步转动，以显示星空的周日视运动。浑象每天转一周，日环转1/365周。仪器上还装有两个木偶，分别击鼓报时。

该浑天仪改进了汉代张衡的设计，注水激轮，令其自转，昼夜一周，除表现星宿的运动外，还可表现日升月落。水运浑天仪制成后，置于唐武成殿前，文武百僚观看后，无不为它的制作精妙、测定朔望、报时准确而叹服。

南京紫金山天文台浑仪（张庆民/FOTOE）

2. 水运仪象台

水运仪象台为苏颂、韩公廉等人于北宋元祐三年（1088年）所制，是用于天文观测和记时的自动化天文台。它不仅是中国古代著名的天文仪器，也是世界上最古老的天文钟，国际上对其设计给予高度评价。该仪象台是一套复杂的机械装置，其整个机械轮系的运转完全依靠由恒定流量的水所驱动的水轮，故名"水运仪象台"。

苏颂在其所著《新仪象法要》中详细介绍了水运仪象台的设计和制作情况，并附有总图和部件图多幅。水运仪象台的设计，不仅吸取了北宋初年天文学家张思训所改进的自动报时装置的优点，还广泛采用民间所用水车、筒车、桔槔、凸轮、天平秤杆等的设计技巧，集观测、演示和报时等功能于一体。它是一座上狭下广的木建筑，高三丈五尺余，宽二丈一尺。仪象台的下层设有提水装置，由人力推动筒车，将水提到天河（受水槽），注入天池（蓄水池）。仪象台中的平水壶用于保持水位恒定，并通过一定截面的水管向枢轮（水轮）上的受水壶流泄恒定流量的水，从而驱动枢轮。"枢轮直径一丈一尺，以七十二辐双植于一毂为三十六洪，束以三辋。每洪夹持受水壶一，总三十六壶，每壶长一尺，阔五寸，深四寸。于壶侧置铁拨牙以拨天衡关舌。"通过"天衡"装置——擒纵机构，枢轮的转动变为间歇运动，并通过传动齿轮带动昼夜机轮、浑象和浑仪，从而完成整套仪器的自动运行。

水运仪象台的设计制作反映出中国古代对水力以及机械原理知识的应用已经达到相当高的水平。

水运仪象台结构及复原模型

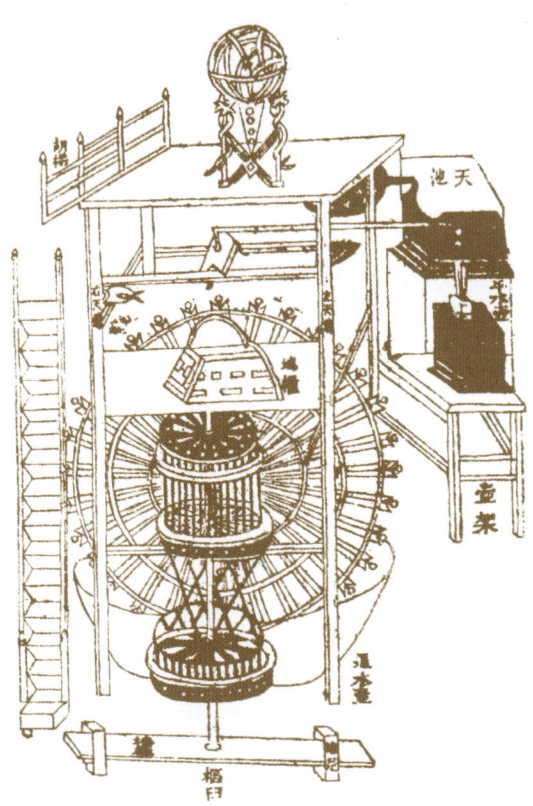

钟楼全图（苏颂《新仪象法要》）

驱动轮（枢轮）和排水池（退水壶）（苏颂《新仪象法要》）

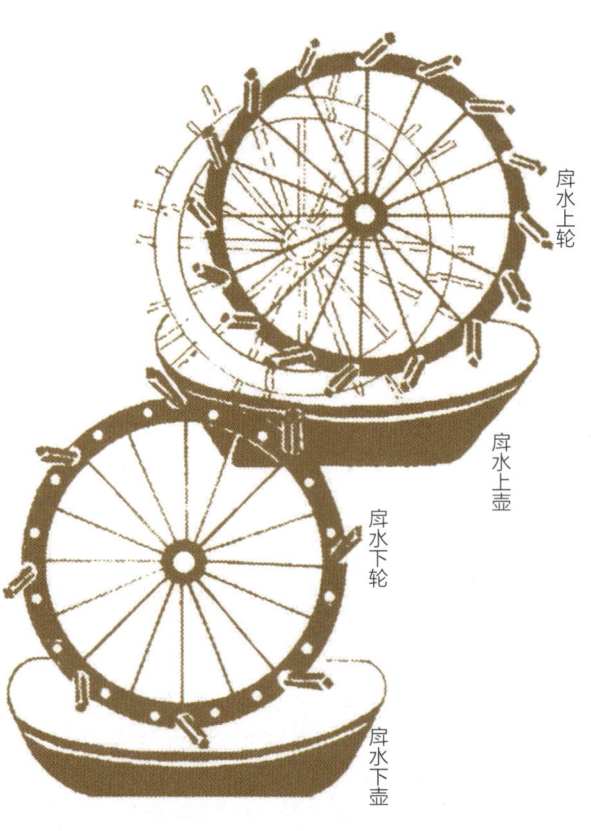

上下厯水轮、储水箱和操作手柄（苏颂《新仪象法要》）

6

古代水利科学技术

中国水利发展历史悠久，工程类型多样，并各具特色，由此在水利科学技术上产生许多独特的发明创造，这些成就集中表现在水利基础科学和水利施工技术方面。

6.1 古代水利基础科学

早在春秋战国时期就已出现有关水利方面的基础科学知识，主要集中在对地表水流运动一般规律的认识上。至秦汉时期，随着水利建设的兴起，人们开始对水利基础科学知识进行较为系统地总结，如水文测量开始出现，对河流泥沙运行规律开始有了初步认识。明清时期，传统的水利基础科学内容框架已大体成型。然而，由于中国古代水利基础科学缺乏系统的定量研究，没有形成能用数学公式表达的定理、定律，因而始终在前科学的界定内徘徊。

6.1.1 对水资源的认识

早在先秦时期，先人已对全国主要水系的水资源基本情况具有比较符合实际的认识。他们对不同地区的土壤资源已有大致的了解，并提出了鉴别土质和土壤肥力的标准；对各类农作物的适应性及其对土质和水质的不同要求已有充分认识。同时，合理地总结、规划出全国范围的水利区域，并据此规划水利和农业发展的不同方向。这既可以对当时各个区域水利实践予以总结，又可对各个地区的水利建设进行指导。

1. 对地表水的认识

（1）地表水的分类。为合理开发利用水资源，春秋战国时期已将地表水按其来源和流经情况进行了划分，分为干流、支流、季节河、人工河和湖泽5类。据《管子·度地》的说法，"水有大小，又有远近。水之出于山而流入于海者，命曰经水；水别于他水，入于大水及海者，命曰枝水（支流）；山之沟—有水—无水者，命曰谷水（季节河）；水之出于他水，沟流于大水及海者，命曰川水（人工河）；出地而不流者，命曰渊水（湖泽）。此五水者，因其利而往之，可也；因而扼之，可也。"《管子·度地》中关于地表水流的分类与现代对地面径流的分类大体一致。

至西汉时，人们已对地面径流进行过总体、宏观的分析和研究，对各类水体的特征和划分标准也比较科学。在这一时期明确认识到只有根据不同类型的水体特点，采取不同的方法和措施，即必须顺应水流运动的客观规律，才能达到治导利用的目的。

（2）早期中国水系勾绘。战国时期的《禹贡》分别记述了弱水、黑水、黄河、漾水（汉水上源）、长江、沇水（古济水，自河南武陟注入黄河）、淮水、渭水、洛水等河流的经行，其中对于黄河的描述较为具体。《禹贡》指出黄河发源于青海积石，东流至龙门，南至华阴，折而东向至底柱，再东至河南孟津，继而至洛河口和大伾山，然后北折过洚水（古漳水），经大陆泽（河北之宁晋泊等湖），更北则分作九支，并最终汇为逆河（受潮河段）入于海，形象地勾勒出一幅古代中国水系图。

（3）北魏郦道元笔下的河流水系。北魏郦道元《水经注》的问世标志着中国古代河流水文认知水平达到新的阶段。在此之前的《水经》是中国第一部河流水系的专著，记述了全国水道137条的情况。郦道元以《水经》所记各河为主干，牵连注记的河流则多达5000条以上。为注记《水经》，郦道元除了详察有关文献记载外，还注重实地考察，书中不仅详细叙述了河流水系的源流脉络，而且补充了大量有关城市、农田水利、航运、交通、名胜古迹、历史事件、地理情况等内容。《水经注》既是一部古代历史、地理、文学名著，也是古代水文地理的代表性著作。

（4）徐霞客笔下的水体及其水文特征。《徐霞客游记》用较大的篇幅描述了各地的水体类型及其水文特征，记载大小河流551条，湖、泽潭、池、沼泽198个，对河流水文的描述包括流域范围、水系、河流大小、河水的流速、含沙量水量变化、水质、分水岭、伏流、河床的地区差异等。《徐霞客游记》把沼泽称作"阻洳""湖"或"干海子"，当他考察了云南保山大寨的干海子后，写了一篇相当精彩的论述沼泽形态性质、水文特征的专题论文，把该片沼泽的形状、大小、生物、土壤、水文、生产、交通，物理性质都作了详细描述，如此详细且具有科学价值的论述沼泽的文献，在徐霞客以前没有出现过。

2. 对地下水的认识

泉水是地下水的天然出露，也是最早被利用的地下水源。对泉水的记载，始见于3500年前的甲骨文，此后的《诗经》中也多有记载，并进行了初步分类。以地下水为水源的引水方式主要有二：一是引泉灌溉，二是井灌。其中水井的开凿推广是人类的活动范围逐渐向远离河流的区域扩展的标志，目前发现的最早水井为距今6000余年的浙江余姚河姆渡文化遗址。

随着水井的大量开凿，人们对地下水的认识逐渐积累。至战国时期，《管子·地员》分别对平原、丘陵、山区的地下水的埋藏深度等情况进行了系统介绍。唐宋时期，井灌工程技术渐趋完善，尤其在干旱的北方地区，井水成为灌溉的重要水源之一。明清时期黄河、海河流域和西北地区开始出现灌溉面积较大的井灌工程，与之相应的是大量有关凿井和井灌文献的出现，其中明代徐光启对水井井址的选择、开凿、衬砌和维护等都有详细归纳。

（1）泉水分类及其水文特征描述。先秦文献尤其是《诗经》和《尔雅》都曾描述过各种泉水的不同水文地质特征，有些描述与现代水文地质学分类法基本吻合，这充分反映出2000多年前的古人在泉水及其水文地质方面的认知水平。

先秦时期泉水分类、水文特征描述以及与现代泉水分类对照表

古代泉水分类	《尔雅》原文	《诗经》及其他文献	水文地质分类
滥泉	滥泉正出。正出，涌出也。	《诗经·小雅》：觱沸槛泉	上升泉
沃泉	沃泉县出。县（现）出，下出也。	《诗经·曹风》：冽彼下泉	下降泉
氿泉	氿泉穴出。穴出，仄出也。	《诗经·小雅》：有洌氿泉	河岸出露侵蚀泉或溶洞泉
肥泉	归异出同曰肥。	《诗经·邶风》：我思肥泉	（同泉源）多股泉
濆泉	濆大出尾下。		（深层地下水）涌流
瀸泉	泉一见一否，为瀸。		间歇泉
汧泉	汧，出不流。		溢出泉
㶌泉	夏有水，冬无水，曰㶌。	《诗经·邶风》：爰有寒泉	季节性泉
埒泉	山上有水，埒	《列子·汤问》：一源分为四埒，注于山下	岩缝出露地表滞水补给的泉

（2）《管子》关于地下水理论的阐述。成书于战国时期的《管子》则对江河、淮、济之间的平原地区的地下水埋藏深度、地下水水质、相应的地表土壤性质及其适宜种植的农作物品种等做了系统的归纳，这是中国最早的关于地下水的理论概括。

《管子·地员》记载的地下水埋深、水质及适宜作物情况表

地表土名称	地下水深度（尺）	地下水水质	适宜种植的作物品种
息徒	35	水仓	五种（谷）无不宜
赤垆	28	水白而甘	五种（谷）无不宜
黄唐	21	泉黄而糗，水流徙	唯宜黍秫
斥埴	14	泉咸，水流徙	宜大菽与麦
黑埴	7	水黑而苦	宜稻麦

《管子·地员》中关于寻找地下水源方法的记录表

名称	位置	识别标志	离地面距离
悬泉	山之上	其地不干，其草如茅与走，其木乃橚	二尺
复吕	山之上	其草鱼肠与蓤，其木乃柳	三尺
泉英	山之上	其草蕲、白昌，其木乃杨	五尺
	山之材	其草兢与蕾，其木乃格	十四尺
	山之侧	其草萱与蒌，其木乃品榆	二十一尺

（3）唐代"茶圣"陆羽评饮用水水质。陆羽所著《茶经·五之煮》中指出，通过煎茶用水，可从味觉、嗅觉和水色等方面对饮用水的水质进行评价："其水，用山水上，江水中，井水下。其山水拣乳泉、石池慢流者上；其瀑涌湍漱勿食之，久食令人有颈疾。又多别流于山谷者，澄浸不泄，自火天至霜郊以前，或潜龙蓄毒于其间，饮者可决之以流其恶，使新泉涓涓然酌之。其江水，取去人远者。井取汲多者。"在此，陆羽将水分为三等，即"山水上，江水中，井水下"，并根据水质将全国各地的水进行排名。

陆羽评出的天下二十名泉表

第一，江州庐山康王谷水帘水	第十一，润州丹阳县观音寺水
第二，常州无锡惠山寺石泉水	第十二，扬州大明寺水
第三，蕲州兰溪石下水	第十三，汉江金州上流中水
第四，峡州扇子山蛤蟆口水	第十四，归州玉虚洞下香溪水
第五，苏州虎丘寺石泉水	第十五，商州武关西洛水
第六，江州庐山招贤寺下石桥潭水	第十六，苏州吴淞江水
第七，扬州扬子江南零水	第十七，如州天台山西南峰千丈瀑布水
第八，洪州西山西东瀑布水	第十八，郴州圆泉水
第九，唐州柏岩县淮水源	第十九，严州桐庐严陵滩水
第十，庐州龙池山岭水	第二十，雪水

（4）明代徐光启《农政全书》中关于地下水的认识。《农政全书》中有关井的阐述主要包括5个方面内容：井址的选择、井深确定、井水水质判别、井底建筑结构材料及凿井过程中回避有害气体的问题。书中包含有若干现代水文地质学的基本知识，有些内容与古罗马著名建筑学家维特鲁威的《建筑十书》相近，但又有补充和完善，这可能是由于徐光启受到西方传教士影响的结果。

徐光启根据在有泉源出地貌和泉水出露情况选择井址，即在山麓冲积扇，地下水处于流动状态，地下水的出露处就是凿井位置；在无泉源出露的地区，他提出3种判断有无浅层含水层的方法，即气试、盘试和缶试、火试。

徐光启提出根据井水土质辨别水质的方法，并详细记载了煮试、味试、称试和纸帛试等水质评价方法。

徐光启根据井水土质辨别水质的方法表

名称	水质情况
赤埴土	其水味恶
沙土	水味稍淡
黑坟土	其水良
沙中带细石子者	其水最良

3. 水资源区域划分

（1）全国水资源和水利区域的划分。早在春秋战国时期，古人就已对全国的水资源进行过系统描述，这集中体现在《周礼·职方氏》中。职方氏是掌管全国地图和九大行政区（即九州）资源和经济情况的官员。书中把全国的水利资源分为泽薮、川、浸3种类型，其中"泽薮"是指湖泊沼泽；"川"是指能通航的河流；"浸"则指有灌溉之利的水域，并分别指出九州各自的水利区域，其中对泽薮、川、浸等的系统记述可被视为原始的水资源区划。

《周礼·职方氏》中列出的九州水资源分布情况表

州	泽薮	川	浸
扬州（今淮河以南地区）	具区（太湖附近的沼泽区）	三江（长江下游及太湖主要泄水道）	五湖（太湖及长江下游主要湖泊）
荆州（今长江中游及汉水以南地区）	云梦（今湖南、湖北沿江湖泊）	江（长江中游） 汉（汉水）	颍（浸水） 湛（沮漳水）
豫州（今河南省）	圃田（位于今郑州、开封一带的古代沼泽）	荥（颍水） 雒（洛水）	波（汝水） 溠（唐白河）
青州（今江苏至山东一带）	望诸（今豫南和鲁南的古沼泽湖泊）	淮（淮河） 泗（泗水）	沂（沂河） 沭（沭河）
兖州（今河南北部、山东西北部、河北东南部）	大野（今山东钜野、东平一带沼泽湖泊）	河（黄河） 泲（古济水）	卢（古漯水） 维（汶水）
雍州（今山西、陕西黄河以西地区）	弦蒲（今陕西陇县一带沼泽）	泾（泾水） 汭（泾水支流）	渭（渭水） 洛（北洛河）
幽州（今辽河下游和海河北系及山东半岛东端）	貕养（今山东莱阳以东沼泽）	河（黄河下游） 泲（古济水）	淄（淄水） 时（淄水支流时水）
冀州（今山西省和河北省南部地区）	杨纡（古大陆泽和宁晋泊等湖沼）	漳（漳河）	汾（汾河） 潞（浊漳河）
并州（今河北省西北和山西北部及以北地区）	昭余祁（今山西祁县一带沼泽）	古虖池（滹沱河） 呕夷（永定河）	涞（涞水，拒马河） 易（易水）

从《周礼·职方氏》反映的水利区划思想可知，秦汉以前已在全国初步形成各具特色的水利区域，此后这些区域仍有发展，有些逐渐成为今天著名灌区的前身。

（2）对土质与水质关系的认识。早在先秦时期，古人已能根据不同水利区域的土壤和水质特点确定相应种植的农作物，即已认识到一定的农作物适应一定的土质和水质，并对此进行了总结分析。

《尚书·禹贡》对"九州"的土壤进行了分类，并对其肥力、土质进行了鉴定，把全国土质分为三类九等。

《周礼·职方氏》则根据上述对全国各地土质和水质的认识指出各地适宜种植的作物。

《尚书·禹贡》对"九州"土壤的分类情况表

州	土质	土壤肥力
冀州	白壤	田中中
兖州	黑坟	田中下
青州	白坟	田上下
徐州	赤埴坟	田上中
扬州	涂泥	田下下
荆州	涂泥	田下中
豫州	壤与坟垆	田中上
梁州	青黎	田下上
雍州	黄壤	田上上

《周礼·职方氏》中九州适宜种植的作物情况表

州	适宜作物
扬州	谷宜稻
荆州	谷宜稻
豫州	谷宜五种（黍、稷、菽、麦、稻）
青州	谷宜稻、麦
兖州	谷宜四种（黍、稷、稻、麦）
雍州	谷宜黍稷
幽州	谷宜三种（黍、稷、稻）
冀州	谷宜黍、稷
并州	谷宜五种（黍、稷、菽、麦、稻）

《淮南子·地形训》对不同河流的水质及相应适宜种植的农作物进行了分析，"汾水蒙浊而宜麻；济水通和而宜麦；河水中浊而宜菽；雒水轻利而宜禾；渭水多力而宜黍；汉水重安而宜竹；江水肥仁而宜稻。"

6.1.2 对水流运动规律的认识

中国古人很早便开始认识水流运动规律，并对其进行总结分析，在《周礼》和《管子·度地》中都有比较系统的记述，其中《管子·度地》对水流运动规律的描述主要包括四个方面，即地表水分类、渠道水力坡降、有压管道水流和水跃等，这些都是中国原始的水动力学知识和水资源规划学。此后，在实践中不断丰富、深化和完善，但较少有理论上的更大突破。

1. 渠道水力坡降分析

随着灌溉工程的兴起，渠道底坡、明渠等水力学问题随之产生。若渠道底坡过陡，水流速度就会太大，进而对渠道产生冲刷破坏；若底坡过缓，行水不畅，就会产生淤积；若需灌溉高于自然河床的农田，就需在河道上游筑坝壅高水位。在漫长的水利建设实践中，中国古人反复对上述现象加以总结分析，逐渐形成关于明渠水力坡降问题的初步理论。

《管子·度地》中曾记载了这样一则问答："水可扼而使东西南北及高乎……曰：可。夫水之性，以高走下，则疾至于漂石；而下向高，即留而不行。故高其上，领瓴之，尺有十分之，三里满四十九者，水可走也。乃迁其道而远之，以势行之。"根据当

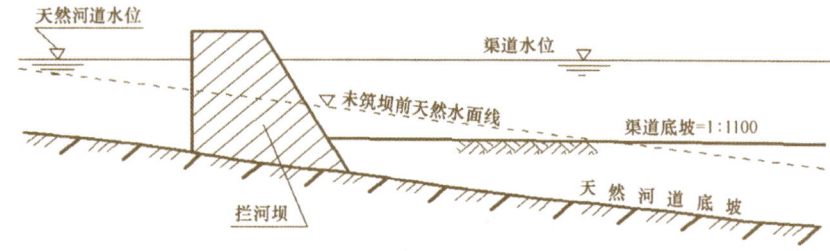

以坝扼水、以势行水示意图

时的度量衡换算，自流引水渠的纵坡只要满足约 1∶1100 的坡降条件，即可达到输水要求又不至于冲刷破坏渠道。这与现代北方灌溉渠道的一般坡降相比，虽显得有些陡，但从当时的测量、施工和管理水平看，稍微大一点的坡降是必要的。文中所谓的水流"以高走下""以势行之"则是对水的势能转化为动能的初步认识。

2. 有压流水力学现象描述

据考古发现表明，中国很早便已认识到有压流水力学现象，掌握了相应的有压管道技术，并将其应用到水利工程中。早在殷商时期就已修建了陶制下水管道工程。战国时期，在大中城市铺设陶制下水管道更为普遍，如河北易县的燕下都和秦都咸阳等都修建有系统的城市下水管道。

据《管子·度地》记载："水之性，行至曲，必留退，满则后推前。地下则平行，地高即控。"这是对倒虹吸一类设施中有压管流水力学现象的描述，即当渠水从一端流入向下弯曲的倒虹吸时，必先灌满倒虹吸。从整个渠道水流看，这时呈现"留退"的状况，尔后才能"后推前"地从倒虹吸另一端流出，倒虹吸的出口高程应低于进口高程（"地下"），水流才会顺利通过，否则渠水会因倒虹吸出口端过高（"地高"）而流不过去。

3. 弯道环流现象描述

《管子·度地》描述了河床和渠道中弯道处水流流态，初步揭示了弯道环流的水力学问题："杜曲激则跃，跃则倚，倚则环，环则中，中则涵，涵则塞，塞则移，移则控，控则水妄行。"文中的"杜"即"堵"；"跃"指水流在弯道受阻后冲击凹岸岸边产生浪花；"倚"指水流斜倾一边，先流向凹岸，然后流向凸岸；"环"指水流在弯道形成环流；"中"即"冲"；"涵"即挟带泥沙。此句的意思是当河道发生弯曲时，如弯道较急，弯道处就会产生水面环流现象，进而淘蚀、挟带走河床底部（主要是凹岸一侧）泥沙，产生冲刷，然后在凸岸沉积下来，致使凹岸越凹、凸岸越凸，最后导致河流自然改道，即"水妄行"。由此可知，当时人们已对弯道环流的水力现象具有相当深刻的规律性认识。

4. 进水堰和跌水分析

《考工记·匠人》中记载有渠系工程中的水力学问题："凡行奠水，磬折以三五；欲为渊，则勾于矩。"该文献认为渠道进口应做成类似石磬的样子，即堰顶水平段与后部折断的长度应为 3∶5，夹角为 150°左右，所谓"勾于矩"，即渠系建筑物中的跌水做成直角形，才能顺畅地引水。

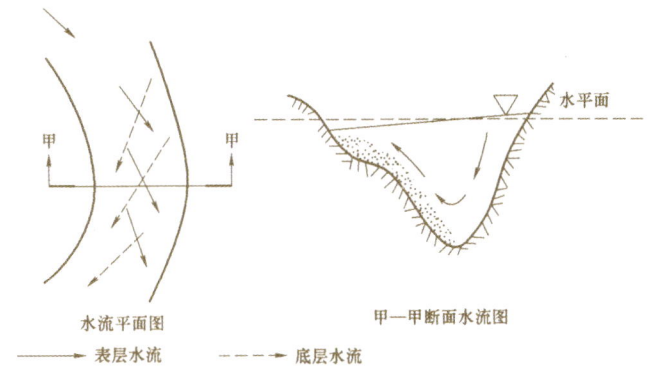

弯道环流示意图
——→ 表层水流　----→ 底层水流

6.1.3　对泥沙运行规律的认识

中国北方河流含沙量高，尤以黄河著称，多沙、善淤、善决和善徙是黄河多灾多难的根本原因。因此，历代各朝在治河实践中都很注重泥沙运行规律的研究，并取得突出的成就。如西汉大司马史张戎提出"水力刷沙"方略；宋代欧阳修和陈百禄等人对泥沙淤积、河床演变和海口演变规律进行了全面探讨；明代总理河道潘季驯和万恭提出"束水攻沙"方略；清代靳辅则提出"以清释浑"（又称"蓄清刷黄"）方略，这些研究成果不仅在当时的治河实践中发挥了重要作用，而且至今仍具有借鉴意义，在世界水文史中也具有独特而领先的地位。同时，北方有些地区自古盐碱化问题比较严重，而这些河流所含泥沙颗粒细、富含有机质，因此当地人在长期实践中逐渐创造出引浑水淤灌、改造盐碱地的丰富经验，成为颇具特色的灌溉类型。

1. "水力刷沙"

黄河中上游流经世界上最大的黄土高原，黄土高原经过长期的水流切割，支离破碎，沟壑纵横，平均每年输入黄河的泥沙高达 16 亿吨。如此之多的泥沙使黄河具有善淤、善徙和善决的特性，并成为最难治理的河流，历代各朝都把泥沙作为治黄的症结和根本所在，并开始对黄河泥沙含量进行观察与测量。

王莽新朝（9—23 年）时，张戎首次基于黄河泥沙的特点提出了治理意见。他认为黄河下游易于决溢的主要原因在于泥沙淤积，并首次提出利用"水力刷沙"的思想，为明代"束水攻沙"理论的形成奠定了基础。他指出："水性就下，行疾，则自刮除，成空而稍深。河水重浊，号为一石水而六斗泥……故使河流迟，贮淤而稍浅。"指出了黄河多沙的特点和水流速度愈大、挟沙能力愈强的规律，这是最早关于河流挟沙能力概念的定性叙述。他认为河水本身具有冲刷特性，如果水流具有较高的流速，就可以依靠河水自身的冲刷力排沙刷槽。但该观点在当时仅停留在议论阶段，并没有得到实施。

东汉初年王充进一步指出，水流挟沙能力的大小与水流速度及泥沙粒径大小和比重相关。他在《论衡》中指出："湍濑之流，沙石转而大石不移，何者？大石重而沙石轻也。"

2. "筑堤束水，以水攻沙"

古代对泥沙运行规律认识集其大成者是明代后期的两位总理河道，即著名的治水专家潘季驯和万恭，他们创立的"束水攻沙"论不仅阐明了水流挟沙能力和水流速度之间的内在关系，阐明了堤防可能动地改变水流流态，而且将这两方面的认识结合起来用来指导治河实践。

明万历年间，潘季驯四次担任总理河道一职，主持治理黄河、淮河和运河工作，前后历时 27 年。在此期间，他在万恭对水沙关系认识的基础上进一步提出"束水攻沙"和"蓄清刷黄"的治河理论体系，并设计出一整套堤防系统，努力将其理论体系在黄河上付诸实现。然而，由于历史条件的限制，潘季驯的方略与措施未能实现对黄河来水来沙的控制，黄河河床仍在不断淤积，最后形成地上"悬河"，即今"废黄河"一带。

为解决黄河泥沙淤积问题，潘季驯继承万恭的治河方略，并将其概括为"借水攻沙，以水治水""筑堤束水，以水攻沙"，具体就是"水分则势缓，势缓则沙停，沙停则河饱，尺寸之水皆由水面，止见其高；水合则势猛，势猛则沙刷，沙刷则河深，寻丈之水皆由河底，止见其卑。筑堤束水，以水攻沙，水不奔溢于两旁，则必直刷乎河底，一定之理，必然之势。"基于该方略，潘季驯在徐州至淮阴间建成长约 300 千米的黄河两岸遥堤，约拦洪水；同时在崔镇等处适当位置修建减水坝，分杀黄河异常洪水。黄河两岸堤防的修筑结束了自南宋黄河南徙以来摆动迁徙的局面，河槽从此得以固定，逐渐形成今地图上的废黄河（明清黄河故道）。

3. "以清释浑"，跨流域调水调沙

潘季驯主持治河期间，黄河下游及其入海尾闾间泥沙淤积日渐严重。为借助淮河水势冲刷黄河泥沙，潘季驯提出"以清释浑"的方略，又称"蓄清刷黄"，这是他"以水攻沙"思想的发展。从河流动力学观点看，引清水入黄河，不仅可增大黄河河床流量，加大流速，从而提高水流挟沙能力；同时，由于加入清水，可使黄河水流的含沙量相对减少，从而提高对河床的冲刷能力。"以清释浑"的方略是 16 世纪跨流域调水调沙的创举，不仅此后清代的治河基本沿袭这一方略，而且为后代黄河和其他多沙河流的治理提供了历史借鉴。

潘季驯认为"以清释浑"的关键在于修筑高家堰,即今洪泽湖大堤,拦蓄全淮之水专出清口,汇入黄河刷沙。因为一旦淮水中溃,不出清口,仅剩黄河浊流,就会失去淮河清水的稀释和冲刷,二河交汇的清口一带及下游入海尾闾必然淤塞。

潘季驯主持修建的洪泽湖大堤位于淮河右岸洪泽湖东北部,北至武家墩,南至蒋坝,全长 67.25 千米。该大堤始建于明万历六年（1578 年）,至乾隆中期全部建成石工,历时 200 余年,是 17 世纪前世界上规模最大的砌石拦河坝。

遥堤与缕堤间放淤

滩地淤高后放弃缕堤

放淤固堤示意图

随着黄河泥沙的不断淤积和以高家堰为主体的清口枢纽的建成,洪泽湖逐渐形成,并成为中国第四大淡水湖。清康熙十九年（1680 年）,黄河大水,受到壅滞的淮水向西漫延,拥有一千多年历史的交通重镇——泗州城沉沦洪泽湖底。

4. 放淤固堤

最早提出放淤固堤建议的是明代虞城的一位秀才。虞城秀才当时是个小人物,所以他的名字没有留下,但在黄河史上,他的地位举足轻重。他曾向当时的河道总督万恭陈述了关于黄河治理的设想,提出了著名的"以人治河,不若以河治河"的主张,后来潘季驯加以发挥,提出"以水攻沙"的思想。虞城秀才还提出固堤放淤的设想,其方法是坚筑堤防,允许洪水漫过,洪水退去时,漫堤之水所挟泥沙必然在堤背沉淀,可以达到巩固堤防的效果。于是,万恭在徐州至邳州段黄河上试行,取得了预期的效果。

黄河大堤淤背

透水柳坝（缓溜落淤）

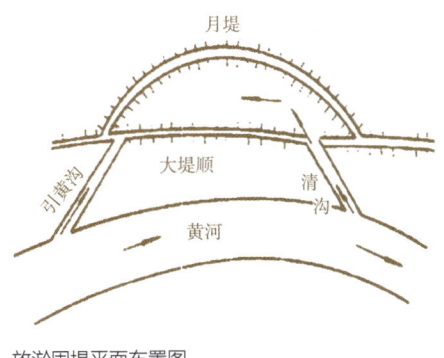

放淤固堤平面布置图

潘季驯不仅发展了虞城秀才"以水治水"的思想,还把"淤滩固堤"的主张引入他的双重堤防体系。双重堤防体系主要由遥堤、缕堤、格堤、月堤和滚水坝组成,潘季驯用横向的格堤把遥堤和缕堤之间的滩地隔开,本意为防止汛期洪水漫过缕堤后顺遥堤而下冲刷出新的河道,但实际应用中还发现了格堤的另外功能,即洪水退后,格堤中的水"仍复归槽,淤留地高",对保护堤防具有重大作用。潘季驯受到这一启示,开始实施淤滩固堤,即人为在缕堤适当地点开缺口,引洪水入遥堤、缕堤之间的滩区,沙随水入,几年后,遥、缕二堤之间的滩地将会淤高,从而达到巩固堤防、变害为利的目的。用潘季驯的话总结就是:"与其以人培堤,孰若用河自培之为易哉。"

清康熙年间，靳辅出任河道总督，他继承并发展了潘季驯淤滩固堤的主张，曾经在邳州和今泗阳县黄河险工段实施放淤固堤。与潘季驯河滩落淤之法不同，靳辅采用堤背落淤的方法，即于大堤后圈筑月堤，通过上游或下游的涵洞引黄水入月堤内，淤平其中洼地。这些洼地大多是原有积水坑塘。放淤后的清水从月堤上的排清涵洞排出，并不回入正槽。

6.1.4 水文测验与水文科学

为满足防治水害、兴修水利的需要，中国很早便开始重视对雨情水情的测报，而且以法律的形式作出相关规定。然而，由于古人没有现代意义上的仪器用于观测，所以他们大多从日常生活经验出发，依靠对汛期河流特征的观察，总结归纳其变化规律和预报方法，尽管如此，一些观测方法对今天仍具有借鉴意义。

1. 雨情、水情的观测与呈报

中国古人对雨情、水情的信息记录可追溯到公元前14世纪的殷商时期。殷人信神，几乎每日必占、凡事必卜，以决吉凶，并把占卜结果刻在龟腹甲或牛胛骨上，并作为档案保存起来，称为卜辞。由于降水量和洪涝干旱等对农业生产和人类生活的影响较大，所以卜辞中有关该类水文现象的内容极为丰富，约占甲骨文总数量的1/5。甲骨文中已出现关于雨、雪、雹等降水现象的描述。根据甲骨文的描述，殷人已能根据降水量的多少，把降雨分为烈雨、大雨、小雨、疾雨、足雨、久雨、多雨、延雨、延大雨、緝雨等类型。此外，还出现有关降水强度、降水时段等内容的记录，甚至出现连续18天的降雨记录。甲骨文中还出现关于降雨过多造成水灾的记录，有些卜辞在问降雨是否会导致作物歉收、河流洪水，甚至出现有关洹水（今河南安阳河）洪水是否危及都城的卜辞等。

至秦代，观测降雨并及时呈报已形成一种制度。这一时期的法律条文——《秦律十八种》开始用法律的形式规定州、县一级的官员必须定期向朝廷上报当地的降水及农业生产情况，同时规定了上报的具体内容、程序和时限，如遇到干旱、暴风雨和洪涝等灾害，则要上报受灾面积。距离较近的县，文书则由步行速度快的人专程速送；距离远的县则由驿站传送，须于八月底以前送达。

东汉沿袭秦制，要求各郡国在整个农作物生长期间都要向中央上报雨量情况。

此后，经过千年的演进，上报雨泽的惯例逐渐制度化和法律化，清代的《晴雨录》就是其重要标志。

2. 江河水位测报

水位观测是古代水文中最早开展的具有近代意义的观测项目之一。江河湖泊水位的高低决定了堤防的高度、渠道能否实现自流引水，而与水位直接相关的水深又是决定流量大小的主要因素。

（1）都江堰——江河水位观测之始。秦代在四川都江堰设立三石人水尺是中国最早见诸记载的水尺，在世界上仅晚于埃及尼罗河。

根据《华阳国志》的记载，李冰在修建都江堰时，"于玉女房下白沙邮作三石人，立三水中，与江神要：水竭不至足，盛不没肩。"石人相当于人形水尺，它的肩和脚相当于水尺刻度。"竭不至足，盛不没肩"是对水位的要求，即当水位维持在石人的足与肩之间时，引水量正好满足成都平原灌溉需求；低于此，无法满足灌溉需求；高于此，就从飞沙堰溢出，以确保内江灌区防洪安全。这说明当时人经过长期的水文观测，不仅已经掌

都江堰出土的李冰石人及其题记

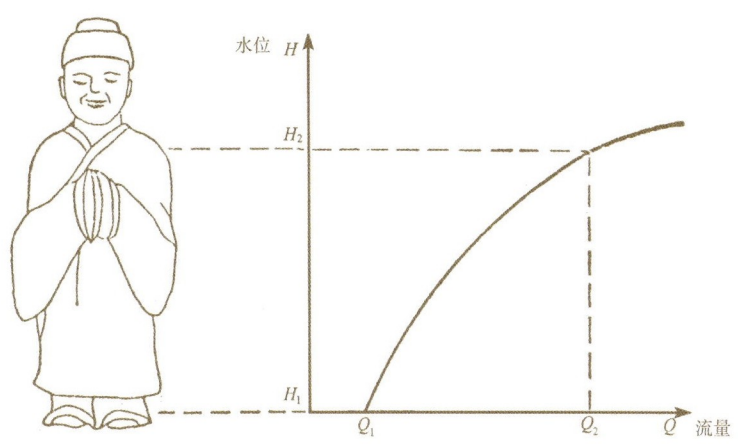
李冰石人水尺水位—流量关系示意图

握岷江水位的变化规律，建立起观测水位的明确概念，而且清楚地意识到水位和流量之间的关系。

宋嘉祐元年（1056 年），开始改在宝瓶口北岸离堆下设刻画水尺，共十则。据《宋史·河渠志》记载："离堆之趾，旧镌石为水则，则盈一尺，至十而止。水及六则，流始足用，过则从侍郎堰减水河泄而归于江。岁作侍郎堰，必以竹为绳，自北引而南，准水则第四以为高下之度。"文中的"侍郎堰"即今飞沙堰，是溢洪工程，这表明宋代都江堰的水尺不仅用于观测水位，而且是渠首泄洪工程中高程的设计依据。每逢冬春都江堰水位下降时都要疏浚河道，河道疏浚深度的标准为飞沙堰堰底以四则为度、堰顶则以六则为准，据此可达到调节和控制宝瓶口进水量的目的。

清乾隆三十三年（1768 年），在宝瓶口左岸重建新水则，用条石刻置，一尺为一则，总计 24 划，春耕用水为 13 划，汛期警戒水位为 16 划，沿用至今。清代还制定了观测和传报水位的制度，清明至处暑为用水繁忙季节，每日用飞马传报成都知府和四川总督，处暑后改用便马传递，每十日报一次。

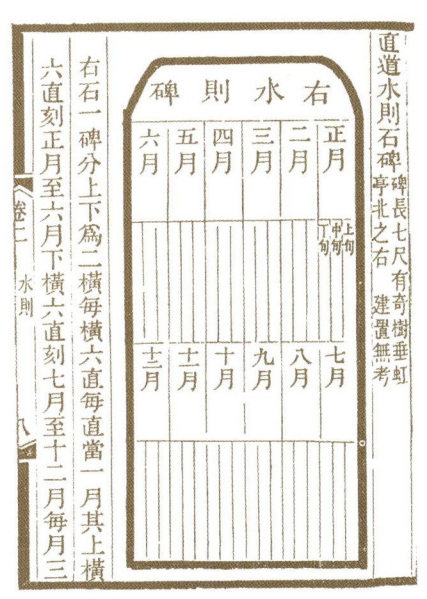
吴江直道水则石碑（右碑）线条图

（2）宋代吴江水则碑。吴江水则碑是太湖流域最为知名的水尺，设于吴江县垂虹桥北踏步左右侧的墩墙上，桥以南即为太湖，用于测量太湖水位。宋宣和二年（1120 年），分左、右两碑，一座记载一年内各月、各旬的水位变化；另一座记载各年的水位变化，主要用于记录当地汛期农田淹没范围和面积，并据此估测免税、减税或征税的等级。

右碑又称直道水则石碑，长七尺多（约 2.15 米），设在垂虹亭北右侧，分上下二横，每横六直，每直当一月。上横六直，刻正月至六月；下横六直，刻七月至十二月，每月三旬，月下又为三直，每直当一旬。所以右碑是每旬的水痕记录碑。当时设置有管水的人，负责观测，并于每旬把涨落到某则的水情报告官府。当某次水痕达到某则从而产生灾害时，就将该次水痕发生的时间依上法刻于左碑。所以水则碑设置的原意是把洪水水痕刻在石碑上，以水痕高低作为洪水大小的标准，从而推断免税、减税或征税的等级。

（3）明清黄河水位测报。关于黄河报汛制度的记载始于明万历元年，至迟在清代，黄河干流开始设置水尺测量水位。康熙二十三年（1684年），在徐州和今淮安老坝口设立水尺，用于观测水位，以便向下游报送水情。该水尺是在黄河下游乃至黄河干流最早设立的水尺。

清康熙四十八年（1709年）在黄河干流宁夏青铜峡大石嘴处的石崖上设立水尺，开始进行水位观测，这是黄河上游最早的水位观测站。同时，康熙帝令陕西总督转行宁夏同知，"遇黄河水涨时，将涨水情形作速报知总河、河南巡抚，约二十日即报到，务期预为修防"。此后，所报水情又上延至兰州。

清乾隆三十三年（1768年）开始在陕州万锦滩、巩县洛河各立水尺，这是黄河中游最早的水尺。

（4）清代永定河石碣。永定河是海河流域七大水系之一，也是灾害最为严重的河流。历史上，由于永定河上游水土流失严重，泥沙淤积，日久形成地上河，迁徙无常，又称无定河。明清时期开始重视永定河防洪工作。清雍正八年（1730年），怡亲王允祥主持在卢沟桥上游的跑马堤终端修建水尺，水尺靠石堤，呈三角状，以大块条石砌筑，每级高一尺，专人负责察看以报河水涨落汛情。按子、午、酉三个时辰测水位，填水单，传水签，呈报水厅。每三日要呈报主持汛事的河道总督。该水尺除观测水位外，也用来进行流量测验等工作。

3. 历史洪枯水位题刻

洪枯水位刻痕是古代水位观测记录的一种形式。它不是专门设置的水尺，而是在河岸或河中选择比较牢固而又能反映水位变动幅度的岩石，刻上较大洪水或较枯水位的痕迹，并注明其发生的年月。这类水位观测记录在中国使用十分广泛，而且历史悠久。

（1）长江洪水题刻。目前在长江上游干流上发现了最早的洪水题刻。该场洪水是长江上游的一次大洪水，主要来自沱江和嘉陵江下游。相关题刻在忠县有两处，前一处题刻可测定水位高程；后一处除了水位高程外，还留下了题刻人的姓名。

清同治九年（1870年）洪水发生在7月下旬，为长江重庆至宜昌河段800年来唯一一次特大洪水。主要暴雨分布于嘉陵江中下游及重庆至宜昌区间，暴雨面广、强度大、历时长，洪灾涉及范围广，其中以四川、湖北、湖南三省受灾最为严重，给沿江城镇造成毁灭性灾害。官方或民间都以不同的方式对当年的雨情、水情、灾情作了大量的真实记录。其中遍布嘉陵江下游和重庆至宜昌河段沿江两岸的题刻有近100处之多，实为国内外罕见。

（2）长江流域枯水题刻——白鹤梁。长江流域枯水题刻以重庆涪陵白鹤梁题刻群最为著名。它是中国也是世界上历时最长的实测枯水位记录，始于唐广德二年（764年）。在其现存的165段枯水题刻中，涉及水位观察的有108段，以在石梁上刻鱼为标的独特方式记录了长江1200多年来72个枯水年份的水位情况，系统地反映了长江中上游枯水年份的水文变化规律，不仅为航运规划、农田灌溉和气象研究提供了可靠的历史依据，而且也是研究长江水资源的珍贵资料。

白鹤梁枯水题刻群位于今长江上游重庆涪陵城北江心的水下石梁上。石梁长约1600米，宽15米，自西向东伸延，与江流平行。相传唐代尔朱仙与白石鱼人曾于石梁上修炼，后乘白鹤飞升，因名白鹤梁。在三峡水库修建之前，白鹤梁在夏秋之季没于水中，冬春偶有露出，是目前保存最好、最具价值的枯水题刻群。

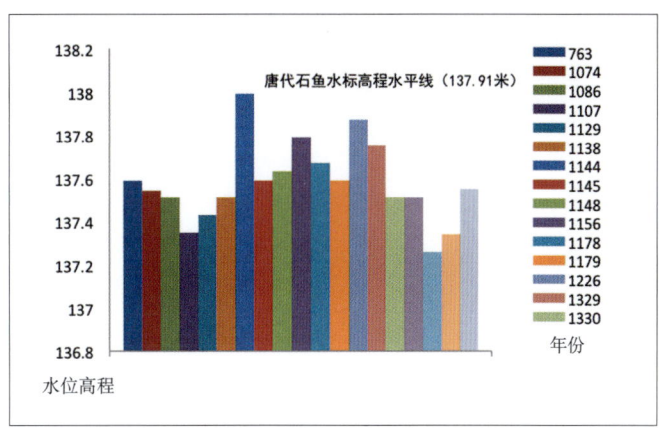

634—1963 年白鹤梁有明确记载的水位高程变化图

白鹤梁现存题刻 165 段，共 3 万余字，其中以宋代为最多，约有百段左右；元、明、清代次之。与水文有关的题刻共 108 段，多以"石鱼"为水标描述长江水位的高低。从题刻分布看，明代以前的题刻多在"石鱼"水标附近；清代以后的题刻，因"石鱼"周围已无空隙，便逐渐向石梁上端和左右两侧发展。

（3）黄河洪水题刻。黄河流域现存最早的洪水题刻是黄河支流伊河洛阳龙门崖壁上的刻记，它记录了三国魏黄初四年（223 年）特大洪水的水位，即涨高四丈五尺（合 10.9 米），这是有历史记载以来伊河的最高洪水位。经推算该年伊河的洪水流量达 20000 立方米每秒。

黄河流量最大、水位最高的洪水题刻记录的是清道光二十三年（1843 年）夏天的一场洪水，黄河北干流与渭河流域连降大雨，河水骤涨，淹没冲毁农田房舍无数。根据历史资料和洪水痕迹推算，这次洪水是发生在黄河上流量最大、水位最高的一次特大洪水。陕县洪水流量最大洪峰达 36000 立方米每秒，这块刻石是推算当年洪水流量的重要依据之一。

4. 对水文循环的认识

在早期哲学中，人们对世界万物的构成和自然现象的运动规律充满好奇并不断进行探讨，这种探讨反映了早期文明阶段不同时期人们对自然的认识水平和能力。早期哲学家最为热衷的主题包括：关于降雨、降雪与蒸发机制的理论研究；关于地表水、土壤水、地下水和海洋水的运动研究；关于大气、径流与海洋之间的关系研究等水的循环运动规律。在约 2300 年前，楚国人屈原在《天问篇》中提出著名的水循环之问"东流不溢，孰知其故"。在此后的千余年间，众多学者做出不同的回应和解答，成为中国古代阐释水循环过程的核心内容，这些论述可与古希腊罗马哲学家们关于水文循环的论述相媲美。

黄帝在《黄帝内经·素问》中最先指出地面水汽蒸发上升凝结为云，云中大水滴下降而为雨，即所谓的"地气上为云，天气下为雨"。

战国时期的思想家庄周在《庄子·天运》中最先指出天上的云和地上的雨可相互转换且"不能自止"，这是陆上水循环的环节，即"意者其运转而不能自止邪？云者为雨乎？雨者为云乎？"在《庄子·秋水》中最早指出无论春夏秋冬、水灾旱灾，海洋都没有变化，这是海陆间循环的环节，即"天下之水，莫大于海。百川归之，不知何时止而不盈；尾闾泄之，不知何时已而不虚……夫物，量无穷，时无止，分无常，始终无故；消息盈虚，终则有始"。在《庄子·徐无鬼》中最早阐明了水面的蒸发机制，书中不仅阐明了水量损失与蒸发之间的关系，而且指出风和日照是蒸发的主要动力，这是符合现代水循环概念的，即"风之过河也有损焉，日之过河也有损焉。请只风与日相与守河，而河以为未始其撄也，恃源而往者也。"

战国末期秦国丞相吕不韦在《吕氏春秋·圜道》中揭示了位于太平洋西岸的中国水循环的途径和规律，这是早期对水循环的认识，即"云气西行，云云然，冬夏不辍；水泉东流，日夜不休，上不竭，下不满，小为大，重为轻，圜道也。"

西汉淮南王刘安在《淮南子·真训》中指出密云经过聚合和蕴积作用后就可成为雨，这基本上符合水文气象学的原理，即"譬若周云之茏苁，辽巢彭濞而为雨。"

西汉思想家董仲舒在《雨雹对》中对雨和雪的形成过程进行了观察和探讨。分析雨滴的形成过程是阴、阳二气蒸发过程中，在风的作用下可相互聚合，变得越来越重，最后形成雨降落到地面；雪则是冬季时雨在上层凝结，再受到风的吹袭而形成的。这些认识都与现代的说法相似。

东汉哲学家王充则认为雨是来自云层中的降水，云雾的出现则是降雨的征兆，而且在不同的温度条件下，空气中的水汽可以变成露、霜、雨、雪。这一认识具有一定的科学性。

南朝天文学家何承天认为水文海陆循环的动力是太阳能。后人评价认为这一解释相当精辟，与现代科学的水循环理论基本一致，比西方的理论要早一千多年。

唐代文学家柳宗元专门做《天对》篇，对屈原之问进行附和应答："东穷归墟，又环西盈。脉穴土区，而浊浊清清。坟垆燥疏，渗渴而升。充融有余，泄漏复行。器运浟浟，又何溢为！"在应答过程中，柳宗元把地表水、土壤水和地下水及海洋水的运动与水循环联系了起来，从而进一步推进了前人的认识。

明末清初的《日火下降、旸气上升图》形象地描述了地表水经太阳能"旸蒸""阳气蒸湿，上升为云"，而天上的云又"云被阴压降而为雨"的过程。

6.2 古代水利施工技术

6.2.1 水利测量技术

水利工程的设计与施工，无论是江河沿岸的堤防、沟通天然河湖的人工运渠，还是引水灌区，都须掌握上下游或相关地区间的方位、间距和高差。因此，测量成为了水利工程建设的重要基础性工作。早在战国时期就已出现"水平"概念，最早见于《庄子·天道》。这一概念及其相应的简单测量工具的出现，使得当时对渠线规划的制定成为可能，从而促进了一系列大型引水工程的建成。至西汉时期，以"表"来指代渠线的规划测量，如当时开凿从长安到黄河的漕渠时，记载有"令齐人水工徐伯表"。至唐代，首次出现关于水平仪的记载。宋代著名科学家沈括则创造分层建堰、测量河流比降的办法。到元代，郭守敬提出以海平面作为测量高程的基准，奠定了"海拔高程"概念的基础，是水准测量史上的重要建树。明清时期，测量技术更加普及，但测量手段和方法没有什么大突破，直到清光绪十五年（1889年），吴大澂主持测量绘制豫、鲁、直三地黄河图，首次在水利工程中引进西方近代的测量技术，使得中国传统的测量技术得到了改进。

1. 水准测量

据《史记》记载，大禹治水时"行山表木，定高山大川"。"表木"是以立木为标志。这段话的意思是大禹率人带着测量工具翻山越岭，对中国的主要山脉和河流进行了系统调查，并立木桩标记洪水痕迹，据以规划治水方案。测量过程中，大禹"左准绳，右规矩"。"准绳"是测定物体平直的器具；"规"是画圆的圆规；"矩"则是折成直角的曲尺，尺上有刻度。这说明，至迟在4200多年前，中国已开始使用准绳、规和矩这些工具进行水文测量，并根据测量成果规划治水方案。

早在有文字记载前，水准测量已在城市建筑中实际应用。据考古发现，商代城市建筑中已采用水准定平技术。在河北藁城西台的商代中期建筑遗址中，在基槽壁上有用云母粉画出的水平线，可能用作基础整平的标志线，而要画出这样的水平线，须使用类似水准仪的工具才能够做到。在河南安阳小屯殷墟商代晚期的遗址中，不少基坑底部基本在同一水平面上，在发掘时还发现相交的两条水沟，其中填有结实的夯土。主持现场发掘的石璋如认为，这两条相交的水沟是遗址修建时用作水准定平的。

有关水平概念的记载最早见于《庄子》："水静则明烛须眉，平中准，大匠取法焉。"墨子也曾指出，"平，同高也"。庄子还曾指出当时已利用水平原理进行水准测量，并将其应用于工程实践中。至公元前3世纪，秦朝博士伏生进一步阐述了水准测量在工程建设中的巨大作用，"非水无以准万里之平"。

简单的水平仪至迟起源于战国。著名的智伯渠工程就是"先设水平测其高下"，然后才确定可引晋水"漂城灌军"。

至唐代，开始出现关于古代水平仪构造及使用方法的明确记载，其构造、使用方法与现代水准仪的工作原理没有本质的区别，都是利用仪器的水平视线与标尺（测竿）配合，测得两处间的高差，这是中国测量史上的重要发明。

据李筌《太白阴经》记载："水平槽长二尺四寸，两头中间凿为三池，池横阔一寸八分，纵阔一寸深一寸三分，池间相去一尺四寸，中间有通水渠，阔三分深一寸三分，池各置浮木，木阔狭微小，於池空三分，上建立齿，高八分，阔一寸七分，厚一分。槽下为转关脚，高下与眼等，以水注之，三地浮木齐起，眇目视之，三齿齐平，以为天下准。或十步，或一里，乃至十数里，目力所及，随置照板度竿，亦以白绳计其尺寸，则高下丈尺分寸可知也。"

据上述记载，水平仪进行水准测量的方法是：观测时首先将水注入水平槽的池子中，三浮木随之浮起，浮木上的立齿尖端会自然保持在同一水平线上。然后，观测者即可借立齿尖端水平地瞄望远处的度竿，由于度竿的刻度太小，观测者不能直接用望远镜读数，而是间接地利用"照板"巧妙地解决了这一问题。即持度竿的人握一照板，并将照板在度竿之后方上下移动，当观测者见到板上的黑白交线与其瞄准视线齐平时，则召持板人停止移动，并由持板人记下度竿上所对应的刻度；由于照板目标较大，所以可以测量目力所能及的地方。

唐代水准仪的结构十分巧妙，这主要体现在以下方面。

一是照板设计为黑白二色，宽达两尺，目标大且醒目，容易观测，准确可靠。这为现代水准尺上以间隔的黑白或红白二色交线作为刻度提供了思路，在测量技术上是重要建树。

二是浮木的数目设计科学。浮木共设有3个，是充分考虑在观测过程中可能因为某些故障浮木无法保持水平而采用的校准措施，且它们在外形上不绝对一样，内部密度也完全均一，故在水中的沉浮程度也，从而达到消除误差的目的。

三是立齿设计独具匠心。如采用无齿板，在观测照板时会发生前后立"板"互相遮盖的现象，从而导致视线不平。

2. 水面比降测量

在规划和整治河道过程中，需要对水面比降进行测量。中国至迟在唐代已经发明测量水面比降的专门方法和专用工具木鹅；宋代沈括采用堰测法对汴渠进行了全程测量，并且达到较高的精度，这些测量成果为当时的规划和施工提供了非常可靠的依据。

（1）它山堰木鹅测流法。它山堰建成后，鄞江被大坝隔断，上游来水被引入南塘河再入灌溉渠。为防止洪水期进入南塘河的水量过大，导致鄞江平原遭受水灾，王元暐在南塘河下游修筑乌金碶、积渎碶和行春碶三座溢流堰，汛期将多余水量泄入甬江入海；涨潮时又可将溢流堰闸门开启，将潮水顶托上来的淡水引入灌渠。据传王元暐在选择乌金碶、积渎碶和行春碶三座溢流堰的堰址时，曾制作三个木鹅，从上游主流顺水放下，使其随水漂浮，木鹅最先到达停留之处即确定为溢流堰堰址。这是因为木鹅总是随水流主流而下，且总是偏向容易行水的方向，总是停留在地势较低或有回水之处。它山堰用木鹅测流建堰的方法是个创举，从三座溢洪堰的使用情况看，它确实有效地保障了鄞西灌区的安全，这说明以木鹅测量河流水面比降的方法比较科学。

（2）沈括多级堰测法。北宋熙宁年间，著名科学家沈括主持测量汴渠全程的水面比降。在测量实践中他发现单靠水平、望尺、干尺等仪器获得的测量结果不足以满足需求，为使测量结果更加精确，沈括发明多级堰测法，其测量成果为整治汴渠提供了科学依据。这是宋代在测量方法上的又一创造。

该法的具体过程是：沿汴渠方向在渠外分层筑小堰，将汴渠水引入梯级水堰中；然后测量每级堰的水面高程和每两级堰之间的水面高差，逐级相加，最后得出从汴京善门至泗州淮口间总长840里103步的水面高差为19丈4尺8寸6分。采用该种方法时因每一级堰的水面都是静止的水平面，所以测量其高程比较方便且准确，适用于规模较小的测量堰。

（3）海拔高程的提出。元代著名科学家郭守敬在水利工程测量中做出过突出贡献。他非常重视水利勘测这一基础工作，在规划设计通惠河和会通河航运工程和宁夏灌溉工程时，都曾亲自进行实地查勘测量，并绘制出地形图，再据此提出规划意见。在北京至开封间的大地测量中，郭守敬以海平面为基准对两地高差进行比较，首次提出并实践"海拔高程"的概念，这是中国历史上首次以海平面为基准点测量地形的相对高低，也是测量史上的重要里程碑。它不仅对地形测量产生了深刻影响，而且在推动后代测量学发展方面发挥着重要作用。

6.2.2 埽工技术

埽工是中国古代特有的用薪柴、竹木等软料夹以土石卷制捆扎而成的水工建筑物，主要用于构筑堰坝、堤防、护岸工程和抢险堵口。单个构件称埽捆，简称埽，小的称埽由或由，将若干个埽捆连接修筑成护岸、堵口等工程就称埽工。埽工在中国已有2000多年历史，主要用于黄河等多沙河流上，是水利工程技术的创造。

1. 埽工技术的起源与演进

埽工技术至迟起源于战国时期，时称埽工为茨防，茨是芦苇、茅草之类的植物，茨防就是用芦苇、茅草之类植物做成的埽工。最早谈及茨防的是战国时期齐国稷下先生慎到，据《国语·周语》记载，慎到认为"治

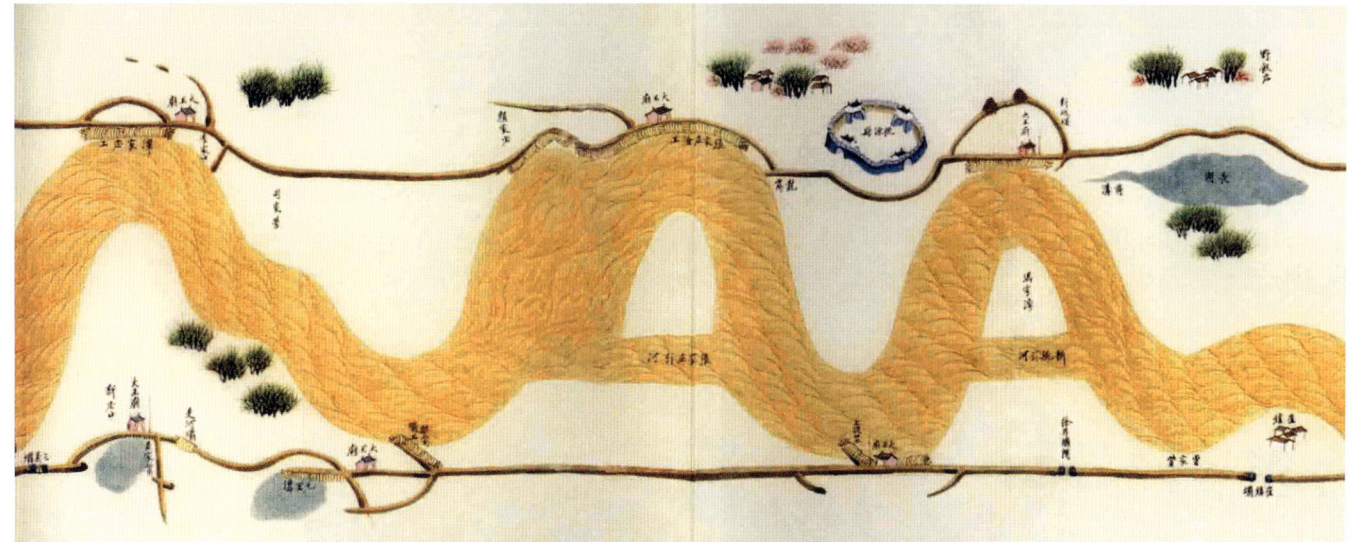

清康熙年间黄河两岸埽工（清 张鹏翮《治河全书》）

水者，茨防决塞，九州四海，相似如一学之于水，不学之于禹也。"根据这一阐述可知，战国时已普遍利用茨防来堵塞决口。据《淮南子校释》记载，西汉淮南王刘安在讲到控导河势时，也将茨防作为当时的主要工程措施之一，认为"掘其所流而深之，茨其所决而高之，使得循势而行，乘衰而流"。

"埽"的名称最早见于宋代文献。宋元时期，埽工技术走向成熟，并成为黄河堵口和护岸的主要工程形式。宋天禧年间（1017—1021年），埽工建筑已遍布黄河两岸，凡是险工地段均修有大埽。当时上起今河南孟州，下至今山东惠民，共设有埽工45座，成为了黄河防洪的关键工程。至元丰四年（1081年），黄河两岸共有埽工59座。金大定十二年（1172年）修黄河南岸孟津至延津6埽，北岸怀州（今沁阳）至卫南（今汲县）6埽，后北岸增至19埽。元代黄河龙门至渤海的埽工数以百计，每年所用薪柴之费不下数百万缗。宋代卷埽制作中，柳梢与草的比例一般为"柳三草七"。元代卷埽已很少用梢，所用梢料不及草的1/10。

明清时期，埽工技术不断改进，日益完善。明代埽工仍然沿用柳草，每高5尺的埽需用草600斤、柳360斤，柳少则代之以苇，这是做埽用苇的肇始。清康熙二十至二十六年间（1681—1687年），民柳日渐减少，河工多半使用官柳，官柳不够，则代之以芦苇。至雍正二年（1724年），山东、河南的埽工由原来的用柳改为用秸。乾隆十八年（1753年）开始用软厢代替此前的卷埽。嘉庆、道光年间，山东、河南河工全部改

运物料到堵口工地

运柳枝到堵口工地

用软厢，即用捆厢船吊缆铺料，层层下压，使铺料尽皆着底，可节省大量绳缆。后又将物料平行于水流方向的顺厢改为垂直于水流方向的丁厢，卷埽法几乎失传，且由于其较易腐烂损毁，维护成本较高，传统埽工逐渐被砖石坝工取代。

沉厢埽不如卷埽庞大，修建时不需要大量人工，施工场地相对较小，使用较为方便。至20世纪后期，沉厢埽在一些小型抢险堵口工程上仍在沿用，但施工技术和使用工料有所改进和提高。有些围堰施工偶尔也采用埽工技术。

2. 埽工的种类和特点

埽工的种类及其作用经历了一个变化发展的过程。宋代有峨眉埽、扑崖埽（入水埽）、争高埽、陷埽等类型；元代有岸埽、水埽、龙尾埽、拦头埽、马头埽等类型；明代又增加用于堵口、合龙的裹头埽；至清代中期，埽工种类已非常丰富，按其在防洪工程中的作用，大致可分为以下11种。

①磨盘埽：半圆形的丁厢埽，用于弯道正溜回溜交汇处，即弯道环流对凹岸的顶冲处，常作为该段险工的土埽。

②月牙埽：形似月牙的丁厢埽，常用在险工首尾，也可抗御正溜和回溜。

③鱼鳞埽：常用的丁厢埽，形似鱼鳞，头窄易于藏头，尾宽便于挑溜外移。

④雁翅埽：形似雁翅的丁厢埽，有抗御正溜、回溜的作用。

⑤扇面埽：外宽内窄、形似扇面的丁厢埽，比磨盘埽稍小，一般用于保护挑流建筑的顶冲部位。

⑥耳子埽：位于主埽两旁形制比较小的埽，形似主埽的两耳，主要用于防止回溜淘刷。

⑦萝卜埽：上口大、下口小的埽，主要用于堵口合龙，又称合龙埽。

⑧接口埽：用顺厢埽堵口后，在两口接合部用于塞漏的埽，即掩护埽占接口所作的埽。

⑨门帘埽：堵口合龙后，为防口门透水，在合龙占前所做的用于掩盖的长埽。

⑩凤尾埽：又名挂柳，即将砍伐的柳树树梢倒置于河中，将树干固定岸上，用以防冲护堤。

⑪等埽：在河水未到堤根前，预先在旱滩上做的埽。

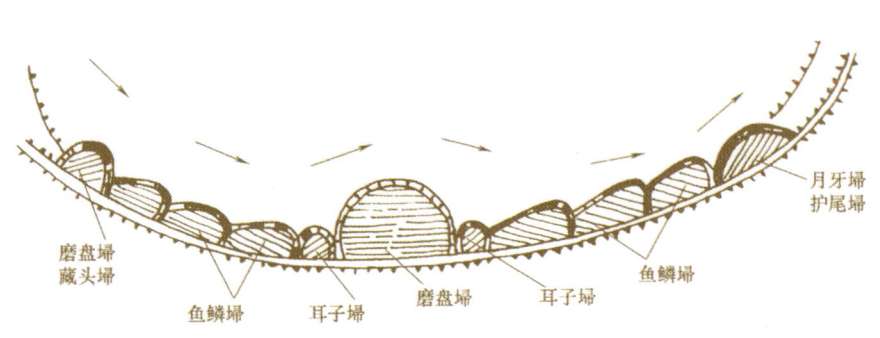

清代主要埽工种类示意图

大埽（清　麟庆《河工器具图说》）

埽工是中国古代治河工程的独创，具有显著的优点：①就地取材，制作快捷，便于急用；②可水上施工，亦可分段、分坯施工，能在深水情况下（水深20米左右）构筑大型险工和堵口截流；③所用梢草、土石等本为散料，但可用绳索、桩木等将之固结为整体；④梢草、秸料等具有良好的柔韧性，易适应水下的复杂地形（尤其是软基），易于缓流、留淤；⑤用埽工构筑施工围堰，完工后便于拆除。

然而，埽工自身也存在着严重的缺陷，这主要表现在以下三个方面：①梢草、秸料和绳索等易于腐烂，需经常修理更换，花费较多；②埽体的整体性较石工等永久性建筑物差，往往一段垫陷，即牵动上下游埽段连续坍塌、走移，形成严重的险情；③埽工桩绳操作运用复杂，对施工工人技术要求高。

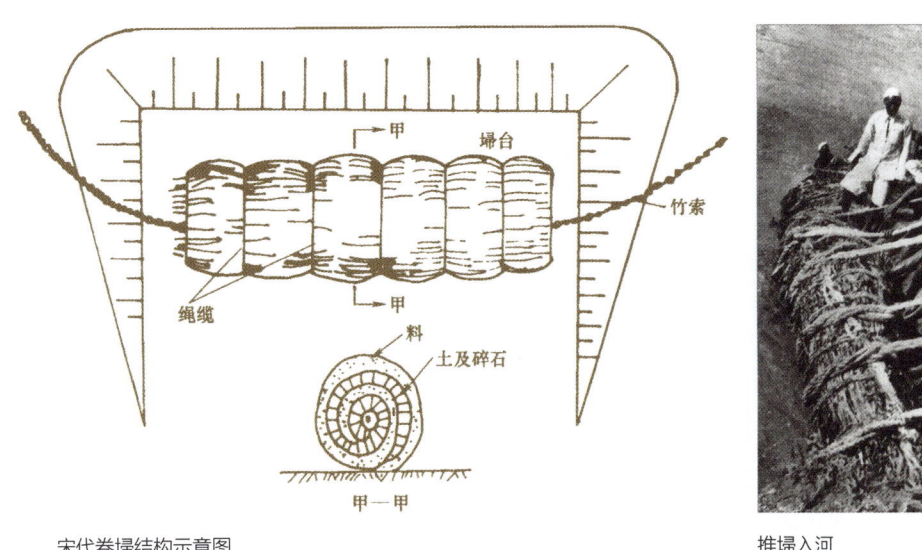

宋代卷埽结构示意图　　　　　　　　推埽入河

（1）宋代卷埽。宋代河防工程中所用的多是卷埽。据说当时为了做好黄河防汛工作，沿河各州县每年秋后农闲季节都要会同治河官吏，率领丁夫收集做埽所用物料，如梢芟、薪柴、楗橛、竹石、茭索、竹索等，"凡千余万"，以备次年春季施工使用，称为"春料"。

《宋史·河渠志》和《河防通议》中分别记载了现存两种宋代卷埽的制作方法。

①选地，即先选择一处宽平的堤面作为埽场。

②铺料，即沿地面密铺草绳，草绳上铺以梢枝、芦苇之类的软料，软料上压土一层，并掺以碎石，再将大竹索横贯其间，即所谓的"心索"。

③卷捆，即将逐层铺好的埽料卷捆起来，然后用较粗的尾绳拴住两头，埽捆由此做成。这种埽的体积颇大，一般高至数丈，常需几百甚至上千人喊着号子一起用力推。

④就位，即众人将埽捆推至堤身薄弱处，然后推下河。推下之后，一面将竹心索系于堤岸的柱橛上；另一面自上而下在埽上打进长木桩，使之直透地下，将埽固定起来。"埽岸"由此做成。

这种卷埽体积很大，所用人工较多，需有较大的施工场地才能进行。所以，在此后河工实践中对其不断加以完善和改进，至清乾隆年间逐步改为沉厢式方法，这是对埽工做法的一次重要改革。

1936年黄河董庄堵口时，主坝柳石枕合龙时下口的水溜形势（《民国黄河》）　　1936年黄河董庄堵口时即将下水的柳石枕（《民国黄河》）

宋人沈立在其所著《河防通议》中记载了另外一种逐层加高的做埽方法：先将柴草树枝等软料卷成埽捆；然后将埽捆下至险工处，并填塞薪刍；埽捆上可叠加埽捆，两埽捆间如不连接，可用"网子索包之""以梢塞之"。水下的埽捆如日久朽烂，被水刷去，上面的埽捆随之压下，再卷制新埽捆于最上面压下，直到稳定为止。埽捆高度自10尺至40尺不等，但长度一般不超过20步。如险工地段较长，可将若干埽捆连接起来，长度可达二三百步甚至上千步。

这种卷埽的特点在于埽工修成后埽体不用长索和竹楗贯穿固定，而是用"网子索包之"，在埽捆之间用梢料塞实，可随黄河河底冲刷而自由下沉，不致使埽体基脚出现掏空现象。这与近代修埽颇有相似之处。

（2）清代卷埽与厢埽。黄河埽工在明末清初仍采用卷埽的办法，这种卷埽办法与宋代时有不同之处，即铺草为筋，以柳为骨，不加土石料进行捆卷，将埽推下，然后缓缓压土，俟埽将次沉下，乃下排桩，每丈用一根一尺八寸之木。

至清乾隆年间，埽工制作逐渐由传统卷埽法改为厢埽（又称软厢）法，这种方法始于乾隆四十三年（1778年）河南马家店堵口。传统卷埽施工时需宽敞的埽台，如卷制直径1米的埽需宽达7米的埽台才能卷得紧实，除附近堤顶可用以施工外，为扩展场地，往往临河搭建临时埽台，又称软埽台。至清乾隆年间马家店堵口时，软埽台逐渐演化为捆厢船，埽的制作随之改在堤面与捆厢船之间进行，称厢埽法。施工时，在船上挂缆修厢，主要用秸料和土逐层加修。由于料比水轻，在水中易于漂浮，但土比水重，可借土增加重量，加上桩绳的联系，可逐层沉至河底，成为一个整埽体以御大溜。

若把埽体的料、桩、绳、土、水比作人身的皮、骨、筋、肉、血，料可抗御水流的冲刷，为埽之皮；桩可以支撑埽体，为埽之骨；绳可以拴系体，为埽之筋；土可充实埽体，为埽之肉；水可涵养体，为埽之血。与传

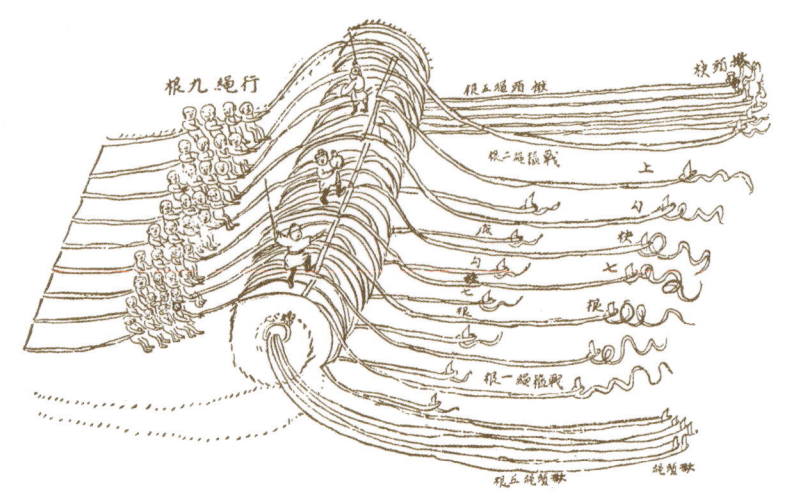

清代卷埽施工示意图

捆埽（《中国科学技术史》水利卷）

1948年高村抢险时修建的秸料埽工（《民国黄河》）

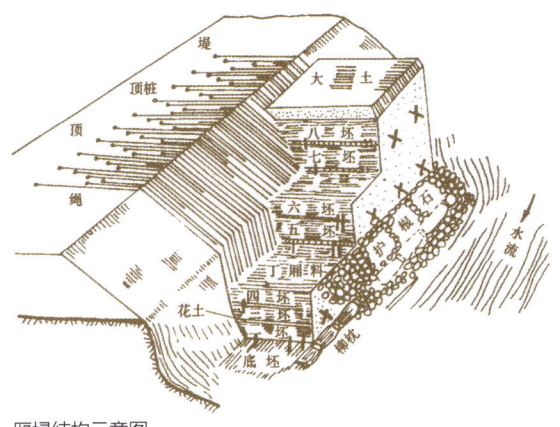
厢埽结构示意图

统卷埽相比，厢埽所用秸料轻软，可就地取材，能在短时间内做成体积庞大的埽段，对临时性的抢险及堵口截流非常有效，且灵便省工，因此是一大改进。

兜揽软厢埽在修筑方法上分为顺厢和丁厢两种做法。所谓顺厢，就是将秸料顺水流方向铺放，其功能类似现代的顺坝；所谓丁厢，就是除底部一坯平行于水流方向铺放外，其余各坯秸料都垂直于水流方向铺放，其功能类似现代的丁坝。顺厢多用于堵口，丁厢多用于护岸和防凌。

由于厢埽所用秸料比重较轻，须绳缆捆缚定位以防漂移，更要依靠各坯中的压土增强其稳定性。厢埽底坯含土料可略少，此后各坯土料应逐步加大，以增加埽体抵抗水溜的能力。

顺厢埽图（李仪祉《河上语图解》）

厢埽秸料易腐朽，如埽前陡立，一经大溜淘刷，往往数段埽工同时坍塌出险。至清乾隆后期，开始在埽前抛石护根。嘉庆年间，南河总督黎世序大力推行抛石。抛石外坡较缓，含沙水流灌入抛石缝隙中，逐渐"凝结坚实，愈资巩固"，效果显著。道光十五年（1835年），东河总督栗毓美曾用砖料代替石料，同样有效。但砖料不如石料耐久，且烧砖弊端也多，后仍以抛石为主。

丁厢埽图（李仪祉《河上语图解》）

3. 埽工的管理

北宋时，埽工均以险工所在地名命名，设专官管理。宋淳化二年（991年）规定，长吏以下及巡河主埽使臣需经常行视河堤，勿致崩毁。宋元丰年间（1078—1085年），在澶州（今河南濮阳）设都水外监，同时设监埽官135人。金代，黄河共设25埽，其中河南6埽，河北19埽。每埽设散巡河官一人，隶属于都水监廉举，统辖埽兵1.2万人。这一时期，在黄河、滹沱河、漳河、沁河等多沙河流上均设有埽兵。元代设"监埽使臣"，此外还有专门从事埽工制作的技术人员。

6.2.3 堵口工程

中国历史上水灾频仍，河道决口不断，尤其黄河，具有善淤、善决、善徙的特点，素有"三年两决口，百年一改道"之说，堵口任务繁重，工程艰巨。在长期的堵口工程实践过程中，古代堵口工程技术不断提高。

早在先秦时期已有堵口工程的记载，但无具体地点和内容。有文献记载的大规模堵口工程始于西汉瓠子堵口。汉代至隋唐时期，黄河安流800多年，堵口工程较少。宋代，黄河决口频繁，堵口工程不断，堵口技术日渐提高。至元代，贾鲁在其主持的白茅堵口工程中创造了沉船堵口技术。明清时期，黄河南行，但却不断向北决口。为了保证黄河以北的京杭运河山东段漕运，频繁进行黄河堵口工程。这是一个由传统堵口技术逐渐走向成熟的时期，也是一个对堵口技术进行全面总结的时代。

1. 汉武帝瓠子堵口

春秋战国时期逐渐形成黄河下游两岸系统堤防，为秦汉时期的经济发展和社会稳定提供了有力的保障。同时，堤防工程的负面作用随之出现。河槽迅速淤积，地上"悬河"逐渐形成，决口开始频繁，防洪任务日见艰巨。

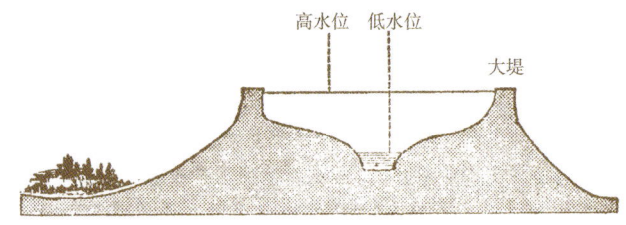

地上悬河示意图

随着黄河主河槽淤积的加快，汉文帝前元十二年（公元前168年），"河决酸枣（今河南延津），东溃金堤"。这是黄河第一次自然决口，此后逐渐频繁。自汉武帝开始，治黄成为国家要务。汉武帝建元三年（公元前138年），黄河在平原郡（今山东北部一带）泛滥。6年后，即元光三年（公元前132年）春，"河水徙从顿丘（今河南清丰县西南）东南，流入渤海"，同年五月，又在其上游（今河南濮阳西南）的瓠子决口，"东南注巨野，通于淮、泗"，洪水灾害遍及16个郡。

当时曾派汲黯、郑当时先后主持堵口，但堵而复决，未能成功，而朝廷正处于反击匈奴入侵战争的紧张阶段，加上丞相田蚡的封地鄃（今山东夏津县东）位于黄河北岸，瓠子决口后黄河改向东南流，由泗入淮，对其封地的安全有利，因而田蚡从中极力阻挠、反对堵口，导致黄河持续泛滥横流。23年后，即元封二年（公元前109年），汉武帝下决心堵塞决口，命令汲仁、郭昌主持，征调几万民夫参加。汉武帝则亲自到决口处沉白马、玉璧以祭祀河神，并命令随从官员自将军以下都背着柴草参加施工。由于决口长达20余年未堵，口门冲刷很宽，跌塘很深，堵口工程艰巨，且当地防汛堵口材料缺乏。为了堵口需要，甚至将附近淇园（战国时卫国的著名园林）的竹子都砍下来使用，这就是著名的"瓠子堵口"。瓠子堵口成功后，汉武帝在堵口处修筑"宣防宫"，后代多以"宣防"指称防洪工程建设。

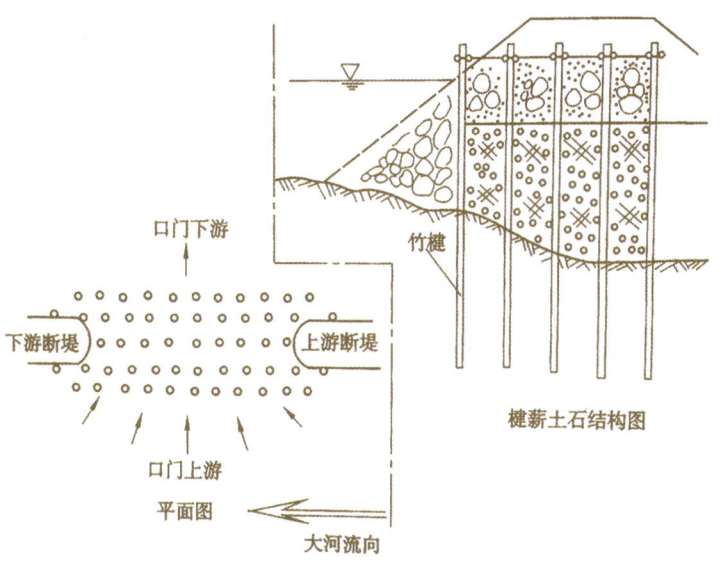

瓠子堵口布楗示意图（《黄河水利史述要》）

在决口口门尚未堵塞时，汉武帝曾于现场作《瓠子歌》，描述了瓠子决口后的水灾之巨和堵口工程之艰难，并以"薪不属兮卫人罪，烧萧条兮噫乎何以御水！颓林竹兮楗石菑，宣房塞兮万福来"诗句描述瓠子堵口的过程，句中的"颓林竹"即指砍伐淇园之竹用作堵口材料一事。根据东汉末年如淳对《史记·河渠书》的注释，"下淇园之竹以为楗"的堵口方法是"树竹塞水决之口，稍稍布插接树之，水稍弱，补令密，谓之楗。以草塞其里，乃以土填之。有石，以石为之。"这段文字的大意是：用大竹或巨石，沿着决口的横向插入河底为桩，由疏到密，先使口门的水势减缓，再用草料填塞其中，最后压土压石。《瓠子歌》中"颓林竹""楗石"的含义与此相近。该方法类似于近代所谓的桩柴平堵法。

西汉著名史学家司马迁也参加了此次堵口工程，该工程给他留下了深刻的印象，并对他影响深远。他曾在一次回忆中说道："余从负薪塞宣防，悲《瓠子》之诗，而作《河渠书》"。也就是说，在瓠子堵口的影响下，司马迁在撰写《史记》时首创《河渠书》专志体例，系统论述前代的治水历程以及他所在时代有关防洪、灌溉和航运等方面的重大历史事件。《河渠书》是中国第一部水利断代史，他所创设的这一体例为后来的正史和其他历史专著所效仿，从而留下数量庞大、内容系统的水利史料。

瓠子堵口后不久，黄河在下游北岸馆陶决口，向北分流，称屯氏河。屯氏河与黄河平行，起到了分流减水的作用。

瓠子歌

刘彻

瓠子决兮将奈何？浩浩旴旴兮闾殚为河！殚为河兮地不得宁，功无已时兮吾山平。吾山平兮钜野溢，鱼沸郁兮柏冬日。延道弛兮离常流，蛟龙骋兮方远游。归旧川兮神哉沛，不封禅兮安知外！为我谓河伯兮何不仁，泛滥不止兮愁吾人？啮桑浮兮淮泗满，久不反兮水维缓。

河汤汤兮激潺湲，北渡污兮浚流难。搴长茭兮沈美玉，河伯许兮薪不属。薪不属兮卫人罪，烧萧条兮噫乎何以御水！颓林竹兮楗石菑，宣房塞兮万福来。

---

2. 西汉王延世东郡堵口

西汉瓠子堵口后，由于屯氏河的畅通分流，黄河行洪能力得到改善，决溢威胁得到缓解。然而好景不长，西汉永光五年（公元前39年），黄河又在灵县鸣犊口（今山东高唐县南）决口形成鸣犊河，北流至修县（今河北景县南）入屯氏河，原来的屯氏河由此断流。至汉成帝建始元年（公元前32年），鸣犊河又开始浅涩，于是黄河再次频繁决溢。建始四年（公元前 29 年），黄河在馆陶和东郡金堤一带决口，导致东郡、平原、千乘、济南 4 郡 32 县受灾，淹没土地 15 万顷，破坏房屋约 4 万余所，于是朝廷派遣河堤使者王延世前往，主持黄河堵口工程。

据《汉书·沟洫志》记载，为抵御决口处高速水流的冲刷，王延世"以竹落长四丈，大九围，盛以小石，两船夹载而下之"，即先用长四丈、大九围的竹笼装满小石块，由于竹笼长而粗，且里面装满石块，十分沉重，接着采用"两船夹载而下之"的抛掷方法，将竹笼沉入决口处，也可能是将船只连同装石竹笼一起沉于决口处。由于施工方法得当，决口很快被堵复。为庆幸此次堵口成功，汉成帝特将次年的年号改为"河平"。王延世是四川犍为人，而竹笼装石是都江堰工程上截流、护岸和挑溜等常用的水工构件。唐代李吉甫据此认为，王延世堵口所用"竹落"就是将四川的竹笼技术应用于黄河的堵口工程中。

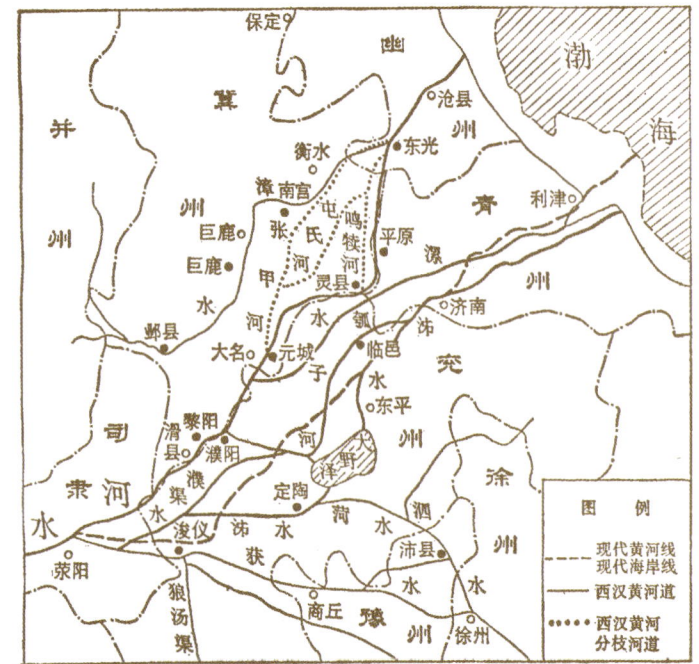
西汉黄河下游经行示意图

王延世主持的东郡黄河堵口，比瓠子堵口晚了 80 年，方法上也有很大的不同。后人分析，王延世此次堵口可能是先自口门两端分别向中间堵；待口门缩窄到一定宽度，再用沉船的方法将装石竹笼沉下；决口处水流基本被装石竹笼截断后，再填以土料，使决口完全堵合，这种方法类似于近代的立堵法。

3. 北宋高超商胡堵口

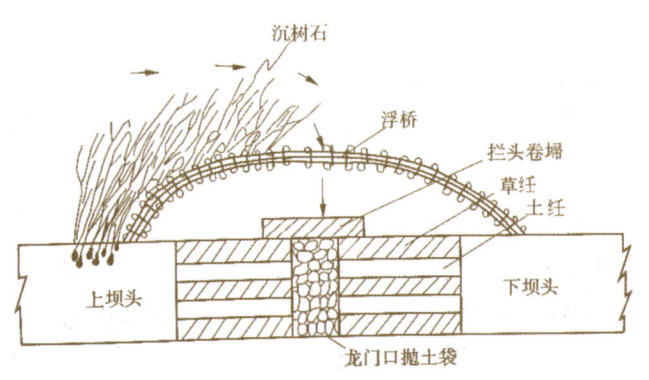
闭河（即堵口）示意图（《黄河水利史述要》）

北宋时期，经过长期的实践摸索，堵口技术和埽工技术相对之前较为成熟。

堵口的难点在于合龙，成书于宋代的《河防通议》中设有"闭河"篇，专门记载当时堵口合龙的技术和过程。根据该文献的记载，堵口工程的施工程序大致可分为以下 5 个步骤：①堵口前，首先检视口门的深阔、水流及土质情况，然后在口门两侧坝头插立"表杆"以作为施工标志，架设浮桥以便施工通行和抛掷物料，并通过浮桥的架设以减缓流势；②为减弱水势，先在口门的上端打星桩（多桩），然后在星桩内抛大木巨石以压狂澜；③从两岸分别进三道草埽、两道土柜，并在上面抛下土石包压占；④待进至合龙时，快速大量抛下土袋土包，并鸣锣击鼓以助声势；⑤合龙后，于合龙口前压拦头埽，埽上修压口堤。如果草埽埽眼出水，再用胶土填塞，堵口即告完成，最后在迎水处加埽护岸。

除经常采用的大埽堵口法之外，北宋人还创造出"横埽法"。该方法是由转运使王居卿于元丰元年（1078年）在堵塞曹村决口时提出。关于"横埽法"的具体情况迄今缺乏记载。与直埽法比较，虽然它似乎只是简单地将埽的方向呈 90°转换一下，且进占速度相对较慢，但其迎水面积却大为减少，因此受水流冲击力要小得多，且埽的长度比埽的直径大约 10 倍，全埽因受水流冲击力而离开龙口位置的时间要比直埽法多得多，由此大大延长了压埽施工的时间，这在争分夺秒抢险合龙的情况下，大大提高了沉埽于龙口的成功率。因此，与

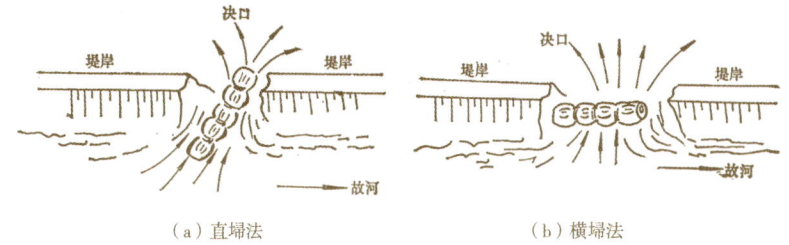

北宋"直埽法"与"横埽法"推测示意图

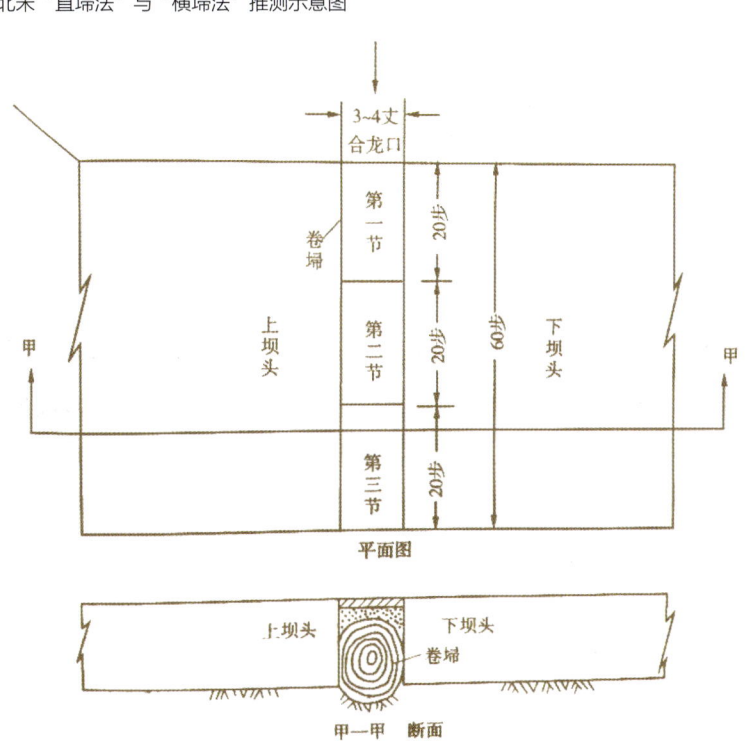

高超三节下埽合龙示意图

直埽法相比较,横埽法是个很大的改进。鉴于此,王居卿采用该法主持堵口工程时很快就"决口断流,实获其力"。当时主持司农寺的蔡确要求都水监将横埽法作为常法加以推广,宋神宗则下令将该法写入灵津庙碑。

北宋著名科学家沈括在《梦溪笔谈》中还记载了另一种堵口方法,即"高超合龙门"中所说的"三节下埽法"。沈括记载的这一堵口方法可能用于口门经过进堵已缩至三四丈宽时的合龙,这时的口门较窄,流势颇紧,即河工俗称的"龙门口"。据文中埽长60步的记载推测,当时龙门口两侧坝头的长度(即堤的厚度)大致在60步上下。主持商胡堵口的郭申锡坚持采用老法,即"横堵法",拟用一段长60步的埽一次合龙,但因埽身太长,难以以人力压至水底,结果失败。水工高超建议把埽分为三节,每一节20步,依次施工。先在迎水面下第一埽,下到水底后,水虽不断流,然水势已减半;接着下第二埽,这时纵然还过一点水,但只是小漏,过水量已经很少;第三埽在平地施工,下水更易,到水底后,口门迅速堵合断流。据《梦溪笔谈》记载,当时郭申锡"不听超说",坚持采用老法堵口,结果失败而受处分,后来采纳了高超的建议,商胡决口成功合龙。高超的三节下埽堵口技术是宋代堵口水平在实践中不断提升的重要标志。

4. 元代贾鲁白茅堵口

元至正四年(1344年),黄河在今山东曹县白茅决口,后又北决金堤,泛滥7年之久,百姓深受其害,京杭运河会通河段也面临严重的威胁。至正十一年(1351年)四月,元朝廷命工部尚书贾鲁主持白茅堵口,7个月后,白茅决口成功堵塞。

贾鲁的治河思路主要包括以下4个方面。

①挽河南流以复故道,同时避开黄河对会通河运道的威胁。当时贾鲁曾提出两个比选方案:"一议修筑北堤以制横溃,其用功省;一议疏塞并举,挽河使东行以复故道,其功费甚大"。为保漕运,朝廷决定采纳后者,即挽河回归故道。

②疏、浚、塞并举。贾鲁认为,要挽河回故道,必须将已淤塞的故道疏浚畅通,否则即使决口堵复,河水仍将无法宣泄。

③先疏后塞。贾鲁认为:"水工之功,视土工之功为难;中流之功,视河滨之功为难;决河口视中流又难,

北岸之功视南岸为难。"在贾鲁看来，虽然堵决是该役中最难的，若汛期未到时先堵口，难度要大大减少；然而，该役中工程量最大的不是堵口，而是疏浚故道，如果先堵决再疏浚，疏浚工程就可能变成水下作业，难以实施。因此，他决定堵口工程舍易就难，而疏浚工程则舍难就易。

④必须一举成功。这主要出于两方面的考虑，一是聚集17万之众进行艰苦的劳役，拖延时间不利于稳定；二是当时决河势大，如不尽快堵决，"恐水尽涌入决河，因淤故河，前功遂隳"。

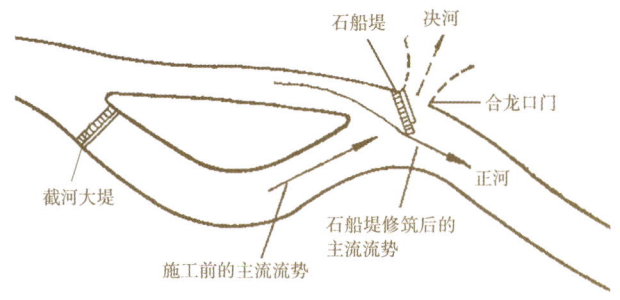

贾鲁治河施工前后流势变化示意图

根据欧阳玄《至正河防记》的记载，贾鲁在治河实践中坚持了"有疏、有浚、有塞"的原则，在堵口前首先整治旧河道，疏浚减水河；筑塞小决口，培修堤防，为正式堵口做好充分准备。然后，采取以下四个步骤实施关键性工程——堵口。

（1）在决口上游修筑刺水大堤三道，总长26里200步，用于挑溜，以减弱门门处的水势。

（2）修建截河大堤，其中黄陵岗北岸大堤长10里41步，南岸长9里60步，用于约拦水势以挽河回归故道。

（3）做石船堤障水。根据记载，贾鲁的石船堤障水施工流程为：逆流排大船27艘，用大缆或长桩前后相连为一体；船上铺满埽捆；每船各有水工2人，以岸上鼓角为号，一齐凿船，水入船沉；然后加铺大埽，形成石船堤。由于石船堤具有挑流作用，主流尽归正河，决口处的水量减少，为合龙创造了条件。

（4）石船堤挑流成功后，贾鲁命人迅速在口门处下埽，龙口逐渐堵合，决河流断，故河复通。

贾鲁白茅堵口共动用民夫15万人、士兵2万余人，施工期间正值秋汛，贾鲁治河既不考虑汛期，又急于求成，招致不少民怨。但他"能竭其心思智计之巧，乘其精神胆气之壮，不惜劬瘁，不畏讥评"，敢于担当，勇于任事，一举堵合泛滥长达7年之久的决口，解除了灾区民众的困苦，而且其所用的石船堤是堵口技术上的一个创新，在伏秋汛期进行堵口则是河工史上的罕见之举。因此，后世有人如此评价贾鲁治河之举："贾鲁修黄河，恩多怨亦多，百年千载后，恩在怨消磨"。

5. 清代堵口进占技术

清代堵口工程频繁，堵口技术逐渐成熟。堵口工程由传统的卷埽法改为顺厢进堵。堵口进占的方式则根据决口口门的大小、水势的缓急，分别选用单坝进堵、双坝进堵和三坝进堵。

当决口口门较小、水势平缓时，一般采用单坝进堵的方法。即用单坝从上坝头进堵，与此同时在坝后浇筑土戗，下坝头则加以裹护，最后在一端合龙。人们形象地称之为"独龙过江"。有时也采用从口门两端同时向中央进堵的方式。

当决口口门较大、水势湍急时，上下水头差加大，如选用单坝进堵有可能出现功亏一篑的局面，此时多采用双坝进堵的方

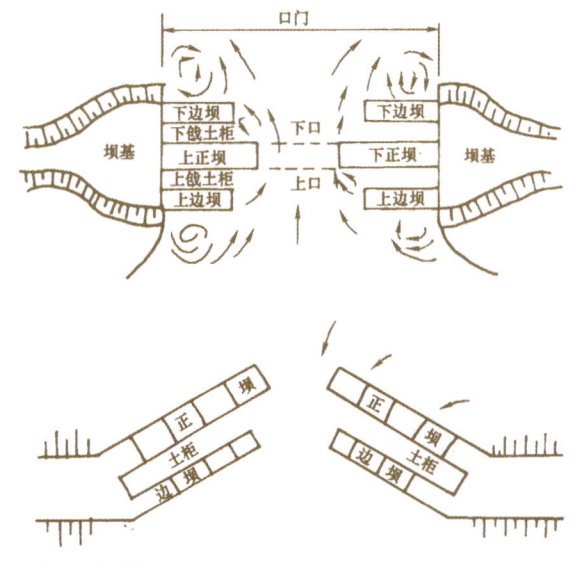

正坝、二坝进堵示意图

1936年黄河董庄堵口时金门占上挂龙衣的情形（《民国黄河》）　　1936年黄河董庄堵口时正在压合龙埽的情形（《民国黄河》）

法。即在正坝上游加修上边坝一道，以为正坝挑溜；或者在正坝下游加修边坝一道，以巩固正坝坝身，抵御水流冲刷。正坝与边坝之间填以淤土，称"土柜"，高与坝平，上游侧称为上戗土柜，下游侧称下戗土柜。双坝进堵相较单坝进堵而言稳妥可靠，因为两坝口门收窄时，上水高于下水数丈，势若建瓴，呼啸而下，坝后愈刷愈深，所修之坝不断塌陷。如增修二坝加以擎托，正坝上水与二坝下水之间的高差不过三四尺，二坝与决口下游水面高差不过四五尺。总的高差不及一丈，却一分为二，由两坝来承受，大坝的压力由此减轻。二坝与正坝之间的距离不可过远，二百丈左右比较恰当。为保险起见，二坝进堵时，各坝下游还需同时修筑各自的边坝。

如果正坝、上边坝和下边坝三坝同时进堵，则为三坝进堵。三坝进堵，口门处的水头差将一分为三，大大减少了正坝承受的水压力，进堵埽坝安全更有保障。

6. 清代合龙埽工技术

当两岸堵口坝工进占至相距20米左右时，便进入到堵口决战阶段，此时的口门称为龙口，堵闭龙口的工程称合龙。合龙难度较大。

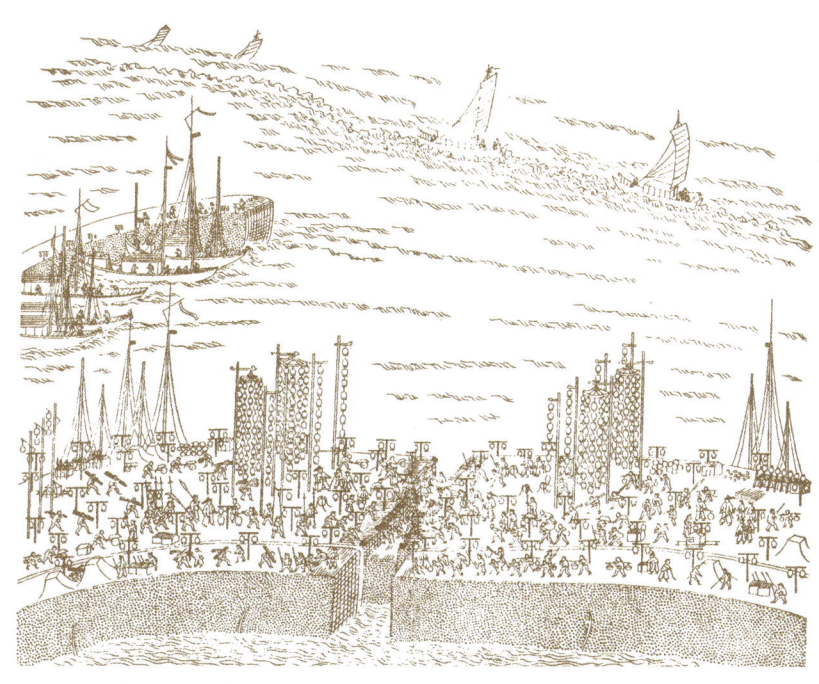

牟工合龙图（清　麟庆《鸿雪姻缘图记》）

清代合龙施工主要有卷埽和厢埽两种方式。厢埽是清代的创新，也是主要的合龙方式。但在那些合龙口门水势湍急、土质较差、捆厢难以施工的地方，仍采用卷埽。

合龙埽体的容重较大，柳与草的比例为7∶3。埽工的定位主要依靠绳索而非贯通埽体的签桩，所用绳索须"多而壮"。待埽枕全部沉定后，下签桩将埽体固定于河底，同时将绳索牢牢拴在两边的木桩上。

合龙时先在口门两端牵拉绳网，即俗称的"龙衣"，龙衣用小绳紧紧扎在合龙缆上，其上铺以秸料和土袋；然后由施工人员在上面跳踩下压，同时放松合龙缆；待埽料沉至水面，再在其上铺放埽料；如此逐层下压，直至将埽压到河底，堵口合龙。双坝进堵时，一般正坝先于边坝合龙。厢埽施工过程中，合龙缆的操作至关重要，常常发生因松绳不均导致卡埽或扭埽的现象。此外，必须确保埽体一压到底。

6.2.4 护岸工程

护岸，即保护堤岸，是防洪工程的重要组成部分。除正常防护外，还包括汛期抢险工程。

早在战国时期就已出现护岸工程，西汉时石工护堤护岸已普遍推广。至迟在东汉时已出现挑溜护岸工程。宋代护岸工程类型繁多，建筑材料丰富，不仅有埽工护岸，而且有木岸、木龙和石版护岸，锯牙护岸也是常用的方法。"又有马头、锯牙、木岸者，以蹙水势护堤焉"。马头、锯牙相当于刺水堤，在河堤内坡修筑一系列短土堤、石堤或木堤如马头或锯牙状以挑开暴流，防止其啮蚀堤岸。明代总结出"植柳六法"等植物护堤的方法，清代则提出抛石护岸等措施。

1. 埽工护岸

埽工护岸是宋代后普遍采用的护岸工程，主要应用在河岸险工地段或堤防薄弱地段。古代的护岸埽工依其形状分为磨盘埽、鱼鳞埽、马头埽和锯牙等类型。

埽工护岸最迟始于战国时期，其名称历代有所不同，战国称为"据"。

北宋黄河护岸技术比前代有较大的发展，其中束埽护岸是最基本的方法之一。据《宋史·河渠志》记载，北宋每年都要储备大量埽料，这些埽料一部分储备起来用于堵口应急，一部分用作修理堤防，一部分则用作护岸，即所谓将束埽"积置于卑薄之处，谓之埽岸"。由于宋人不仅用埽堵口，且用埽筑堤，用埽护岸，所以宋代的堤段大多以"埽"命名。然而，由于埽岸无法经久，北宋又采用木龙护岸和石版护岸等方法以防止河水冲刷堤岸。

清代中叶，在黄河铜瓦厢以下两岸险工地段实施护岸埽工不下百余处，鳞次栉比，全赖其御水。作为一种既简单而有效的方法，埽岸一直沿用至今。

近代黄河利津大马家大堤坍塌时推枕抢护情形（《民国黄河》）

2. 木龙护岸

木龙护岸首创于北宋天禧五年（1021年），由滑州知州陈尧佐创建。时黄河水涨，滑州城西北坏，筑堤叠埽，又"凿横木，下垂木数条，置水旁以护岸，谓之木龙。"这是黄河局部河段以木御冲的实践。除黄河外，北宋在汴河上也有以木护岸的技术，称为"木岸狭河"。

清代木龙挑溜护岸首先用于清口一带（今江苏淮安码头镇），由乾隆初年河道总督高斌提出。时泰州判官李暞向河道总督高斌建议于清口附近的黄河南岸试用木龙，保护险工的作用显著。人称"盖木龙能挑水，护此岸之堤，而水挑即可刷彼岸之沙，较之下埽开河，事半

近代下埽固堤（《世纪黄河》）

功倍"。此后又在清口附近建造木龙多架。乾隆南巡期间曾两次专门视察木龙，并赋诗赞叹。

清代木龙形制和构造在道光年间成书的《河工器具图说》中有详细说明。木龙用原木扎排，上下共九层，高约一丈八尺。平面长十丈，宽一丈，用竹绳捆扎成立体构架。另有地成障或水闸，长一丈八尺，宽一丈，也用原木捆扎成排，中间用交叉小木和竹片编织。将地成障向下插入木龙构架的空档，则可以起到"截河底之溜，所以溜缓沙淤，化险为平"的作用。

3. 石工护岸

石工护岸有砌石、竹笼工和险工段抛石护岸等。

西汉末年，黄河上已有石堤，即类似石砌护岸的堤防。

北宋年间，已有砌石护岸的规范作法，即先挖地基，再打地钉桩，其上再修砌石堤。据《宋史·李若谷传》记载，李若谷任延州知州时，曾用石版护岸的方法修筑河堤护岸，即"州有东西两城夹河，秋、夏水溢，岸辄圮，役费不可胜纪。若谷乃制石版为岸，押以巨木，后虽暴水，不复坏。"

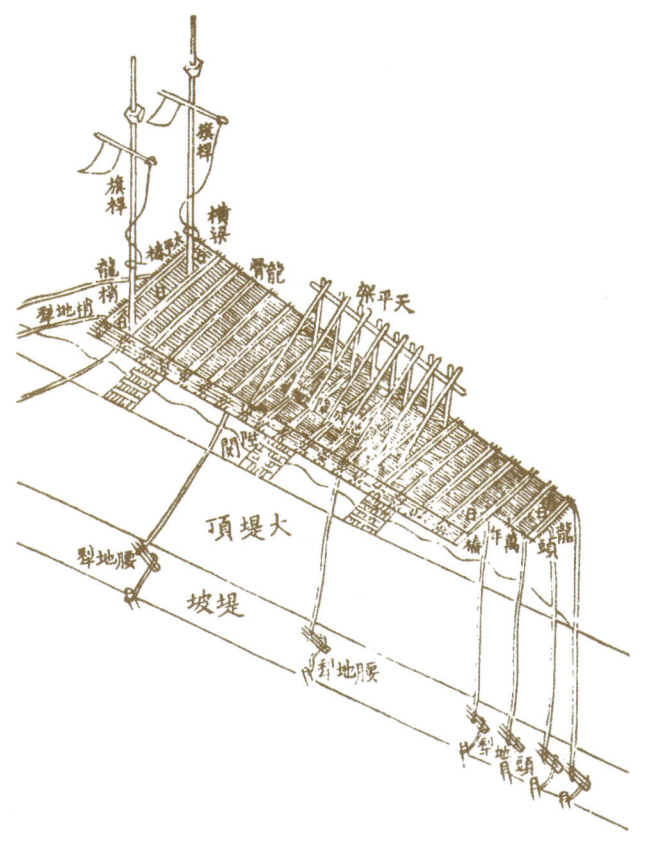

木龙（清 麟庆《河工器具图说》）

不过，古代在黄河上的石砌护岸较少，而在长江、珠江等南方江河上较多。

抛石护岸则主要用于配合埽工或石工的护岸工程，以保护堤脚避免顶溜淘刷。抛石护岸始于清乾隆年间，嘉庆年间在黄河下游得到普遍使用，道光初年逐渐推广。道光年间的河道总督黎世序是抛石护岸的积极推动者，他在给道光帝的一封奏疏中总结其效果："自间段抛护碎石，上下数段，均倚以为固。且埽段陡立，易致激水之怒，是以埽前往往刷深至四五丈，并有至六七丈者。而碎石则铺有二收坦坡，水遇坦坡，即不能刷。且碎石坦坡，黄水泥浆灌入，凝结坚实，愈资巩固。"

往石坝下抛柳石枕护根

以抛石保护黄河石坝工程堤脚

4. 植树护岸

沿岸种植榆柳是中国古人创立的一种固护堤防的有效办法。榆、柳生长较快，成材后干粗根深，其根深入堤下，可将堤岸与土基紧紧连结，从而使堤身绕成牢固的整体；树干可做修理木岸、建筑斗门的材料；枝梢则可以做埽，用做护堤堵口，可收一举数得之效。此外，堤上种植榆柳，也可有效地改善周边环境与景观。

中国古人很早便认识到在河堤上种植树木可以使树根固结泥土。据《周礼·夏官》记载，"掌固掌修城郭、沟池、树渠之固"。对此，《行水金鉴》的作者傅泽洪解释道："渠，水道；树，种柳。渠以通水，树以固堤。"这是有关西周时期在护城河堤上植柳护岸的明确记载。

至春秋战国时期，对于堤岸林木的护堤作用已有较为明确的认识，植树固堤已较为普遍。据《管子·度地》记载，战国时已提出堤防管护须"岁埤增之，树以荆棘，以固其地，杂之以柏杨，以备决水"的规定，即将植树列为堤防管护的重要内容之一，要求堤旁种植荆棘，并在其间种植以柏树和杨树，即今日所谓的乔灌混交种植。这样做的目的主要有二：一是"固其地"，即利用树木保土的作用以固堤；二是"备决水"，即利用柏树、杨树的枝梢木料做埽以堵塞决口。

至晚自隋代，开始大规模在河渠两岸植树。据《资治通鉴》记载，隋炀帝重开邗沟后，自山阳（今淮安）至扬子（今仪征）入江，渠"广四十步，渠旁皆筑御道，树以柳"。据《开河记》记载，通济渠开凿后，翰林学士虞世基向隋炀帝献策，"请用垂柳栽于汴渠两岸堤上，一则树根四散，鞠护河堤，二乃牵舟之人护其阴，三则牵舟之羊食其叶。"唐朝诗人白居易《隋堤柳》也有类似记载，"大业年中炀天子，种柳成行夹流水。西自黄河东至淮，绿阴一千三百里。"隋炀帝在通济渠两岸大规模种植柳树，如此不仅可"鞠护河堤"，且可在其乘舟自洛阳至江都时充分享受"树荫相交"的惬意。

至北宋时期，植树固堤正式成为河防制度。宋代，黄河屡次溃决，灾害频仍，因而大力修治黄河。宋太祖乾德二年（964年），下令沿汴河州县的长吏每年春天都要督促民户在两岸种植榆树和柳树，以固堤防。开宝五年（972年），又诏令沿黄河、汴河、清河、御河各州县的民户栽种榆树、柳树。按户口等级进行分配，一等户每年种树50棵；二等以下每户递减10棵；孤寡子独者免，并定期就完成情况进行考核。至此，沿河各州县积极推行植树活动，植树数量大增。至景德三年（1006年），仅首都开封一地就"植树数十万，以固堤岸"。为保护堤岸林木，宋真宗时曾严申盗伐黄河沿岸所植榆柳的禁令。

宋代《清明上河图》中展示河道岸边广种树木

金代对沿河种植榆柳很重视，认为"河堤种柳可省每岁堤防之费"。高霖奏称："凡卷埽工物，皆取于民，大为时病。乞并河堤广树榆柳，数年之后，堤岸既固，埽材亦便，民力渐省。"

明代后，人们更加普遍地选择柳树来营造堤岸防护林。明嘉靖十四年（1535年），总理河道刘天和在其主持治黄期间，根据河南堤防的需求系统性提出"植柳六法"，并加以推广应用。植柳六法中"六法"分别为：卧柳、低柳、编柳、深柳、漫柳、高柳之分。

"植柳六法"中卧柳和低柳均在堤防内外坡自堤根至堤顶普遍栽种，编柳主要栽于堤防迎水面堤根。这三种植柳法中插柳直径和柳干出露高度均有所不同，但基本都栽于堤防不迎溜处以护堤。在堤防迎溜顶冲段，为起到消浪防冲作用，需种植深柳。漫柳主要栽于滩地上。高柳则须用长柳桩，有遮阴作用，沿运河两岸堤面应用最广。基于该认知，刘天和积极推行河堤植柳活动，在嘉靖十四年（1535年），仅用四个多月就植柳280余万株。在目前所见史料中，这可能是一次性河堤植树数量最高的纪录。

历代各朝在治河实践中所总结形成的堤防植树经验在护岸防汛中发挥着重要作用。如明、清两代黄河决口频繁，每年都需要大量的防汛堵口料物，所谓河防以办料物为先务，埽工以桩木为要料。康熙年间，河道总督靳辅主持治河期间，每年岁修所需之柳不下百万束，自倡导沿堤栽植柳树后，"所用之柳，半取诸此"。河堤植树的作用由此可见一斑。

6.2.5 河流制导工程

土堤只能防止洪水溢出河槽，但土堤不能抵挡水溜，于是需修建险工。但险工也只能起到防御的作用，而要将大溜挑离本岸，以保护下游堤防和险工安全，则必须修建挑水坝、开挖引河、实施裁弯工程。

1. 挑溜坝工

挑水坝是从堤防向河中大溜修建的用以将大溜挑离此岸的建筑物，多用埽工修筑。为取得良好挑溜效果，还可以连续修筑两道乃至三道挑水坝。清代同治年间，刘成忠在《河防刍议》中高度评价挑水坝在防洪中的作用："独能以三十丈之断堤。而护三百丈临河之地，事一而功十，治河之法未有巧于此者。"

宋代称挑水坝为签堤，《宋史·河渠志》记载了宋昌言的建议："今二股河门变移，请迎河港进约，签入河身"。签堤即插入河身的堤。签堤的挑溜作用在宋绍圣元年（1094年）保护广武埽时得到充分发挥。广武埽位于黄河南岸，受黄河大溜顶冲造成险情。当时在广武埽挖去北岸嫩滩，为的是使大溜顺直，不再顶冲广武埽；而在广武埽上游筑签堤，则是为将大溜挑离本岸。

挑水坝长短的选择是需仔细斟酌，过短起不到挑溜远去的作用；而过长则恐将大溜挑至对岸，使对岸堤防生险。特别是徐州以下江苏境内的黄河，由于两岸相距较近，滩地不宽，挑水坝尤其不能过长。由于挑水坝长度难以精确计算，且水溜缓急和走向又常变化，为保证挑溜的效果，可连续修筑两三道坝，即在头道挑水坝下游十多丈至数十丈的地方再平行地修第二道至第三道挑水坝。不过两坝之间，还应修建小型的藏头埽或搂厢埽，以保护堤岸。

挑水坝除有挑溜保护堤岸的作用外，还具有在堵口时减轻堵口施工压力的作用。为将主流从决口处挑回原来的河道，经常采用修筑挑水坝的办法。元代贾鲁在堵塞白茅决口时就曾在决口上游同岸修筑大型挑水坝，长十有二里百三十步，以逼使主流回归故道。潘季驯归纳堵口施工经验时也提到："即于上首筑逼水大坝一道，分水势射对岸……则塞工可施矣"。刺水大堤或逼水大坝均指配合堵口施工的挑水大坝。

被保护的挑水坝下游形成回流有助于淤滩固堤。潘季驯在总结挑水坝（当时称作顺水坝）作用时说："顺水坝俗名鸡嘴，又名马头。专为吃紧迎溜处所，如本堤水刷汹涌，虽有边埽，难以久恃，必须将本堤首筑顺水坝一道，长十数丈或五六丈。一丈之坝可逼水远去数丈，堤根自成游滩而下首之堤俱固矣。"同时代的万恭曾在茶城运河进行堵口施工，其实是修挑水坝。入黄河的口门处建一道半里长的挑水坝，既起到了冲深茶城运河口门，防止黄河倒灌淤积的作用，又取得了西岸堤渐淤渐厚、以堤拥堤的效果。

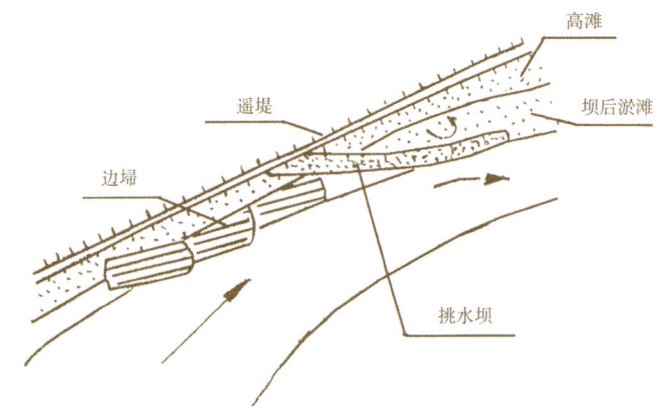

挑水坝工程布置示意图

2. 开挖引河

冲积河流河床除了在纵向上有冲淤变化之外，在平面上也有横向摆动。特别是黄河河南段，由于横向摆动形成了显著的滩地和主槽的移动，构成游荡的特性，称作游荡性河段。在游荡性河段，河槽往往有几道汊流，主流所经的一股汊流严重淤积后，将改走另一股汊流。到了滩地主要由胶泥构成的滩岸，主槽往往较为稳定。但当主流方向弯向堤岸时，将威胁堤防安全。这时，为了将主流挑离堤岸，可以在主流顶冲点上游修建挑水坝，也可以在滩地上人工开挖引河，将主流导引至安全的地带。

滩地引河工程最早见于西汉。据《汉书·沟洫志》记载，在汉地节年间（公元前69—公元前66年）光禄大夫郭昌主持治河，当年黄河"北曲三所水流之势皆邪直贝丘县。恐水盛，堤防不能禁，乃各更穿渠，直东，经东郡界中，不令北曲。渠通利，百姓安之。"贝丘县在当时黄河北岸，属清河郡。黄河的3个弯道都顶冲北岸，于是在南岸东郡界内滩地上各开3条引河，以改善贝丘被顶冲的不利形势。由于同在一个县境内且在不长距离上的3个河弯处开河，不可能将整个河道裁弯取直，而只能是滩地引河工程。

唐元和八年（813年），在今河南浚县又有一处引河工程。当年黄河主流东向滑县（今河南滑县东南），距城2里，经常出险。于是，郑滑节度使薛平请求魏博节度使田宏正在其属地黎阳（今浚县东北）开一条新河，以解除滑县的危险。在得到田宏正同意后开新河，新河"长十四里，阔六十步，深丈有七尺，决河注故道，滑州遂无水患"。新河形制较小，宽不足100米，深不足5米，长不到10千米，当是滩地引河，而非整个河道的裁弯取直工程。引河在主流经过后会逐渐冲刷宽深，新河开通后50年，咸通四年（864年），又为保护滑州城的安全，新开一条引河"徙其流（离城）远去"。北宋淳化四年、五年（993—994年）又在滑县开挖滩地引河。此后各代均有开挖引河之举。

由于引河必须顺应河势，而黄河主槽摆动频繁，因此，开挖引河有细致的技术要求。清代嘉庆年间的河道总督徐端所著《安澜纪要》中对于引河开挖技术有详细记载。引河开挖前主流所经河汊最窄也有七八十丈，深三四丈不等，而所开挖的引河断面一般只有原来的一半，怎样保证引河开挖后能吸引主溜走新河？这要把握三个主要环节。第一，引河河头必须得势。河头应选择在对岸滩嘴上游一些的主溜转弯处。这里崖陡水深，溜势顶冲，塌岸溃崖，势必欲于此寻一去路，是最理想的河头位置。第二，河头之下最好有一个滩嘴兜住溜势，不使主流旁移。第三，河尾要选择在陡崖深水处。经过测量，如河头高程比河尾高出二尺以上，"河头有吸川之形，河尾有建瓴之势，其成工也必矣"。

水流在滩面上冲蚀形成的沟槽

清康熙三十八年（1699年），康熙在视察黄河之后曾指示："朕欲将黄河各险工顶溜湾处开直，使水直行刷沙，若黄河刷深一尺，则河之水少一尺，深一丈，则河之水浅一丈，如此刷去，则水由地中行，各坝亦可不用"。意欲取直河槽，增大比降，增加黄河自身刷沙能力。虽然设想是好的，但不符合黄河游荡弯曲的河势。

3. 堵塞滩地串沟

清代对堵截滩地串沟尤为重视。因为洪水上滩和回落时，滩地临近主槽的位置落淤最多，形成滩唇高于堤根的横比降。黄河滩地横比降尤其明显，"凡近堤之处必低于临河三四尺不等"。由于滩地宽阔，滩面上往往形成串沟，洪水上滩时沿串沟运动，横比降又可能将串沟引向大堤，极易出险。因此，堵截串沟成为护岸的重要工程内容。

康熙年间已对堵塞串沟技术有成熟的总结。陈璜认为，串沟有两种类型，堵截的方法也有不同。如果串沟与主槽通连（俗称有河头），经过数里或数十里再回归主槽（俗称河尾）者，需要在河头距主槽100丈左右的地点修筑具有平缓堤坡的大坝，横断串沟。在串沟上每隔一、二里再筑束水小坝若干，束水小坝像闸门一样，中间留有数尺至一丈的口门。之所以临河头筑坝，是因为那里地势较高。如若将坝修于串沟中段，洪水顺横比降直冲，对坝的安全威胁更大。之所以束水小坝留有中间缺口，是为了漫水不致翻过坝面，对下游加重冲击。而如果串沟只有河尾而无河头，则堵截串沟的大坝应该放在河尾一端，中间的束水小坝做法相同。

4. 裁弯取直工程

裁弯取直工程是在严重弯曲如"Ω"形河道的狭颈处开一条顺直的新河道，代替原河道，以增加河道泄量，降低水位的工程。最早的裁弯取直工程被认为开始于东汉王景治河，当年"景乃商度地势，凿山阜，破砥碛，直截沟涧"。其中直截沟涧的技术措施，一般被认为是裁弯取直工程。

裁弯取直工程示意图

在长江支流涪江上，唐代也建有裁弯工程。那时，"涪缭于郪，迫城如蟠。淫涨于秋，狂澜陆高。突堤啮涯，包城荡墟"，涪江像蟠龙一样从西面盘绕郪县城（今四川三台县），水灾频仍。为了改善防洪条件，决定采用裁弯工程，"别为新江，使东北注流五里，复汇而东，即堤墟旧江，使水道与（城）地相远，以薄江怒。"开成五年（840年），由知州决策，发动三千军卒施工。新江长1500步（约合2250米），宽300步（约合450米），深30步（约合45米），裁弯成功。北宋年间吴淞江上的3处裁弯也是成功的范例。

主要参考文献

[1] 《中国水利史稿》编写组. 中国水利史稿 [M]. 北京：水利电力出版社，1979.

[2] 蔡蕃. 北京古运河和城市供水研究 [M]. 北京：北京出版社，1987.

[3] 姚汉源. 中国水利史纲要 [M]. 北京：水利电力出版社，1987.

[4] 侯仁之. 北京城市历史地理 [M]. 北京：北京燕山出版社，2000.

[5] 周维权. 中国古代园林史 [M]. 北京：清华大学出版社，2010.

[6] 常憬，李艺. 中国古代排水管道的起源与发展 [M]. 北京：中国建筑工业出版社，2011.

[7] 郭涛. 中国古代水利科学技术史 [M]. 北京：中国建筑工业出版社，2013.

[8] 侯仁之. 北平历史地理 [M]. 北京：外语教学与研究出版社，2013.

[9] 张建锋. 汉长安城地区城市水利设施和水利系统的考古学研究 [M]. 北京：科学出版社，2016.

[10] 侯仁之. 北京城的生命印记 [M]. 北京：生活·读书·新知三联书店，2022.